Führer zur
Geologie von Berlin und Brandenburg

No. 1: Die Struktur Rüdersdorf

2. erweiterte Auflage

Herausgegeben von J. H. Schroeder
unter Mitwirkung der Autoren H. Ahrens, H.-J. Bautsch, L. Behrendt, G. Beutler, A. G. Cepek, F. Damaschun, C.-H. Friedel, R. Haldemann, D. Lotsch, K.-B. Jubitz, G. Katzung, A. Koszinski, P. Kühn, M. Müller, J. Rentzsch, J. H. Schroeder, G. Schwab, H.-J. Streichan, R. Tessin, R. Toleikis, R. Walter, F. Wendland, R. Ziebarth, W.H. Zwenger

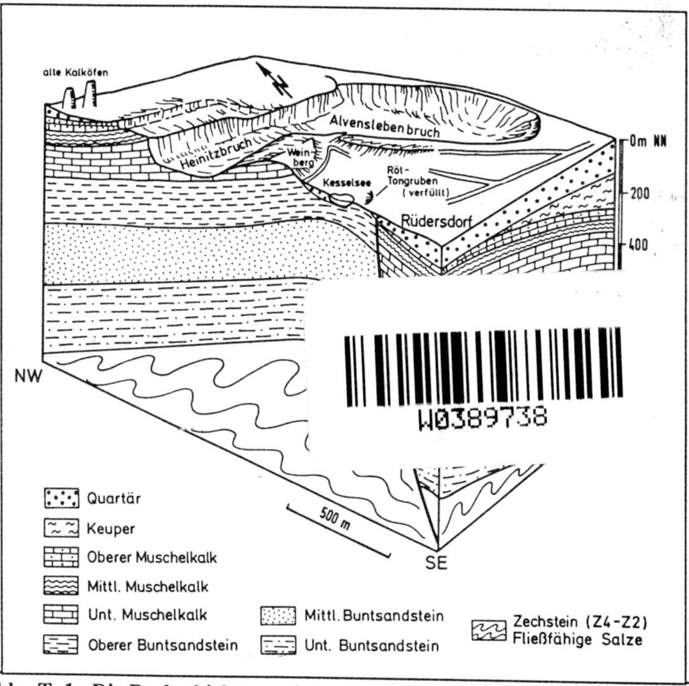

Abb. T 1. Die Deckschichten auf der Salzstruktur Rüdersdorf (Nach Wagenbreth u. Steiner, 1982, aktualisiert und verändert von Schroeder / Dunker)

Geowissenschaftler in Berlin und Brandenburg e. V.
Selbstverlag Berlin 1993

ISBN No. 3 - 92 86 51 - 01 - 3 ISSN 0941 - 2980

1. Auflage: 1. Tausend; erschienen Mai 1992

2. erweiterte Auflage: 2. - 4. Tausend; erschienen April 1993

Direkt (= Abhol)-Vertrieb:

Geowissenschaftler in Berlin und Brandenburg e.V.
p. a. Technische Universität Berlin, Sekr. EB 10
Ernst - Reuter - Platz 1, W - 1000 Berlin 10

Museum für Naturkunde der Humboldt-Universität
Invalidenstr. 43, O - 1040 Berlin

Fachbereich Geographie der Humboldt-Universität
Abt. Physische Geographie
Universitätsstr. 3 b,O - 1080 Berlin

Landesamt für Geowissenschaften und Rohstoffe Brandenburg
Stahnsdorfer Damm 77,O - 1532 Kleinmachnow
Außenstelle Frankfurt, O

Gesellschaft zum Erhalt der Rüdersdorfer Bergbautradition e. V.
Postfach 13, O - 1253 Rüdersdorf

Postversand: Vorauszahlung von DM 14 (inkl. Versandkosten & MWSt) auf Konto Nr.1188 68-102 bei Postgiroamt Berlin BLZ 100 100 10 unter Angabe des Verwendungszweckes "Führer No. 1" und der vollständigen Adresse.

Druck: **Paul Kistmacher Druckerei,**
Müllerstr. 138 d, W-1000 Berlin 65, Tel. 030 / 453 80 28

Informationen über die Geowissenschaftler in Berlin und Brandenburg e. V.

Zweck des Vereins ist die **Förderung der Geowissenschaften in Berlin und Brandenburg**. Er wird insbesondere durch **Vortrags- und andere Weiterbildungsveranstaltungen sowie Exkursionen**, durch **Publikation** von geowissenschaftlichen Schriften, Karten und anderen Druckerzeugnissen, durch **unabhängige fachspezifische Information und Beratung** von Amtsträgern und Behörden in geowissenschaftlichen Angelegenheiten sowie durch **Nachwuchsförderung** verwirklicht. Der gemeinnützige Zweck wird durch geowissenschaftliche Öffentlichkeitsarbeit verwirklicht. Dieser Führer steht als Beipsiel für derartige Arbeit.

Ordentliches Mitglied des Vereins kann werden, wer eine geowissenschaftliche Hoch- oder Fachschulausbildung abgeschlossen hat, mit einer vergleichbaren Ausbildung im geowissenschaftlichen Bereich tätig ist/war oder über entsprechende Fachkenntnisse verfügt. **Außerordentliches Mitglied** kann jeder Student der Geowissenschaften werden. Für beide Mitgliedskategorien gilt: Über die Aufnahme entscheidet nach schriftlichem Antrag der Vorstand. Der Beitrag ist DM 0,00. **Fördernde Mitglieder** können auf Antrag werden a) natürliche Personen, b) Firmen und andere juristische Personen, die jährlich den Verein durch Zuwendungen in oder über festzusetzender Mindesthöhe fördern. Die Gemeinnützigkeit des Vereins ist anerkannt, Spenden sind also in üblicher Weise absetzbar.

Die **Veranstaltungen und Aktivitäten** des Vereins werden den Mitgliedern sowie geowissenschaftlichen Institutionen, Behörden etc. angekündigt. Anregungen, Mit- oder Zusammenarbeit sind willkommen.

Inhaltsverzeichnis

Autoren

Dr. Helmut **Ahrens,** Diplom-Geologe, Gesellschaft f.Umwelt- und Wirtschaftsgeologie mbH Berlin, Invalidenstr. 44, O - 1040 Berlin

Prof. Dr. habil. Hans-Joachim **Bautsch**, Humboldt-Universität zu Berlin, Museum für Naturkunde, Petrographisches Institut und Museum, Invalidenstr. 43, O - 1040 Berlin

Dr. Lothar **Behrendt,** Hoyerswerdaer Str. 6, O - 1050 Berlin (Vormals Gesellschaft f. Umwelt- und Wirtschaftsgeologie mbH. Berlin)

Dr. Gerhard **Beutler**, Niedersächsisches Landesamt f. Bodenforschung, Stilleweg 2, W - 3000 Hannover

Diplom-Geologe Alexander G. **Cepek**, Gesellschaft für Umwelt- und Wirtschaftsgeologie mbH Berlin, Invalidenstr. 44, O - 1040 Berlin

Dr. Ferdinand **Damaschun,** Diplom-Mineraloge, Humboldt-Universität zu Berlin, Museum für Naturkunde, Petrographisches Institut und Museum, Invalidenstr. 43, O -1040 Berlin

Diplom-Geologe Carl-Heinz **Friedel,** Institut f. Lagerstättenforschung, Geophysik und Petrologie, Technische Universität Berlin, Sekretariat EB 310, Straße d. 17 Juni 135, W - 1000 Berlin 12

Diplom-Fachlehrer Robert **Haldemann,** Brückenstr. 71, O - 1253 Rüdersdorf

Prof. em. Dr. sc. Karl-Bernhard **Jubitz,** Jastrower Weg 8, O - 1162 Berlin - Friedrichshagen (Vormals: Zentralinstitut für Physik der Erde, Potsdam)

Prof. Dr. habil. Gerhard **Katzung,** Fachrichtung Geowissenschaften, Universität Greifswald, Friedrich - Ludwig - Jahn - Str. 17 a, O - 2200 Greifswald

Diplom-Geologe Andreas **Koszinski,** Abt. Lagerstättenwirtschaft des Tagebaus, Rüdersdorfer Zement GmbH, Postfach 13/14, O - 1253 Rüdersdorf

Dr. Peter **Kühn,** Diplom-Geophysiker, Gesellschaft für Umwelt- und Wirtschaftsgeologie mbH Berlin, Invalidenstr. 44, O - 1040 Berlin

Dr. Dieter **Lotsch**, Diplom-Geologe, Bundesanstalt für Geowissenschaften und Rohstoffe, Außenstelle Berlin, Invalidenstr. 44, O - 1040 Berlin

Dipl.-Geogr. Marion **Müller**, Institut für geographische Wissenschaften, Fachrichtung Physische Geographie, Freie Universität Berlin, Grunewaldstr. 35, W - 1000 Berlin 41

Dr. Johannes **Rentzsch,** Diplom-Mineraloge, Rummelsburger Str. 31 c, O - 1136 Berlin (Vormals Gesellschaft f . Umwelt- und Wirtschaftsgeologie mbH Berlin)

Prof. Johannes H. **Schroeder,** Ph.D., Institut für Geologie u. Paläontologie, Technische Universität Berlin, Sekr. EB 10, Ernst - Reuter - Platz 1, W - 1000 Berlin 10

Dr. rer. nat. habil.. Günther **Schwab**, Direktor, Landesamt für Geowissenschaften und Rohstoffe Brandenburg, Stahnsdorfer Damm 77, O - 1532 Kleinmachnnow

Diplom-Geologe H. - J. **Streichan,** Alte Poststr. 2, O - 1601 Wolzig (1975 - 1991 Rüdersdorfer Zement GmbH)

Dr. Rolf **Tessin,** Diplom-Geologe, Hoernlestr. 25, O - 1170 Berlin

Diplom-Geologe Ralf **Toleikis**, Institut f. Geologie u. Paläontologie, Technische Universität Berlin, Sekr. EB 10, Ernst-Reuter-Platz 1, W - 1000 Berlin 10 (Vormals Gesellschaft f. Umwelt- und Wirtschaftsgeologie mbH Berlin)

Diplom-Geologe Reinhard **Walter,** PSF 4, O - 1040 Berlin

Dr. Folkwart **Wendland,** Diplom-Geologe, Maximilian - Kaller - Str. 6, W - 1000 Berlin 48

Rainer **Ziebarth,** Programmierer, Lychener Str. 21, O - 1058 Berlin

Dr. Wolfgang H. **Zwenger**, Diplom-Geologe, Uferstr. 5/1004, O - 1242 Bad Saarow

Geleitwort

von Dr. rer. nat. habil. Günther Schwab, Direktor, Landesamt für Geowissenschaften und Rohstoffe Brandenburg

Mit dem geologischen Führer "Die Struktur Rüdersdorf" eröffnet der Verein "Geowissenschaftler in Berlin und Brandenburg e.V." die Herausgabe von Publikationen, die der Geologie von Berlin und Brandenburg gewidmet sind. Er knüpft damit unter anderem auch an Traditionen der ehemaligen Preußischen Geologischen Landesanstalt an, einer breiteren Öffentlichkeit Ergebnisse der geowissenschaftlichen Erforschung Berlins und seiner Umgebung vorzustellen. Es ist besonders Herrn Prof. J. H. Schroeder von der Technischen Universität Berlin zu danken, schon bald nach der Öffnung der innerdeutschen Grenze, im Frühjahr 1990, die Geologen der beiden Teile Berlins und Brandenburgs zusammengeführt und zu gemeinsamen Projekten im Rahmen einer Arbeitsgemeinschaft angeregt zu haben.

Als erstes Ergebnis dieses verdienstvollen Wirkens, nunmehr im Rahmen des Vereins "Geowissenschaftler in Berlin und Brandenburg e.V.", faßt die vorliegende Publikation in vorbildlicher Weise den gegenwärtigen Kenntnisstand über die Geologie von Rüdersdorf, dem bekanntesten Triasaufbruch im Pleistozän des Norddeutschen Tieflandes und bedeutender Lagerstätte der Steine/Erden-Industrie, zusammen. Der Herausgeber konnte hierbei auf das Wissen einer Vielzahl von Geologen Berlins und Brandenburgs zurückgreifen, von denen die Mehrzahl, obwohl jahrzehntelang in Forschung und Lehre oder geologischer Praxis tätig, erst jetzt mit ihren Kenntnissen an die Öffentlichkeit treten kann.

Es ist zu wünschen, daß diesem Band eine Reihe weiterer Veröffentlichungen folgen wird, die geologischen Aufbau und Geschichte des Naturraumes von Berlin-Brandenburg seinen Bürgern erschließen und in ihrer Bedeutung als natürliche Grundlage des wirtschaftlichen Aufschwunges in das Bewußtseins bringt. Die Nutzung des Bandes durch seine Leser in diesem Sinne ist das beste Zeichen des Dankes und der Anerkennung an alle, die zu seinem Zustandekommen beigetragen haben.

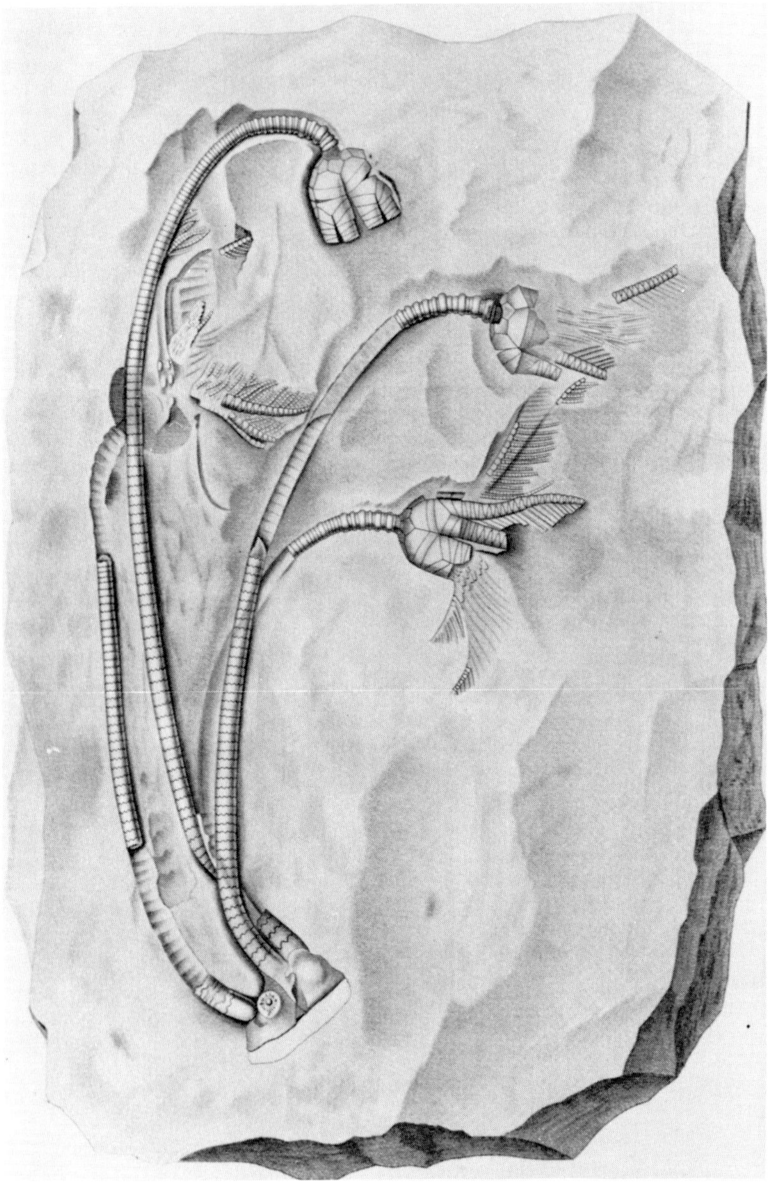

Abb. G. 2. : ***Encrinus brahli* von Rüdersdorf.** Kupfertafel aus E. Beyrich (1857) "Über die Crinoiden des Muschelkalkes", Abhandlungen der Königl. Akademie der Wissenschaften zu Berlin, 49 p., 2 Tafeln (Höhe d. Steins 21, 5 cm)

1. Einleitung

von Johannes H. Schroeder

1. 1. Entstehungsgeschichte dieses Führers

Die politisch-historischen Veränderungen in Deutschland seit 1989 wurden und werden in Berlin und Brandenburg sicher am intensivsten erlebt; sie haben sich auch nachhaltig auf die Wissenschaftslandschaft ausgewirkt.

Die Geowissenschaften, deren Ausgangs- und Angelpunkt die Anschauung im Gelände ist, sind davon besonders betroffen: **Das Gelände, speziell die geologischen Aufschlüsse, sind wieder für jedermann zugänglich !** Mindestens ebenso wichtig und erfreulich ist die Möglichkeit, **wissenschaftliche Ergebnisse mitzuteilen** und auszutauschen, offen zu diskutieren und zu publizieren. Weiterhin ist erheblich: **Wir können jetzt zusammenarbeiten** und uns mit Kollegen unserer Wahl zusammentun.

Schon wenige Jahre nach der Wende findet man kaum noch etwas Besonderes daran - da wächst eben doch einiges zusammen! Trotzdem muß hier als **wichtiger Erinnerungsposten stehen bleiben:** Bis 1989 war der Zugang zum Gelände für Geologen aus Ost und West begrenzt, waren wissenschaftlicher Austausch , Veröffentlichung und Zusammenarbeit im allgemeinen nicht möglich, ja waren für viele Kollegen in der damaligen DDR verboten , bedeuteten für sie somit ein existentielles Risiko

Die "Geowissenschaftler in Berlin und Brandenburg e.V." nehmen diese Möglichkeiten in steigendem Maße wahr. Mit diesem ersten Band einer Reihe von Exkursionsführern aktivieren wir **diese neue Dimension des gemeinsamen geowissenschaftlichen Arbeitens und Erlebens** und bringen so die Geologie von Berlin und Brandenburg Kollegen und interessierten Laien, Studenten und Schülern näher.

1. 2. Rüdersdorf als geologisches Ziel

Es ist nur allzu naheliegend, daß sich der erste Führer mit "Rüdersdorf" befaßt: Es ist **das herausragende geologische Ziel in Brandenburg und im näheren Umkreis von Berlin.** Was ist dort so interessant ?

- In einem Großtagebau ist eine etwa **250 m mächtige Folge von Gesteinen der Mittleren Trias** aufgeschlossen; diese kann stratigraphisch, sedimentologisch und paläontologisch untersucht werden, wobei vom Ooid und Coelestinkristall bis zum Saurier viele interessante Einzelheiten zu beobachten sind.

- Für Schichten diesen Alters ist er der **einzige Aufschluß zwischen Harzvorland und südwestlichem Polen**; er gibt wichtige Informationen für die Verbreitung dieser Schichten in Mitteleuropa und über die Paläogeographie zu jener Zeit.

- Hier ist eine von **Salzbewegungen im Untergrund** verursachte Struktur, wie sie in Norddeutschland hundertfach vorkommt, in einmaliger Weise aufgeschlossen, so daß Form und Bewegungsablauf beispielhaft untersucht werden können.

- An den Rändern dieses Tagebaus sind die **überlagernden Schichten des Pleistozäns** aufgeschlossen; sie geben wichtige Informationen über die erdgeschichtliche/eiszeitliche Entwicklung der letzten 400 000 Jahre. Derartige Schichten, zusammengenommen mehrere Zehner bis wenige Hunderte von Metern mächtig, bedecken über 99 Prozent der Fläche von Berlin und Brandenburg; ihre Kenntnis ist elementare Voraussetzung für die Bearbeitung aller Aspekte der Umwelt, von Altlast bis Zementwerk.

- Hier ist eines der ganz wesentlichen **Rohstoffvorkommen** von Brandenburg, das seit mehr als 750 Jahren Baumaterialien für die Region liefert. In Verbindung damit besteht eine lange Bergbautradition und entstand eine Reihe von beachtlichen technischen Denkmalen.

- In den letzten 150 Jahren war Rüdersdorf immer wieder Ort und Gegenstand **geowissenschaftlicher Forschung**; hier wurde mehrfach Wissenschaftsgeschichte geschrieben. Trotz aller bisherigen Untersuchungen bleiben noch viele Fragen offen:

So bleibt dieser Tagebau, dieses aufgeschlagene Buch der Erdgeschichte, ein Ort des Lernens und des Forschens.

1. 3. Ziel dieses Führers

Die Autoren haben mehrere Jahre bis mehrere Jahrzehnte lang immer wieder in Rüdersdorf und an Rüdersdorfer Material gearbeitet; sie können mit fachlicher Autorität darüber schreiben, können eine Menge Informationen mitteilen, die während der letzten 30 Jahre Verschluß- und Dienstsachen waren. Autoren und der Herausgeber haben sich bemüht, aus den **verschiedenen wissenschaftlichen Bereichen zusammenzutragen, was den Besucher interessieren** könnte, und aus der Fülle des Materials auszuwählen, was bei einem Besuch zum geologischen Verständnis gebraucht wird.

Ein **Symposium** über die "Fortschritte in der Geologie von Rüdersdorf" wurde von unserem Verein am 27. 4. 1991 an der Technischen Universität Berlin veranstaltet; die Beiträge - ergänzt durch zusätzliche Arbeiten - werden in einem Band der **"Berliner Geowissenschaftlichen Abhandlungen", Reihe A,** veröffentlicht werden: Dort wird das in diesem Führer erfaßte Spektrum in größerer Breite und größerer Tiefe behandelt. Ansatzpunkte für die **Vertiefung** - je nach individueller Interessenslage - bietet auch das in Abschnitt 8 vorgelegte Auswahl-Literaturverzeichnis (Ausführliche Quellenangaben findet man im o.a. Symposiumsband).

Autoren und Herausgeber wissen aber um die **Unvollständigkeit und Vorläufigkeit** dieses Unterfangens: Wer kennt all die Untersuchungen, die in den letzten 40 Jahren in verschiedenen Instituten und Betrieben durchgeführt wurden? Wer kennt all die kostbaren Funde, die Sammler zu Hause hüten oder die in den verschiedensten Instituten in den Sammlungen liegen? Und wer weiß denn auch schon , was für einen Super-Fund der nächste Besucher zutage fördert oder welche Schätze bei fortschreitendem Abbau freigelegt werden? Und was werden die vielversprechenden wissenschaftlichen Arbeiten bringen, die in letzter Zeit in Angriff genommen worden sind?

Mit der Veröffentlichung dieses Führers ergeht also die **Bitte an alle, die Verbesserungen für die folgende Auflage** durch Mitteilung von Beobachtungen und Funden, Kenntnissen und Ergebnissen zu unterstützen.

Das Autoren / Herausgeber-Kollektiv hofft, daß dieser Führer dazu beiträgt, den Besuch in Rüdersdorf zu einem nachhaltigen geowissenschaftlichen Erlebnis zu machen und das Verständnis des Besuchers für Untergrund und Umwelt von Berlin und Brandenburg zu fördern

1. 4. Dank

Diesen Führer gibt es **nicht nur dank, sondern auch trotz der Wende**. Das braucht man keinem zu erklären, der die Unsicherheiten und Umstellungsnotwendigkeiten in persönlichen und beruflichen Bereichen miterlebt hat. Um so mehr haben Herausgeber und Verein - schließlich auch die Nutzer - vielen zu danken, die dazu beigetragen haben, daß trotz allem aus der Idee eines solchen Führers die Realität dieses Bandes wurde.

Vor allen sind hier **die beitragenden Kollegen** zu nennen,

- weil sie ihr Wissen uneigennützig mitteilen und so das Verständnis für Rüdersdorf verbessern helfen,
- weil jeder unter jeweils ganz speziellen schwierigen Bedingungen seinen Beitrag erarbeitet und durch die verschiedenen Versionen in die gegenwärtige Form gebracht hat,
- weil die meisten außer an ihrem eigenen Beitrag auch an anderen mitgearbeitet , diese kritisch gelesen, sie mit den jeweiligen Autoren diskutiert und zu Verbesserungen angeregt haben,
- und schließlich ganz besonders, weil sie alle mit Geduld und Nachsicht die integrativen Bemühungen des Herausgebers nicht nur ertragen, sondern tatkräftig unterstützt haben.

Wir danken für Aufnahmen und Reproduktion von **Fotos** ganz besonders Meister B. Kleeberg und H. Glowa, TU Berlin, derem intensiven und kompetenten Einsatz die meisten Abbildungen ihre Reproduktionsfähigkeit und viele Fotos ihre Entstehung verdanken. H. Koppe, Mineralogisches Museum, Humboldt-Universität Berlin, und I. Schmidt, Zentrales Kernlager Bernau ergänzten diese Bemühungen in erfreulicher Weise.

Bei den **technischen Zeichnungen** gebührt - abgesehen von den Autoren selbst - B. Dunker, TU Berlin, ganz besonderer Dank: Sie hat viele Zeichnungen selbst angefertigt und bei einer ganzen Reihe weiterer mit viel Geduld die undankbare Aufgabe übernommen, sie zu korrigieren, zu ergänzen oder in reproduktionsfähigen Zustand zu bringen. N. Nakoinz, TU Berlin, M. Laufmann, Humboldt-Universität Berlin, und R. Amlow, UWG Berlin, trugen zu dieser Auflage wesentliche Anteile bei.

Das beigegebene **Satellitenbild** ist von H. Lehmann im Fachgebiet Photogrammetrie und Kartographie der TU (Prof. J. Albertz) für diese Auflage neu bearbeitet; wir danken für diese kollegiale Nachbarschaftshilfe.

Beim Vorbereiten des druckfertigen Manuskriptes diese Auflage halfen C. Abu Hani und R. Raabe, TU Berlin, durch **Eingabe** der in verschiedenster Form eingehenden **Manuskripte in den Computer**. (Die weitere Verarbeitung erfolgte durch den Herausgeber.) Für kritische Lektüre der ersten Auflage und daraus resultierende **Korrektur- und Verbesserungsvorschläge** ist H. Hagdorn, Muschelkalkmuseum, Ingelfingen, A. Naß, Humboldt-Universität, M. Müller, Freie Universität, H. Schlegel, Geo-Museo Hellersdorf, zu danken. Beim Korrekturlesen für die vorliegende Auflage beteiligten sich die meisten Autoren und G. Böhme, S. Driehaus, Fr. Köhler, K. Michael, A. Naß, C. Reinhold sowie O. Stieghorst.

Herr Hentschel von der **Druckerei** Kistmacher hat den Herausgeber von den ersten Planungen an bis hin zur Fertigstellung mit erfahrenem Rat unterstützt; ihm verdankt dieser Band auch in seiner zweiten Auflage wieder Aussehen und Qualität.

Dank gebührt auch denen, die **Sammlungsmaterial und Information** zugänglich gemacht haben, speziell Dr. sc. H. Jaeger (†), Dr. G. Böhme, Dr. W. -P. Heinrich, Dr. J. Helms und Dr. E. Pietrzeniuk, alle Museum f. Naturkunde der Humboldt-Universität Berlin; Dr. H. Döring, vormals Bundesanstalt f. Geowissenschaften und Rohstoffe, Außenstelle Berlin / Bernau; K. Wehrmann, Gesellschaft für Umwelt- und Wirtschaftsgeologie m. b. H. Berlin / Bernau; H.-J. Streichan, vormals Rüdersdorfer Zement GmbH.; der Markscheiderei der Rüdersdorfer Zement GmbH.; E. Barsch, Rüdersdorf, und W. Tornow, Berlin.

Die **"Rüdersdorfer Zement GmbH"** hat in vielfältiger Weise die Arbeiten an diesem Führer unterstützt und seiner Produktion zugestimmt. In höchst erfreulicher Weise werden auch die vermehrten wissenschaftlichen Arbeiten in Form von Studien-, Diplom- und Doktorarbeiten nicht nur genehmigt, sondern auch gefördert; erste Teilergebnisse finden schon Eingang in die vorliegende Auflage dieses Führers. Der Besucher wird hiermit dringend gebeten, das Entgegenkommen des Werkes durch Umsicht und Befolgen der werkseitigen Anweisungen zu erwidern.

Schließlich wird der **Gemeinde Rüdersdorf,** insbesondere Herrn J. Lehmann, für praktische Hinweise gedankt, mehr noch aber für die Bestrebungen, die geologischen Aufschlüsse in ihr Konzept der Landschafts- und Umweltgestaltung einzubeziehen und sie so zu erhalten. Die Autoren und der Herausgeber hoffen, daß dieser Exkursionsführer die Bemühungen der Gemeinde sowei auch die beachtlichen Aktivitäten der **Gesellschaft zum Erhalt der Rüdersdorfer Bergbautradition e.V.** als auch die des **Fördervereins Museumspark Baustoffindustrie Rüdersdorf e.V.** und des **Rüdersdorfer Umweltarbeitskreises e.V.** wirkungsvoll ergänzt und unterstützt.

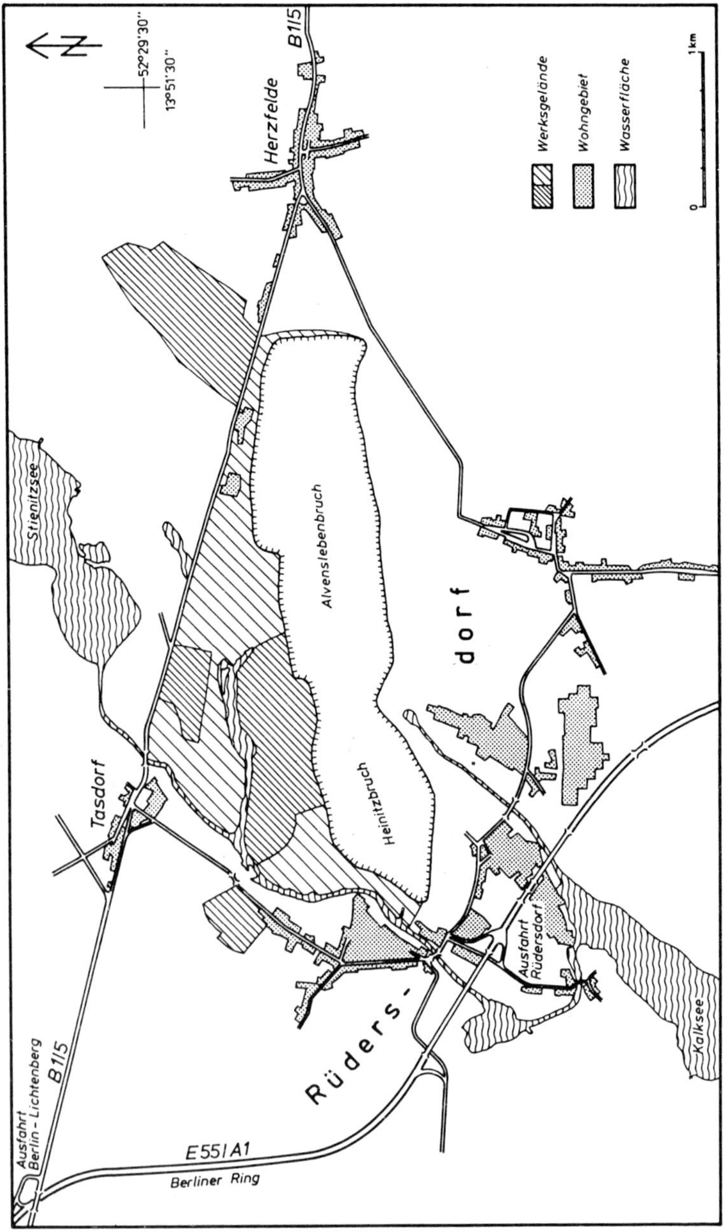

Abb. 2. 1. Verkehrswege für die Anfahrt nach Rüdersdorf

Abb. 2. 1. Verkehrswege für die Anfahrt nach Rüdersdorf; die weitere Umgebung wird auf Abb. U 4 (Hinterer Außenumschlag) gezeigt (Schroeder / Nakoinz)

2. Praktische Hinweise für den Besuch von Rüdersdorf

von H.- J. Streichan, K.- B. Jubitz & J. H. Schroeder

2. 1. Anfahrt (s. Abb. U 4 ; hintere äußere Umschlagseite)

2. 1. 1. Mit öffentlichen Verkehrsmitteln

Von Berlin aus fährt der Besucher mit der **S-Bahn** entweder nach Strausberg (Linie S 5) oder Erkner (Linie S 3); von dort aus benutzt man den zwischen beiden Bahnhöfen verkehrenden **Bus** Nr. 21 nach Rüdersdorf. Von Strausberg aus, wie auch von Erkner aus fährt man bis an die Haltestelle Heinitzstraße; von dort geht man in östlicher Richtung in die Heinitzstraße, folgt am Eingang des Bergamtes Brandenburg der Ausschilderung zum Besucherbüro (ca. 200 m; Abb. 2. 2.). Auf der S-Bahn- Fahrt nach Erkner kann man auch bereits in Friedrichshagen aussteigen, von dort aus mit der **Straßenbahn** nach Rüdersdorf weiterfahren (Linie 88; Abfahrtsstelle linksseitig des S. Bahnhofes; Fahrtzeit ca 45 Min.; s. Abb. 2. 2., 5. 6., 5. 7.) und auf diese Weise schon einen sehr lohnenden Eindruck von der Morphologie eiszeitlicher Ablagerungen der Umgebung Rüdersdorfs gewinnen (Abschnitt 5. 4.); man steigt an der Heinitzstraße aus.

Ein **Radweg** von Strausberg nach Erkner ist bereits in wesentlichen Teil-

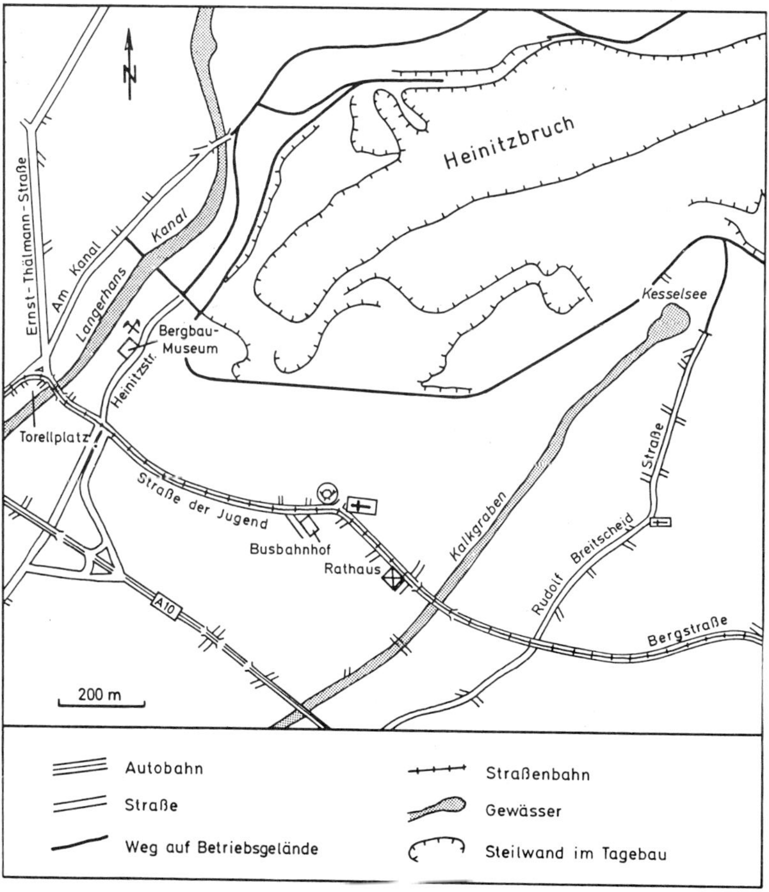

Abb. 2. 2. Orientierungsskizze für den Ort Rüdersdorf (nach Rüdersdorf Orientierungsplan und 1 : 25 000 topographischer Karte; Schroeder / Dunker)

stücken fertiggestellt, so von Strausberg bis nach Tasdorf.

Am beschaulichsten, aber angesichts der 13 km Entfernung auch nicht ohne Mühen, ist eine **Wanderung** von Erkner über Woltersdorf nach Rüdersdorf.

2. 1. 2. Mit dem Kraftfahrzeug

Rüdersdorf liegt unmittelbar an der Autobahn (E 55; Berliner Ring; s. Abb. 2. 1.); man benutzt die Ausfahrt "Rüdersdorf", überquert in Richtung Osten die Straße der Jugend, gelangt in die Heinitzstraße und dort zum Besucherbüro (Abb. 2. 2.). Von der Bundesstraße1 / 5 (Berlin - Frankfurt/ Oder) biegt man in Tasdorf nach Süden in Richtung Rüdersdorf ab, wo man über die Straße der Jugend und die Heinitzstraße zum Besucherbüro kommt. Für Parkplätze am Besucherbüro ist gesorgt; Omnibusse können auf der geräumigen Freifläche gegenüber dem Bergamt Brandenburg parken.

2. 2. Anmeldung, Genehmigung und Führungen

Der Tagebau von Rüdersdorf und seine nächste Umgebung sind **Industriegelände** der "Rüdersdorfer Zement GmbH", einem Betrieb der "Readymix"-Gruppe. Es darf nur unter **sachkundiger und autorisierter Führung** betreten werden: Es gibt auf dem Werksgelände ernstzunehmende Gefahrenpunkte (Steilwände, Abbrüche, mobile Abbautechnik), deshalb sind im Interesse der eigenen Sicherheit Alleingänge untersagt. Wesentliche Flächen - vor allem nordöstlich vom Tagebau um die wichtigsten technischen Denkmale - sollen in Kürze als Teil des "Museumsparkes Baustoffindustrie" zur Besichtigung freigegeben werden.

Die **geologisch-fachgerechte Betreuung der Besucher** ist von der Werksleitung dem 1990 gegründeten Verein "Gesellschaft zum Erhalt der Rüdersdorfer Bergbautradition e.V. " übertragen worden. Anlaufpunkt und Ausgangspunkt für Exkursionen und Führungen ist das Besucherbüro in der Heinitzstraße.

In der Zeit von April bis November werden an Sonnabenden und Sonntagen von dem o. a. Verein geologische **Führungen** angeboten: Eine beginnt jeweils um 10 Uhr und bietet den Gesamtüberblick über Geologie und Technik; der Tagebau, insbesondere Fossil- wie auch Mineralfundplätze, werden besucht. Jeweils um 11 Uhr erfolgen Führungen, die sich besonders auf Technologie des Abbaus, der Förderung und der Verarbeitung konzentieren. Eine Befahrung untertägiger Strecken ist in Vorbereitung. Für die Führungen werden Gebühren erhoben (Stand 1993: DM 10; ermäßigt für Schüler, Studenten, Rentner DM 5; Familienpreis DM 15), die außer sachkundiger Führung Unfallversicherung, Foto- und Sammelerlaubnis einschließen.

Geschlossene Gruppen - Studenten, Schüler, Vereine - können spezielle Termine außerhalb der angegebenen Besucherzeiten vereinbaren.
Auskunft: Telefon Berlin (030) 55 89 112 - 114.

2. 3. Kleidung und Ausrüstung

Während des Aufenthaltes im Tagebau ist **Schutzkleidung** - Helm (!), festes Schuhwerk, feste Kleidung - zu tragen; Helm und Stiefel (wie auch Hammer) können im Besucherbüro gegen Entrichtung einer Leihgebühr ausgeliehen werden. Bei feuchter Witterung sind Gummistiefel dringend zu empfehlen.

2. 4. Exkursionspunkte (Abb. 2. 3.)

Wer das **geologische Angebot** von Rüdersdorf voll auskosten und die verschiedenen Aspekte von Muschelkalk und Pleistozän mit Muße betrachten will , der wird ein bis zwei Tage darauf verwenden können. Einen kompakten Überblick kann man aber schon in vier bis fünf Stunden gewinnen und dabei auch einen Eindruck von den technischen Denkmalen bekommen. Das Exkursionsprogramm des einzelnen oder einer Gruppe wird entsprechend den jeweiligen Interessen oder Ausbildungszielen einerseits und der zur Verfügung stehenden Zeit anderseits zu gestalten und variieren sein.

Hier soll eine Liste der **wichtigsten geologischen Aufschlüsse** gegeben werden, gewissermaßen eine geologische Speisenkarte, die dem Besucher einen schnellen Überblick vermittelt und dann durch die Dezimalzahlen (z. B. 4. 1 5.) auf die detaillierten Erläuterungen in diesem Führer hinweist. Die Nummern der Punkte beziehen sich auf die beigegebene Karte (Abb. 2. 3.); die Zählung beginnt mit dem Übersichtspunkt im Süden des Tagebaus, zieht sich dann vom Südosten her im Uhrzeigersinn an der Südseite entlang nach Westen und schließlich entlang der Nordseite in östliche Richtung.

Es werden hier **zwei Routen-Vorschläge** für Exkursionen gemacht: Der erste **(M)** legt den thematischen Schwerpunkt auf den **Muschelkalk**, nimmt das Pleistozän nur untergeordnet mit, wie es am Wege liegt; der zweite **(P)** konzentriert sich auf das **Pleistozän.**

Route M: 1 oder 17, 8, 9, 11, 14, 15, 16, oder 18

Route P: 1, 2, 3, 9, 12, 13, 19.

Es ist schon angeklungen, daß Rüdersdorf nicht nur geologisch, sondern auch wegen seiner **technischen Denkmale** bemerkenswert und über die Grenzen von Brandenburg hinaus einmalig ist. Hier sei insbesondere auf das verdienstvolle Wirken des Fördervereins Museumspark Baustoffindustrie Rüdersdorf e.V. (s. Abschnitt 2. 6.) verwiesen. Ein geologischer Führer kann seinen Leser nur anregen, sich diese Einmaligkeit nicht entgehen zu lassen, kann erste Hinweise geben (Abschnitt 7. 4.) und im übrigen auf einschlägige Literatur verweisen (9. 5.).

Es liegt auf der Hand, daß ein Großtagebau dieser Dimension einen beachtlichten Eingriff in den Naturraum darstellt - aber nicht ewa nur mit negativen Folgen: So gibt es hier **Besonderheiten von Flora und Fauna** (Weichtiere, Vögel); dank der bereitwilligen Hilfe entsprechender Kenner kann in diesem Führer (Abschnitte 6. 1. bis 6. 3.) kurz darauf hingewiesen werden. Es wird um besondere Behutsamkeit bei den entsprechenden Beobachtungen gebeten!

2. 5. Wissenschaftliche Sammlungen

Kaum ein Besucher verläßt Rüdersdorf ohne einen interessanten Fund für seine Sammlung, und speziell Wissenschaftler haben hier seit dem 19. Jahrhundert mit viel Fleiß gesammelt. So gibt es kaum eine Universitätssammlung im weiteren Umkreis, die nicht Stücke aus Rüdersdorf vorweisen könnte.

Die wohl umfangreichste Sammlung stammt aus der vormaligen Preußischen Geologischen Landesanstalt und aus dem ehemaligen Zentralen Geologischen Institut. Seit 1991 ist diese Sammlung Bestandteil des **Zentralen Geologischen Proben- und Kernarchivs Bernau** (Rüdnitzer Chaussee 44, O - 1280 Bernau), welches von der Bundesantalt für Geowissenschaften und Rohstoffe in Verbindung mit der Gesellschaft für Umwelt- und Wirtschaftsgeologie m. b. H. betrieben wird. Hier ruhen die umfangreichen klassischen Faunenkollektionen von O. Raab, E. Zimmermann, H. Eck, E. Picard und W. Neben mit insgesamt rund 4400 Einzelstücken, vor allem Mollusken und Wirbeltierresten (Frdl. Mitteilung von Dr. H. Döring). Ebenso werden hier typische Bohrkernproben von wichtigen Aufschlußbohrungen der Struktur Rüdersdorgf aufbewahrt.

Ein weiterer bemerkenswerter Fundus befindet sich im **Museum für Naturkunde der Humboldt-Universität** (Invalidenstr. 43, 0 - 1040 Berlin). Die paläontologischen Funde von Rüdersdorf werden nicht geschlossen, sondern nach taxonomischen Gesichtspunkten geordnet aufbewahrt. Eine Anzahl von Doubletten von Invertebraten wird jedoch in einer "Rüdersdorf-Sammlung" aufbewahrt. Speziellere Information über die Sammlung ist als Anhang dem Abschnitt 4. 1. angefügt (Frdl. Mitteilungen von Dr. sc. nat. H. Jaeger †). In der mineralogischen Sammlung ist insbesondere eine geschlossene Sammlung von mehreren hundert Coelestin-Stufen von Rüdersdorf bemerkenswert; andere Mineralfunde sind über die systematisch geordnete Gesamt-Sammlung verteilt (Frdl. Mitteilung von Prof. Bautsch).

An dieser Stelle sollten die **Privat-Sammlungen** nicht vergessen werden: So

1. Rüdersdorfer Grund/Deponie bei der Franz-Künstler-Siedlung
Überblick über den Tagebau und die Umgebung (Strukturtop, Röt-Depression, Wellenkalkhang) sowie über die Bergbaufolgelandschaft

2. SE-Ecke des Alvenslebenbruches
Elster II-Geschiebemergel, glazilimnische Elster II-Bildungen, Saale I-Geschiebemergel (5. 2. 2.; Abb. 5. 2.)

3. Südflanke des Alvenslebenbruches nördlich v. Alt-Rüdersdorf
Muschelkalk-Gesteine inmitten von Saale-Geschiebemergeln

4. Südflanke des Alvenslebenbruches (Flachböschung)
Tiefster Unterer Muschelkalk (Wellenkalk; 4. 1. 5.) Grenze A/B Horizont der technischen Gliederung (4 2. 1.); Fossilfundpunkt.

5. Südflanke des Alvenslebenbruches
Grenzbereich Oberer Buntsandstein (Myophorienschichten) /Unterer Muschelkalk, A u. B. Horizont (4. 1. 4. / 4. 1. 5.); Blick auf N Seite d. Tagebaues zur Erosionsform "Tiefes Tal" (s.u. **19**)

6. Südflanke des Alvenslebenbruch Überblick W-Teil der Nordflanke: Wellenkalk und Schaumkalk; Mittlerer Muschelkalk (4. 1. 5.; 4. 1. 6.; 4. 1. 7.); Abbautechnik.

6. A. Südflanke Alvenslebenbruch, 460 m E Kreuzbrückenspalte
Myophorienschichten (4. 1. 4. ; Abb. 4. 3. 3.)

7.Nordrand der Halde mit Höhe 80,0 (ehemalige Höhe 77,5)
Blick auf die nach Osten abfallende Muschelkalkoberfläche (5. 2. 1.)

8. Grenzbereich Alvensleben-/Heinitzbruch nördlich vom Kesselsee
Wellenkalk (B- bis D-Horizont)(4. 1. 5 .); Coelestinfundstelle (4.5.) ; Abbau im Großbohrlochverfahren (7. 3.)

9. Kreuzbrückenspalte, unterhalb der + 35 m Sohle
Subglaziale Erosionsrinne; angeschliffene Steilflanken in Wellenkalk (Horizonte C - D) und Schaumkalk (Horizonte E z. T.) mit Sediment-Strukturen (4. 1. 6.); pleistozäne Sand- bzw. Kiesfüllung (5. 2. 6., Abb. 5. 4.; Abb. 4. 3. 4.)

10. Ehemalige Durinsche Tongruben (weitgehend verstürzt und zugewachsen) Oberer Pelit-Röt; bunte Tonmergel (4. 1. 4.)

11. SW-Teil des Heinitzbruches, Böschung
Wellenkalk wie Punkt 8, zusätzlich Horizont A

12. SW-Teil des Heinitzbruches; am ehemaligen Weinberg
Glaziale plateauartige Einebnungsfläche auf Wellenkalke mit lokalen Erosionsbildungen; darauf Kiese u. Saale II-Geschiebemergel (5. 2. 3.)

13. Weg vom ehemaligen Weinberg nach Westen
Glaziofluviale Kies-Sande, darüber Saale II-Geschiebemegel. (5. 2. 4.)

14. Heinitzbruch, Westflanke; Abbau auf +35 m Sohle u. 10 m - Berme
Wellenkalk/Schaumkalk-Übergang (Horizonte D bis E/F) Schaumkalk (Horizonte G, H, I, K) mit Stylolithen (4. 1. 6. u. 4. 2.; Abb. 4. 3 5.)

15. NW-Böschung des Heinitzbruches (Oberes Drittel)
Mittlererer Muschelkalk (4. 1. 7.) ; Fossilhorizonte; Subrosion.

16. Oberkante NW-Böschung Heinitzbruch; unterhalb Seilscheibenpfeiler
Oberer Muschelkalk über mittlerem Muschelkalk; *transversa*-Schichten bis Glaukonitkalk (Horizonte R bis S) (4. 1. 8. Abb. 4. 3. 6.)

17. Aussichtspunkt am Nordrand des Tagebaus

18. Nordstoß Alvenslebenbruch; N-S Abbaufront, ca. 300 m SW "Heim"
Gesamtprofil Mittlerer Muschelkalk sowie Hangendübergang zum Oberen Muschelkalk (*transversa*-Schichten) (4. 1. 7.; 4. 1. 8. ;Abb. 4. 3. 8.)

19. Nordstoß Alvenslebenbruch; Westflanke "Tiefes Tal"
Saale I - Geschiebemergel; diskordant darüber Fließmoräne, glazifluviale Kiese und schwarze Saale II-Geschiebemergel (5. 2. 5.; Abb. 5. 3.)

20. Ostseite des Alvenslebenbruches "Expreß-Überblicks-Punkt"
Mit Kfz zugänglicher Aussichtspunkt für raschen ersten Eindruck

Abb. 2. 3. Empfehlenswerte Exkursionspunkte im und am Tagebau Rüdersdorf. Zustand und Ergiebigkeit der jeweiligen Punkte sind abhängig vom Abbaufortschritt. Dezimalzahlen in den obigen Kurzerläuterungen beziehen sich auf die Abschnitte im Text dieses Führers (Beitrag Schroeder / Dunker / Kleeberg)

Dringend: 1. Betreten des Tagebaues ist nur mit werkseitig autorisierter Führung und vorheriger Genehmigung erlaubt! 2. Dieser Tagebau ist einmalig! **Tragen Sie zur Erhaltung der Exkursionspunkte** dadurch bei, daß Sie sie nicht zerstören. Bevor Sie zuschlagen, denken Sie an die nächsten Besucher, und die übernächsten ... und an **die, die in zehn Jahren kommen: Die möchten auch noch etwas davon sehen !!!**

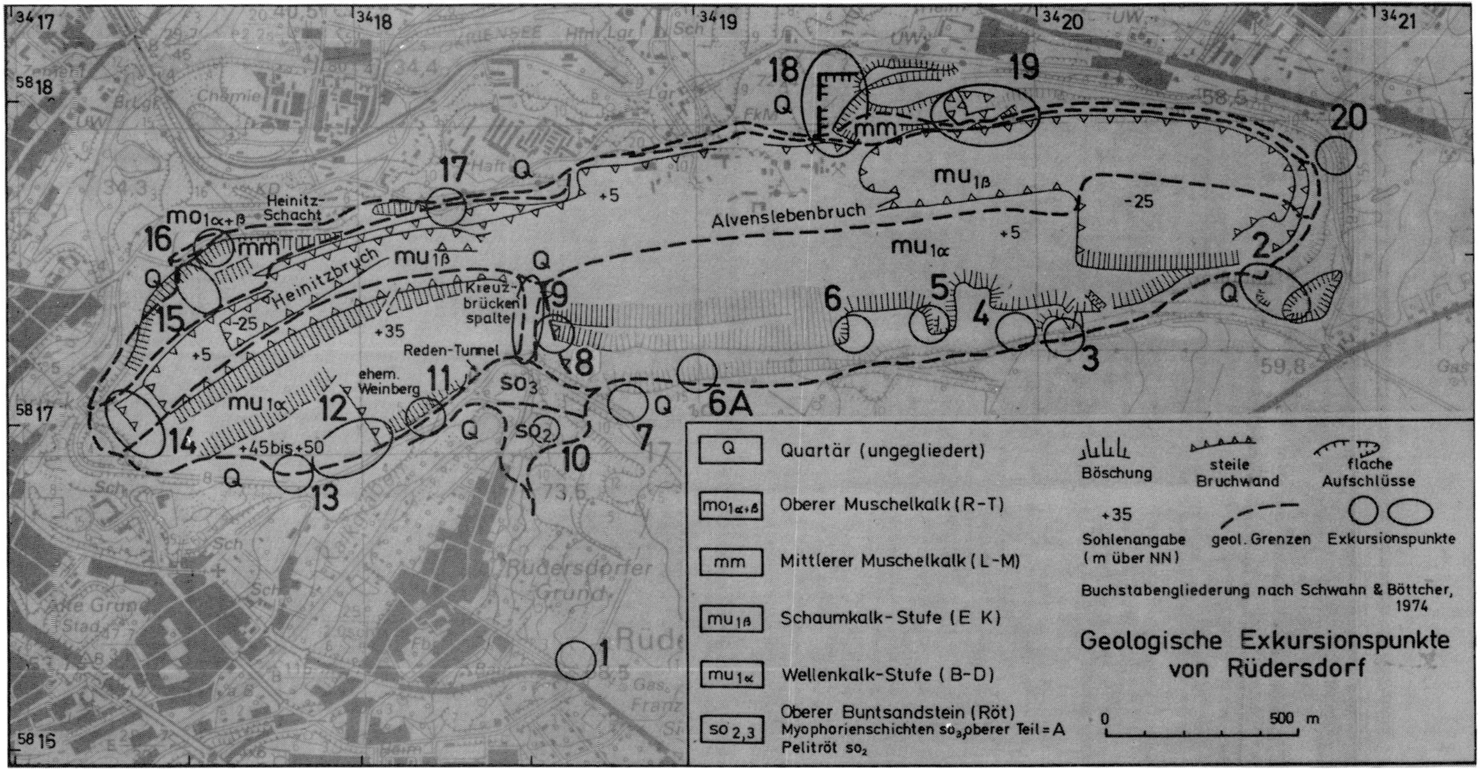

Geologische Exkursionspunkte von Rüdersdorf
Q Quartär (ungegliedert)
mo1α+β Oberer Muschelkalk (R-T)
mm Mittlerer Muschelkalk (L-M)
mu1β Schaumkalk-Stufe (E K)
mu1α Wellenkalk-Stufe (B-D)
so2,3 Oberer Buntsandstein (Röt) Myophorienschichten so3, oberer Teil = A Pelitröt so2
Böschung
steile Bruchwand
flache Aufschlüsse
+35 Sohlenangabe (m über NN)
geol. Grenzen
Exkursionspunkte
Buchstabengliederung nach Schwahn & Böttcher, 1974
0 500 m
Alvenslebenbruch
Heinitzbruch
Heinitz-Schacht
Kreuzbrückenspalte
Reden-Tunnel
ehem. Weinberg
+45 bis +50

mancher Sammler hat über die Jahre mit Mühe, Ausdauer und einem Quäntchen Glück beachtliche Funde zusammengetragen; einige haben großzügigerweise ihre Funde auch für diesen Führer zur Verfügung gestellt, so E. Barsch und W. Tornow. Kontakte vermittelt ggf. das Besucherbüro.

2. 6. Bergmannstradition, Museum, Souvenirs

Rüdersdorf hat eine **jahrhunderte-alte Bergbau-** und damit auch **Bergmannstradition.** Sie wird von der "Gesellschaft zum Erhalt der Rüdersdorfer Bergbautradition e.V." gepflegt; diese sieht ihre Aufgaben in der Öffentlichkeitsarbeit, in der Erforschung der Tradition sowie in der Unterhaltung der Bergmannskapelle.

In seinem Museum ist eine **attraktive Sammlung** mit seltenen Fossil- und Mineral-Fundstücken sowie Bergmannsausrüstung aus alter Zeit zu sehen; daraus soll sich - so die Planung des Vereins und der Gemeinde Rüdersdorf - in nächster Zeit ein Museum entwickeln. Im Büro werden auch Postkarten und Publikationen über Rüdersdorf angeboten.

Im Juli findet alljährlich der traditionelle **Bergmannstag** in Rüdersdorf statt.

2. 7. Museumspark Baustoffindustrie Rüdersdorf

Die geologischen Aspekte, die in diesem Führer aufgrund fachlicher Ausrichtung und Kompetenz naturgemäß im Vordergrund stehen, sind eine bedeutende Komponente, aber eben nur eine von mehreren Komponenten, die den Raum Rüdersdorf auszeichnen. Am Rande des Tagebaus findet man ein wichtiges Ensemble **industriearchäologischer Einzelbauten**, die entlang einer kurzen Wegstrecke in einmaliger Weise vier **historische Stadien der Baustoffindustrie**, aber auch Interessantes aus Förder- und Transporttechnik zeigen. Hinzu kommt die spezielle Landschaft der Umgebung des Tagebaus sowie die Siedlungsgeschichte des Raumes. Diese **vielseitige Thematik** auf engem Raum soll nun in einem **Museumspark** erschlossen werden.

Bereits 1990 begannen industriearchäologisch interessierte Gruppen und Institutionen - die Gemeinde Rüdersdorf, der Deutsche Werkbund e.V., das Berlin-Museum, die Deutsche Gesellschaft sowie die Rüdersdorfer Zement GmbH - Konzepte zur Wahrung und Aktivierung dieses Potentials zu entwickeln. Am 19. 6. 1992 wurde ein gemeinnütziger Förderverein gegründet, der sich zur Aufgabe gemacht hat, die Idee des Museumsparkes zu konkretisieren und zu realisieren: In freier parkähnlicher Landschaft soll dem Besucher zum einen **die technologische Entwicklung** auf dem Gebiet der Baustoffindustrie gezeigt werden, zum anderen die Entwicklungsprobleme des **Industriestandortes Rüdersdorf** nahe gebracht werden, und zum dritten ein **einmaliges Naturerlebnis** vermittelt werden.

Der Förderverein Museumspark Baustoffindustrie Rüdersdorf e.V. hat sein Vorortbüro in der Heinitzstr. 11, O - 1253 Rüdersdorf, Tel. O3 36 38 / 5 55 76.

2. 8. Rüdersdorfer Umweltarbeitskreis e.V.

Die Gesteine von Rüdersdorf sind ein Teil der Umwelt, zweifellos interessant, aber durchaus nicht unproblematisch, denkt man Staub-Emissionen früherer Jahre, an Sprengungen, an Halden und den Einfluß des Abbaus auf den Wasserhaushalt.

Hier hat sich bereits vor der Wende ein Kreis von Betroffenen und Besorgten zusammengefunden, die Probleme sowie ihre Ursachen bei Namen genannt und sie der Öffentlichkeit in nunmehr drei Ausstellungen vorgestellt haben. Aber nicht nur zur - so wichtigen - Bewußtseinsbildung, sondern auch zur Verbesserung der Umwelt, zur Lösung der Probleme hat dieser Kreis beigetragen, wie man am Beispiel des Kalksees sehen kann.

Der Verein ist zu erreichen E.-Thälmann-Str .21, O - 1253 Rüdersdorf

2. 9. Die Gemeinde Rüdersdorf

Im Jahre 1235 wurde Rüdersdorf erstmalig urkundlich erwähnt. Bis zur Reformation lebten hier die Zisterziensermöche, die im benachbarten Kagel ein Feldkloster errichtet hatten. Tasdorf entstand im 13. Jahrhundert als bäuerliche Ansiedlung. Doch im Dreißigjährigen Krieg wurde es total verwüstet. Erst als im 17. Jahrhundert der Postverkehr aus Berlin auflebte, wurde 1669 eine Posthalterei mit Herberge und Krug errichtet. 1885 entwickelte sich Tasdorf vom Rittergutshof zum Industrieort. Kalkberge ist eine spätere Siedlung, doch auch hier wurden im Zuge der Kolonisation Arbeitskräfte angesiedelt. Die Entwicklung zum großen Industriestandort hatte damit begonnen und war mit zunehmender Industrialisierung nicht mehr aufzuhalten.

Heute hat die die Gemeinde 11 000 Einwohner. Die **Wirtschaftsstruktur** ist gekennzeichnet durch Unternehmen der Baustoffindustrie und des Bauwesens sowie durch mittelständische Unternehmen und Kleinbetriebe des Handwerkes, Gewerbes, der Dienstleistungen und des Handels.

Das Kulturhaus mit Bibliothek und temporären Ausstellungen sowie das Industriemuseum in der Heinitzstraße sind die wesentlichen **kulturellen Einrichtungen**.

Auskunft erteilt die Amtsverwaltung, Tel. 03 36 38 / 81 61
Fax 03 36 38 / 26 02

2. 9. Verpflegung

Im Besucherbüro werden an den Wochenenden einfacher Imbiß und Getränke angeboten. Darüber hinaus findet der Besucher jedoch in Rüdersdorf und Umgebung eine Reihe von Gaststätten, von denen hier einige ohne Kategorisierung und ohne Gewähr angegeben werden:

Bergblick Brückenstraße
O - 1253 Rüdersdorf (Neubaugebiet)
Tel. O3 36 38 / 31 14

Haus am See, Hochstraße
O - 1255 Woltersdorf
Tel. 0 33 62 / 51 38

Schützenhaus Ernst-Thälmann-Str. 55
O - 1253 Rüdersdorf (Am Torellplatz)
Tel. 03 36 38 / 24 61

Seeterrassen, Seestraße
O - 1253 Rüdersdorf (Am Kalksee)
Tel. 03 36 38 / 21 13

Schultheiß Berliner. Str. 6 a
O - 1253 Rüdersdorf (Tasdorf)
Tel. 03 36 38 / 26 13

Waldkater Seebad 31
O - 1253 Rüdersdorf
(Richtung Woltersdorf)
Tel. 03 36 38 / 21 43

Weißer Schwan Vogelsdorfer Str. 1
O - 1253 Rüdersdorf (Schulzenhöhe)
Tel. 03 36 38 / 20 21

2. 10. Übernachtungsmöglichkeiten

Auswärtige Besucher können in der Umgebung übernachten. Über Jugendherbergen kann zum Zeitpunkt der Drucklegung leider nichts Verbindliches gesagt werden; es wird empfohlen, die jeweils gültige Information beim Jugendherbergswerk einzuholen. Folgende Quartiere sind bei Drucklegung dieses Führers bekannt (ohne Gewähr):

Haus Flakensee, Strandpromenade 2 - 3
O - 1255 Woltersdorf
Tel. 03 36 38 / 51 85 (45 Betten)

Haus am See s. 2. 4.

Hotel und Gaststätte " **Am Peetzsee"**
Karl-Marx Str. 9
O-1252 Grünheide
Tel. 0 33 62 / 6188 (50 Betten)

Privatquartiere in beschränkter Zahl;
zu erfragen beim Kulturamt der Gemeinde, Tel. 03 36 38 / 81 61

Hotel Seegarten Grünheide,
Am Schlangenluch 12
O - 1252 Grünheide
Tel. 0 33 62 / 61 80 Fax: 61 29
(40 Betten; gehobener Standard)

Seeterrassen s. o. 2. 4.

Auskunft: Fremdenverkehrsverein e. V.
Karl-Marx-Str. 2
O - 1252 Grünheide
Tel. 0 33 62 / 61 94

3. Geologischer Rahmen: Überblick über die Struktur Rüdersdorf und deren Stellung im geologischen Umfeld Ostbrandenburgs

von Karl-Bernhard Jubitz
mit Beiträgen von H. Ahrens, G. Beutler, A. G. Cepek, G. Katzung, D. Lotsch, G. Schwab, R. Tessin und R. Walter

3. 1. Einführung

3. 1. 1. Allgemeine Charakteristik

Das Gebiet von Rüdersdorf ist charakterisiert durch eine anomale **Hochlage des prä-tertiären Untergrundes** inmitten der Norddeutschland generell bedeckenden lockere Sedimente des Tertiärs und des Quartärs: Feste Gesteine, also harte Felsen, die sonst im Berliner Raum in Tiefen von mehr als 1000 m liegen, sind hier an der Oberfläche anzutreffen. Der Grund dafür liegt in der Bewegung der darunter liegenden Zechstein-Salze: Diese Salze sind geologisch gesehen ausgesprochen mobil; sie können wandern bzw. fließen, an Schwächezonen in den Gesteinspaketen aufsteigen und dabei darüber liegende Gesteine aufwölben. Solche Aufwölbung nennt man **"Struktur"**, speziell "Salzstruktur". Andere derartige Strukturen sind beispielsweise die Insel Helgoland mit ihren Buntsandsteinfelsen oder die Höhe 80,0 bei Sperenberg im Süden von Berlin mit Zechstein-Gipsgestein (Salzdurchbruch oder Diapir; Abb. 3. 1.).

Ursache solcher sich über längere geologische Zeiträume erstreckender Salzbewegungen, die der Geologe als Halokinese bezeichnet, sind Dichteunterschiede zwischen relativ leichten Salzen und den darüber liegenden schwereren Kalken und Sandsteinen. Diese Dichteunterschiede werden, sobald entsprechende Wegsamkeit gegeben ist, gravitativ, d.h. durch die Wirkung der Schwerkraft, ausgeglichen: Die leichten Salze bewegen sich aufwärts, die schwereren Gesteine abwärts. Die Wegsamkeit kann durch Störungs- oder Bruchzonen geboten werden; die Salzbewegungen werden in der Regel durch tektonische Bewegungen in Gang gesetzt.

An der Erdoberfläche ist die Struktur Rüdersdorf auf das Gebiet zwischen den Ortslagen von Rüdersdorf und Herzfelde beschränkt und auf einer Länge von ca. 4,2 km in WSW-ENE-Erstreckung freigelegt (Den an der Oberfläche freigelegten Teil einer Schicht nennt man "Ausstrich" .). Dies ist jedoch nur der höchste Teil einer langgestreckten Aufwölbung, die sich - verdeckt durch jüngere Schichten - von Herzfelde im Osten bis Berlin-Mahlsdorf im Westen über eine Länge von ca. 20 km und eine Breite bis 8 km verfolgen läßt. Der heutige Ausstrich der Gesteine ist also mit der Spitze eines Eisberges vergleichbar.

3. 1. 2. Morphologie

Die Triasstruktur liegt im Grenzbereich zwischen den pleistozänen Hochflächen der weichseleiszeitlichen Jungmoränenlandschaft im Norden (ca. + 70 bis + 90 m NN), der Barnim - Lebuser Platte, und den flachen, durch großflächige Seen untergliederten Niederungen des Berliner Urstromtales im Süden (s. Abb. 3. 8.). **Sie hebt sich morphologisch** gegenüber dem Gesamtrelief **generell nicht ab;** im Süden wird sie sogar von einzelnen Stauchendmoränenzügen (Kranichs-Berge bei Woltersdorf: + 106 m NN) deutlich überragt. An dieser Gesamtsituation ändert örtlich auch die neue Bergbaufolgelandschaft mit den Halden bis + 80 m NN südlich der Tagebauaufschlüsse wenig.

Das durch den Bergbau unterhalb der quartären Sedimente freigelegte Gesteinsrelief stellt eine schmale Schichtrippe des Muschelkalkes mit Ost-West-Erstreckung dar, das auch früher sein Umfeld nicht wesentlich überragte.

3. 1. 3. Schichtenfolge und Aufschlüsse

Die im Raum Rüdersdorf angetroffenen Ablagerungen / Gesteine sind in Tabelle 3. 1. in verallgemeinerter Form zusammengestellt; sie bietet einen ersten Überblick über die jeweiligen Lithologien, Mächtigkeiten und Ablagerungsmilieus.

Rüdersdorf gehört zu den **klassischen Aufschlüssen des Muschelkalkes** in Mitteleuropa und gewährt Einblick in die Verhältnisse im ostelbischen Raum zwischen Thüringen einerseits und Niederschlesien / Polen anderseits zur Zeit der Mittle-

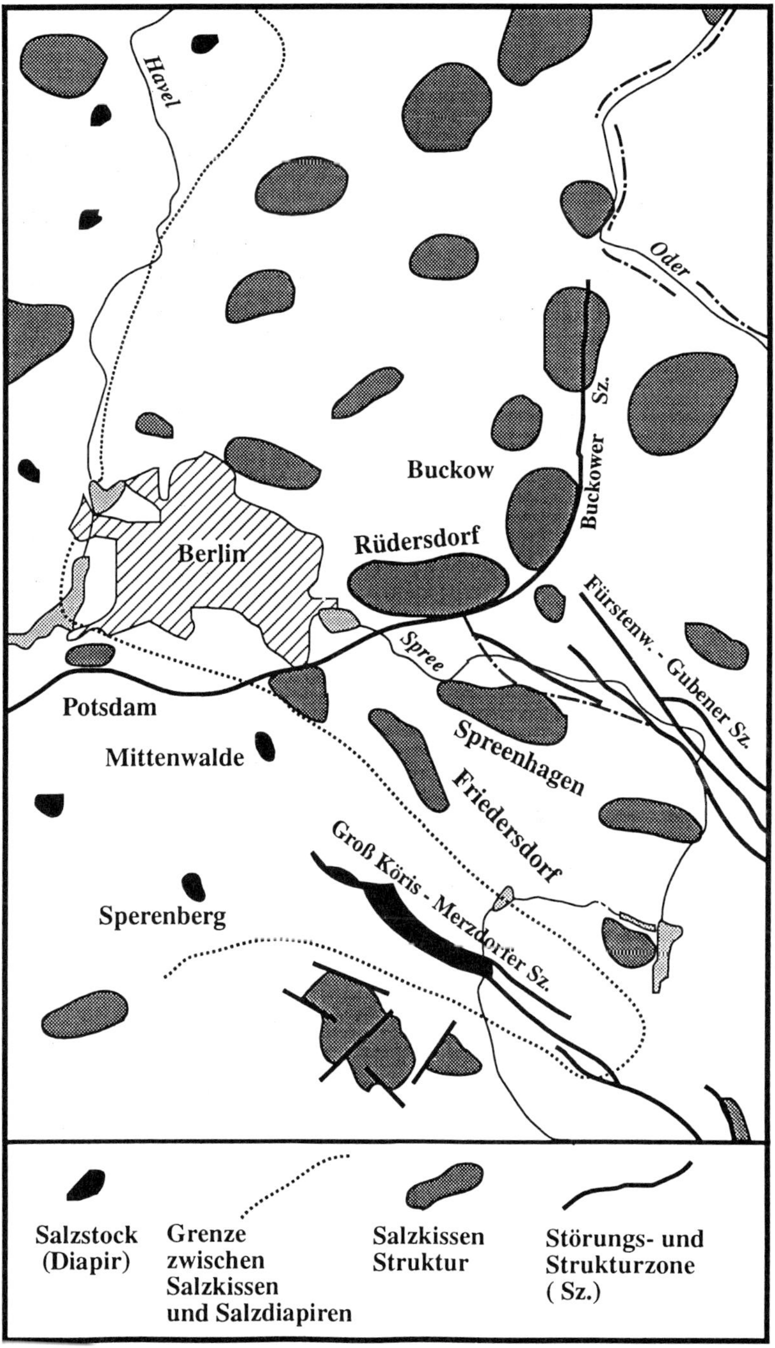

Abb. 3. 1. Struktur Rüdersdorf im Umfeld der Salzkissen und Salzstöcke Ostbrandenburgs (Vereinfacht nach Katzung, 1983; Beitrag Jubitz).

Tabelle 3. 1. Ablagerungen im Raum Rüdersdorf
Vereinfachter Überblick zusammengestellt v. K.-B. Jubitz

Stratigraphie		Lithologie	Mächtig-keit (m)	Ablagerungs-milieu
Pleistozän	Weichsel Saale Elster	Geschiebemergel, Sande, Kiese mit Ton- u. Schluffeinlagerungen (s. Tabelle 3. 2.)	**1 - 200**	**glazial / interglazial**
		Schichtlücke		
Tertiär	Miozän	Sande u. Kiese mit Braunkohlelagen	**100 - 200**	**limnisch**
	Oligozän	Schluffe, z.T. tonig; unten mit Glaukonitsanden		**marin**
		Schichtlücke		
Kreide	Oberkreide bis höchste Unterkreide (Campan - Alb)	Schreibkreide, Mergelkalke m. Feuersteinen Mergel, Grünsande	**300**	**marin**
		Hauptschichtlücke		
Jura	Unterkreide (Wealden)	dunkle Schluff- u. Tonsteine, kohlig	**400**	**limnisch**
	Oberer	bunte Mergel mit Gips über konglomeratischen Kalken	**300**	**salinar, lagunär, marin**
	Mittlerer/ Unterer	dunkle Ton- u. Schluffsteine, Fe-haltig, unten sandig	**500**	**marin**
Trias Keuper	Oberer u. Mittlerer	bunte Tonmergelsteine mit Gips- u. Sandsteinlagen;	**500**	**lagunär, salinar**
	Unterer	Sandstein, kohleführend		**limnisch**
Muschelkalk		Kalksteine und Mergelkalksteine mit Gips- und Steinsalzlagen	**300**	**marin, lagunär**
Bunt-sand-stein	Oberer = Röt Mittlerer Unterer	Dolomitmergelsteine mit Gips u. Steinsalz über rotbraunen Sand-/Tonstein-Wechsellagerungen mit Ooidkalksandsteinen	**600**	**lagunär / terrestrisch**
Zechstein	Ohre-Folge Aller-Folge Leine-Folge Staßfurt-Folge Werra-Folge	Anhydrit, Steinalz u. Kalisalz in zyklischer Abfolge mit Tonen und Dolomiten	**1.000 - 2.600**	**salinar**
Rotliegend	Saxon	rotbraune Sandsteine	**100**	**terrestrisch**
	Autun	vulkanische Ergußgesteine	**>1.000**	**terrestrisch**

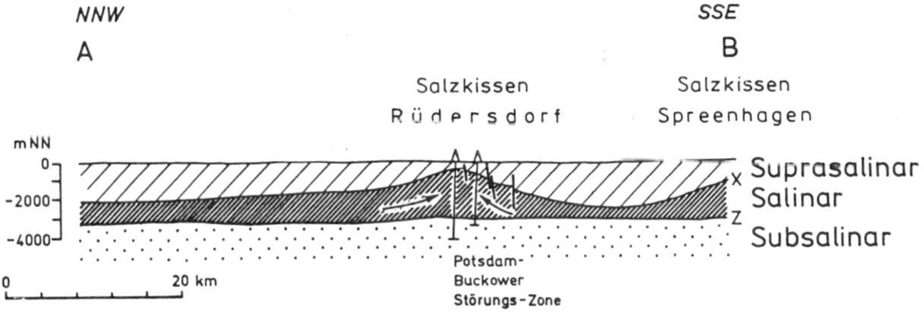

Abb. 3. 2. Geologischer Schnitt durch die Struktur Rüdersdorf mit Fließmechanik und Beulenausbildung des Zechstein-Salinars . **X** und **Z** = seismische Reflektoren oberhalb bzw. unterhalb des Salinars. (Schematisch nach reflexionsseismischen Ergebnissen zusammengestellt von Jubitz)

---

ren Trias, einem Teil des Erdmittelalters. Gesteinszusammensetzung, Fossilinhalt und Paläogeographie unterscheiden sich von denen anderer Regionen (s. Abschnitt 4. 1.). Die Gesteine des Muschelkalkes, besonders die des Unteren Muschelkalkes, waren und sind auch heute noch Ziel des Bergbaus; sie sind deshalb im Großtagebau in einmaliger Weise zu sehen. Zusätzlich wird im Kern der Struktur auch der oberste Teil des darunter liegenden **Oberen Buntsandsteins** (= "Röt") angetroffen, heutzutage allerdings nur noch in aufgelassenen Tongruben (Abschnitt 4. 1. 4.).

Über dem Muschelkalk liegen **die jüngeren Deckschichten des Pleistozäns**, vor allem die Geschiebemergel der Elster- und der Saale-Kaltzeiten sowie die Schotter und Sande der interglazialen Warmzeiten. Da das Lockermaterial vor dem Abbau entfernt werden muß, fallen die Aufschlüsse im Pleistozän gewissermaßen als Nebenprodukte an; sie sind - wie Abschnitt 5 zeigt - für die Erforschung der quartären Schichten von Ostbrandenburg ausgesprochen wertvoll. Darüberhinaus kann man in den Aufschlüssen in seltener Deutlichkeit die mechanische Wechselwirkung zwischen den pleistozänen Inlandeismassen, speziell den Ablagerungen an deren Basis, einerseits und dem unterliegenden/überfahrenen festen Gestein anderseits erkennen.

Aus Flach- und Tiefbohrungen gibt es umfangreiche Informationen über den **tieferen Untergrund und die Umgebung der Struktur**: Nahezu das gesamte Rotliegende (Sedimente und Vulkanite), die Salze von Zechstein I bis V (Werra- bis Ohre- Folge) sowie die tonig-sandig ausgebildeten Rotgesteine des Buntsandsteins unterlagern Röt und Muschelkalk. Was die **jüngeren Schichten** angeht, so sind an der Innenflanke der Struktur Gesteine des Keuper (Obere Trias), an der Außenflanke solche des Lias (Unterer Jura) angetroffen worden; beide wurden viel später nach paläotektonischer Hochlage und somit Erosion überlagert vom Tertiär (Rupel / Mitteloligozän). In den Randgebieten der Struktur, insbesondere an der Südseite folgen oberhalb des Lias Ablagerungen des Mittleren und Oberen Jura sowie der Unterkreide (Wealden). Alle diese sind transgressiv, d. h. nach einer Zeit der Erosion von jüngeren Kreidesedimenten (Alb - Campan) überlagert worden; auch hier folgen nach einer weiteren Periode der Erosion Tone und glaukonitführende Grünsande des Mitteloligozän, dann Sande und Braunkohlen des Miozän.

3. 1. 4. Gesteinslagerung und -deformation

Gesamtform

Auf den ersten Blick **erscheinen** die im Tagebau anstehenden Gesteine als mit 25 bis 30° **nach Norden geneigte Schichttafel** . (Die Neigung bezeichnet der Geologe als das "Einfallen" .) Der Schichtenverlauf, d.h. die Himmelsrichtung einer gedachten horizontalen Ebene mit der geneigten Schicht, auch "Streichen" genannt, hat hauptsächlich eine Ost-West-Richtung (ca. 90°). Diesem Verlauf folgt der Abbau im Steinbruch.

Aber schon die Bogenform des Steinbruches in seinem Westteil deutet das Umbiegen der Schichten in Richtung Südwesten an (45 - 55°); eine entsprechende

Richtungsänderung nach ENE läßt sich im Ostteil der Struktur nachweisen. Sie resultiert aus der Kuppelform der oberhalb des Salzkissens aufgewölbten Gesteine des Untergrundes. Unmittelbar südlich des Steinbruches liegen die Schichten bereits deutlich flacher, und südlich des Kesselsees ist duch Bohrungen ein Einfallen nach Süden nachgewiesen. Insgesamt stellt die Struktur Rüdersdorf also eine **sattelförmig Aufwölbung** dar, deren Scheitelbereich in W-E-Richtung aufgerissen ist.

Wie bereits in Abschnitt 3. 1. 1. angedeutet, ist diese Aufbeulung der

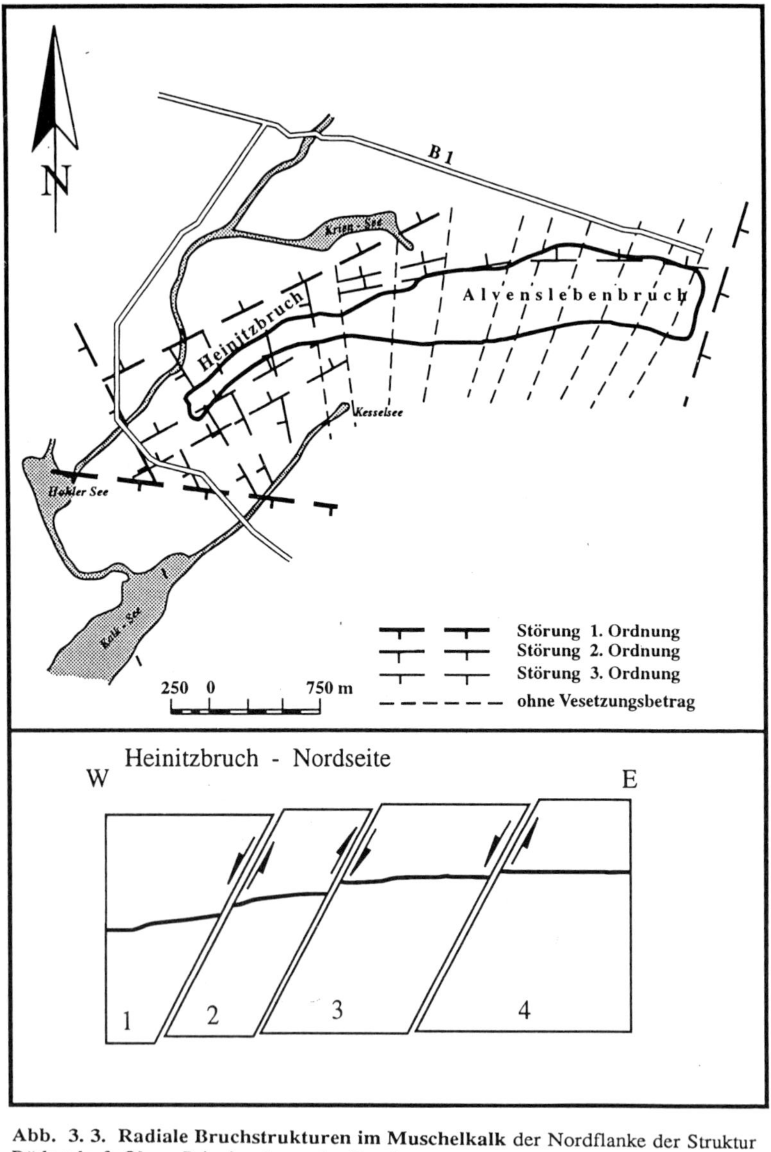

Abb. 3. 3. Radiale Bruchstrukturen im Muschelkalk der Nordflanke der Struktur Rüdersdorf **Oben**: Prinzipschema der Bruchstörungssysteme; **Unten:** Staffelförmiges Abtauchen des Muschelkalkes in Richtung der südwestlichen Begrenzungsstörung 2. Ordnung durch Aktivierung von Radialstörungen (Beitrag von Walter).

Schichten auf die **Bewegung des Zechsteinsalzes** , des sogenannten "**Salinars**", unterhalb der Triasschichten zurückzuführen. Die Position der Aufwölbung ist gegeben durch Kreuzung zweier regional-tektonischer Störungs- und Strukturzonen, nämlich der WSW - ENE - verlaufenden Potsdam-Buckower Störungszone und der NW - SE - verlaufenden Fürstenwalde - Gubener Störungszone (Abb. 3. 1.). Im Bereich der Struktur erreichen die Salzschichten Dicken - der Bergmann spricht von "Mächtigkeiten" - von 2.600 m gegenüber 500 bis 1.100 m an den Strukturrändern. Entsprechend der linsenförmigen Mächtigkeitsanschwellung spricht man von einem **Salzkissen** (im Gegensatz zu Salzdiapiren, bei denen das Salz pfropfenartig von unten die Deckschichten durchbrochen hat, wie etwa am Weinberg bei Sperenberg, südlich von Berlin.

Charakteristisch für ein derartiges Salzkissen ist die praktisch horizontale Lagerung der unter dem Salz liegenden Schichten, des sogenannten "**Subsalinars**"; dieses wurde in Rüdersdorf bei - 3.100 bis -3.200 m NN erbohrt. Da sich die Salzschichten in größerer Tiefe außerhalb der Reichweite lösender Grundwässer befinden, haben sie abdichtende Wirkung gegenüber tieferen Schichten: Unmittelbar darunter können sich Erdöl und Erdgas ansammeln, ein für die Kohlenwasserstofferkundung wichtiger Sachverhalt (s. Abschnitt 3. 2. 1.)

Tektonisches Inventar

Die Aufbeulung der Deckschichten durch das Salz ist mit **Dehnungsvorgängen** verbunden, in deren Verlauf das Gestein auf verschiedene Weise deformiert ist. Daraus resultieren

- intensive **Klüftung** in W - E -, NNE - SSW- und NW - SE - Richtung; dadurch werden die Gesteine in parallelflächige Kluftkörper zerlegt.

- **Spaltenzonen**, die in der Regel durch Erweiterung aus Klüften hervorgehen und dann mit Gesteinsbruchstücken (Brekzien) verfüllt sind.

- **Bruchstrukturen mit kleinen Versätzen** im Meterbereich, von der einfachen Form der Abschiebung oder Dehnungsflexur bis hin zu komplexen Kombinationsstrukturen (Y-Brüche, Staffelbrüche, antithetische Brüche). Außer den die Struktur längs oder quer durchschneidenden Brüchen gibt es auch solche, die radial wie die Speichen eines Rades vom Hebungszentrum der Struktur ausgehen, den Schichtenverband der Gesteine entsprechend in Blöcke zerlegen und diese gerichtet versetzen (Walter, in Vorbereitung; s. Abb. 3. 3.).

Einengungsstrukturen wie Falten oder Überschiebungen waren bisher nicht bekannt. Anhand von Drucklösungsstrukturen (= Stylolithen, s. Abschnitt 4. 4.) sind allerdings horizontale Einengungen - bevorzugt in NNE-SSW-Richtung - nachgewiesen worden (Dualeh, in Vorbereitung). Außerdem sind neuerdings Kleinüberschiebungen und Pressungsflexuren beobachtet worden (Jubitz, in Vorbereitung); die Achsen der Flexuren verlaufen nach WNW, d.h. haben geomechanisch die gleiche Orientierung wie eine junge Überformung des Strukturdaches in SSW-Richtung.

Die meisten der hier beschriebenen tektonischen Elemente durchsetzen die überlagernden Lockermaterialien des Pleistozän nicht, sind also vor dessen Ablagerung gebildet. Es gibt jedoch Bewegungen, die die Struktur flächig bis ins Pleistozän hinein erfaßten (Cepek, s. Abschnitt 3. 2. 5.).

Generell muß man davon ausgehen, daß die Struktur während **mehrerer Phasen tektonischer Bewegungsvorgänge sowie langfristiger Fließvorgänge des Zechsteinsalzes** gebildet worden ist, und zwar unter wiederholter Reaktivierung einzelner Bauelemente.

Die **tektonischen Elemente** sind hier kurz vorgestellt, weil der Besucher sie im Großtagebau **selbst beobachten** kann, aber auch, weil sie in Anbetracht der Vorlockerung des Gesteins für den **bergmännischen Abbau** und in Anbetracht der durch sie bedingten Wegsamkeit für das **Grundwasser** von großer praktischer Bedeutung sind.

3. 2. Schichtenfolge und strukturelle Entwicklung im regionalen Bezug

Vorbemerkung

Will man die geologische Entwicklung der Sturktur Rüdersdorf verstehen, so darf man sich nicht nur auf den Großtagebau beschränken, sondern muß vielmehr die weitere Umgebung mit einbeziehen. **Erst durch die Erfassung von Gemeinsamkeiten wie auch von Kontrasten zwischen Sturktur und Umgebung wird das Besondere der Struktur deutlich.** Aus diesem Grunde haben die Autoren der folgenden Abschnitte für ihre Ausführungen einen weiteren regionalen Rahmen gesteckt, wobei die Größe des jeweiligen Rahmens sich nach Ausdehnung der hierfür wichtigen Elemente richtet und somit variiert.

Für Rüdersdorf bedeutet das die **Einbeziehung der geologische Schichtenfolge sowie des Strukturbaus von NE-, E- und SE -Brandenburg**, dessen Kenntnis auf umfangreichen Tiefbohraufschlüssen basiert. Von den so betrachteten Schichten sind in Rüdersdorf allerdings nur Oberer Buntsandstein, Muschelkalk und Quartär oberflächlich aufgeschlossen.

3. 2. 1. Paläozoikum (Präperm, Rotliegend und Zechstein)

von Gerhard Katzung

Das **Paläozoikum** im Bereich der Struktur Rüdersdorf und seiner weiteren Umgebung NE-, E- und SE-Brandenburgs ist durch **geophysikalische Untersuchungen und mehrere Tiefbohrungen** heute gut bekannt. So haben die Bohrungen Rüdersdorf 10, 13, 15 und 16 den Zechstein durchteuft und das Unterperm (Rotliegendes) erreicht. Dabei wurde ein besonders mächtiges Rotliegendprofil von der Bohrung Rüdersdorf 13 erschlossen. Karbon oder ältere Schichten des Paläozoikums wurden hier nicht angetroffen. Jedoch erlauben Bohrungen, die in einiger Entfernung von Rüdersdorf das Rotliegende durchteuft haben, und die Geröllführung der Rotliegend-Sedimente Rückschlüsse zumindest auf die Ausbildung des Karbons im weiteren Untergrund von Rüdersdorf.

Strukturbau

Der tiefste reflexionsseismisch sicher verfolgbare Horizont liegt stratigraphisch wenig oberhalb der Zechsteinbasis. Dieser **Reflexionshorizont "Z"** bildet recht gut die Struktur des höheren Paläozoikums unterhalb des Zechstein-Salinars ab (vgl. Abb. 3. 4.).

Im östlichen Brandenburg stellt der Z-Horizont eine **schwach wellige, mehr oder weniger stark nach Norden einsinkende Fläche** dar. Diese wird von einigen größeren NW - SE -, W - E - und SSW - NNE - streichenden Verwerfungen durchzogen, die sich auch in das Hangende bis an die Basis des auflagernden Känozoikums fortsetzen: Groß-Köriser Störung, Fürstenwalde-Gubener Störungszone, Potsdamer und Buckower Störung. Auf den weniger stark geneigten Abschnitten, so südöstlich und östlich von Berlin bis an die Oder und weiter nördlich im Raum Zehdenick-Eberswalde-Angermünde, ist die Fläche lokal bis zu 100 m aufgewölbt oder schollenförmig an kleineren Verwerfungen angehoben. Auch im Untergrund von Rüdersdorf befindet sich eine derartige Hochlage. Sie erstreckt sich generell in WSW-ENE-Richtung. Ihr höchster Punkt liegt ungefähr 3.100 m unter Gelände.

Präperm

Über die Ausbildung der **präpermischen Schichten** im Untergrund von Rüdersdorf gibt es nur indirekte Informationen. Diese werden aus den Rotliegend - Sedimenten gewonnen: Insbesondere die basalen Konglomerate des höchsten Rotliegenden (Saxon II) führen neben den vorherrschenden Effusivgesteinen des tieferen Rotliegenden (Autun) gehäuft eckige, nicht weit transportierte Grauwacken-Gerölle des Präperms von teilweise beträchtlicher Größe. Auf Grund ihrer Beschaffenheit und Häufung kann auf ein nicht weit entfernt gelegenes Abtragungsgebiet derartiger Gesteine geschlossen werden. Es wird - auch wegen der extrem geringen Mächtigkeit des Saxon II in den Bohrungen Spreenhagen 3 und Birkholz 1 bei Fürstenwalde -

üdlich der Potsdamer Störung vermutet.

Angetroffen hat die Bohrung Oranienburg 1 am nördlichen Stadtrand von Berlin eine Grauwacken-Serie **karbonischen Alters**. Derartige Grauwacken wurden noch weiter westlich und nördlich im südlichen und nordöstlichen Brandenburg erbohrt. Sie sind auch im Untergrund von Rüdersdorf zu erwarten. Erst weiter südöstlich, im Raum Müllrose-Beeskow wurden devonische Ablagerungen nachgewiesen. Karbon und Devon des gesamten Gebietes gehören zur äußeren Zone des variszischen

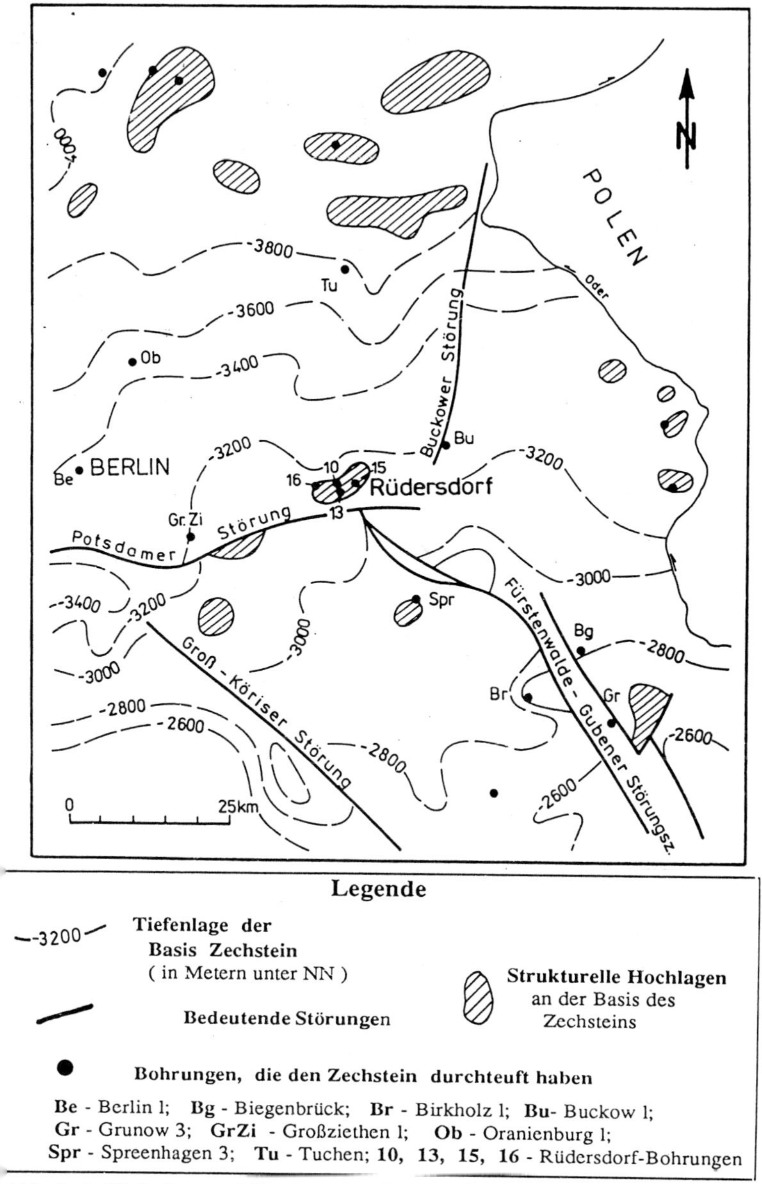

Abb. 3. 4. Tiefenlage und Struktur der Grenzfläche Rotliegendes / Zechstein im östlichen Brandenburg (Beitrag von Katzung)

Gebirges.

Die spätvariszisch gefalteten Grauwacken sind schon während des jüngeren Oberkarbons abgetragen worden. Es bildete sich eine **präpermische Einebnungsfläche** heraus, der stellenweise geringmächtige Rotsedimente auflagen. Die oben erwähnte Bohrung Rüdersdorf 13 hat derartige Schichten kurz vor Erreichen der Endteufe erschlossen. Sie führen außer Pflanzenhäcksel nur die Conifere *Walchia* sp. und werden deshalb dem Rotliegenden zugeordnet.

Rotliegendes

Darüber folgt eine **mächtige Eruptivserie des Autun**. Sie besteht aus einer Vielzahl einzelner Ergüsse intermediärer bis basischer Laven fast ohne trennende Tuffe. Auch andere Sedimente fehlen praktisch völlig. Diese Eruptivserie ist Teil des Ostbrandenburger Eruptivkomplexes, der sich von der Uckermark im N bis in die Niederlausitz im SE erstreckt. Im Berliner Raum und östlich anschließend, also auch im Bereich Rüdersdorf, erreicht er mit 1000 m und mehr seine maximale Mächtigkeit.

In weiten Gebieten Ostbrandenburgs setzte die **Sedimentation erst während des jüngsten Saxon II** wieder ein. Das hängt damit zusammen, daß ein ausgedehntes Hochgebiet - die Wolsztyn-Schwelle - von Polen über die Oder westwärts bis in die Gegend von Neuruppin reicht. Es ist durch NW-SE-streichende Senken und Schwellen untergliedert. Rüdersdorf liegt auf einer derartigen Schwelle, die sich von hier aus in südöstlicher Richtung bis Guben verfolgen läßt. Auf dieser Beeskow-Schwelle (Bohrungen Großziethen 1, Rüdersdorf, Spreenhagen 3 und Birkholz 1) beginnt die Sedimentation erst gegen Ende des Rotliegenden.

Auf der Struktur Rüdersdorf sind es einige Dekameter mächtige Sandsteine, Silt- und Tonsteine; sie setzen an der Basis mit einem geringmächtigen Konglomerat ein, das die oben erwähnte Geröll-Führung aufweist. In Folge der strukturellen Hochlage haben sich in den Sandsteinen während der späteren geologischen Entwicklung Erdgase angesammelt. Es sind zwar energetisch nicht nutzbare Stickstoffgase mit einem Anteil von nur 6 % Methan, sie werden aber seit den siebziger Jahren als "technische Gase" wegen ihres gegenüber anderen Erdgasen erhöhten Helium-Gehaltes gefördert und aufbereitet.

Zechstein

Das Rotliegende wird konform von **Zechstein in Beckenfazies** überlagert. Das **Subsalinar** - die Schichten unterhalb des Reflexionshorizontes Z mit ca. 80 m mächtigem Werra-Zyklus (Zechstein 1) sowie knapp 10 m Stinkschiefer und Basal-Anhydrit des Staßfurt-Zyklus (Zechstein 2) - liegt söhlig. Die tiefsten Glieder des Zechsteins 1 - Äquivalente des Kupferschiefers, Zechsteinkalk und unterster Teil des Werra-Anhydrits - weisen eine von der normalen abweichende Ausbildung auf. So tritt statt des mergelig-bituminösen Kupferschiefers ein dünnschichtiger bunter Kalkstein auf; der Zechsteinkalk zeigt überwiegend rotbraune bis graubraune Farbtöne und der unmittelbar zum Hangenden anschließende Werra-Anhydrit rötliche Flecken. Das sind typische Merkmale der sogenannten "roten Fäule", d.h. Auswirkungen eines oxidierenden Milieus während bzw. kurz nach der Sedimentation, die mit der oben beschriebenen Schwellenposition Ostbrandenburgs im Zusammenhang steht. Dem Werra-Anhydrit (Zechstein 1) ist - wie im Ostteil der Norddeutschen Senke generell - Werra-Steinsalz eingeschaltet.

Oberhalb der geringmächtigen unteren Glieder des Staßfurt-Zyklus (Zechstein 2) folgt ein überaus mächtiges **Zechstein-Salinar** mit Stein- und Kalisalzen. Das sicher primär schon über 500 m mächtige Staßfurt-Steinsalz ist in Folge lateraler Salzwanderung (Halokinese) im Bereich von Rüdersdorf zu einer gewaltigen Beule von mehr als 2000 m Salz angestaut. Dabei wurden sowohl das Steinsalz- wie auch das Kaliflöz Staßfurt intensiv fließmechanisch verformt und die hangenden Schichten, d. h. Leine-, Aller- und Ohre-Zyklus des Zechsteins 3 - 5 wie auch das Mesozoikum (" **Suprasalinar**"), aufgewölbt.

. 2. 2. Trias (Buntsandstein, Muschelkalk, Keuper)

von Gerhard Beutler

In Brandenburg liegt die Trias in einer fast lückenlosen Entwicklung vom Typ er Germanischen Trias (epikontinentale Ausbildung) vor und erreicht eine **;esamtmächtigkeit** von 1.250 - 1.850 m:

Keuper	340 - 710 m
Muschelkalk	230 - 310 m
Buntsandstein	680 - 830 m

Schwache primäre / sekundäre **Schichtlücken** sind, vom Liegenden zum Han- enden betrachtet, regional an der Basis der Solling-Folge, lokal an der Basis des teinmergelkeupers und im Grenzbereich Rät / Lias entwickelt.

Mächtigkeiten und Fazies der Triasschichten zeigen ein außerordentlich **diffe- enziertes räumliches Verteilungsmuster**, das enge Beziehungen zum Bruchschol- enmosaik des heute durch junge Schichten verdeckten Untergrundes im weiteren Um- eld der Struktur Rüdersdorf erkennen läßt. So zeigen neue Untersuchungen (Beut- er, Schüler u. Wendland, unveröffentlicht), daß das in der jüngeren geologischen Geschichte aktivierte bzw. reaktivierte Bruchschollensystem eine triaszeitliche, meist ynsedimentär-epirogene Vorzeichnung besitzt.

In Abbildung 3. 5. sind die Hauptelemente nach Vorzugsrichtungen und verti- :alem Bewegungssinn als sedimentologisch nachweisbares Schollensystem darge- tellt. Bezüglich des relativen Bewegungsverhaltens lassen sich im östlichen und süd- östlichen Brandenburg aufgrund der Mächtigkeits- und Faziesanalysen drei paläotek- onische **Schollentypen** unterscheiden:

- Schollen mit **bevorzugter Hebungstendenz** bzw. mit verringerter Absenkungs- tendenz (Buchholzer Scholle, Lausitzer Block, Berliner Scholle, Mittenwalder Scholle);
- Schollen mit **bevorzugter Senkungstendenz** bzw. mit verringerter Hebungsten- denz (Niederlausitzer Scholle, Frankfurter Scholle);
- Schollen mit **wechselnder Tendenz** (invertierende Schollen, d.h. Schollen, de- ren vertikaler Bewegungssinn mit der Zeit wechselt).

Eine für **Brandenburg spezifische Entwicklung** vollzieht sich während des Steinmergelkeupers: Es treten im Bereich der Frankfurter und Niederlausitzer Scholle verstärkte Absenkungen auf, die in den westlich angrenzenden Beckenteilen nicht zu beobachten sind. Daß sich während des Oberen Keupers in Brandenburg eine tektoni- sche Sonderentwicklung vollzieht, wird ferner durch lokale Schichtlücken im Grenz- bereich Rät / Lias belegt.

Die Struktur Rüdersdorf hat sich während **der Trias paläotektonisch noch nicht zu einer salinaren Hochlage** entwickelt. Das durch Fließbewegungen im Zechsteinsalz akkumulierte Salzkissen dürfte schätzungsweise nur etwa 10 % seines späteren Volumens erreicht haben. Die Lage der Struktur deutet auf enge räumlich richtungsmäßige Beziehungen zur Bruchtektonik des Untergrundes hin. Die besondere fazielle Ausbildung einzelner Schichtpakete, so z. B. des Muschelkalks, steht mit dem örtlichen Schwellencharakter der Berliner Scholle in ursächlicher Beziehung.

3. 2. 3. Jura und Kreide

von Rolf Tessin

Ostbrandenburg war während des **Jura weitgehend Sedimentationsraum**, je- doch sind die Jura-Ablagerungen heute nur noch in einigen tektonisch begünstigten Lagen (Senken) vollständig erhalten geblieben. Größtenteils wurden sie bis auf Tei- le des Lias vor der Alb-Cenoman-Transgression abgetragen, insbesondere im Hochla- genbereich der weitgehend halokinetisch bedingten Strukturen, so daß dort meist ka- nozoische Bildungen oder Kreidesedimente direkt über Trias oder Perm lagern.

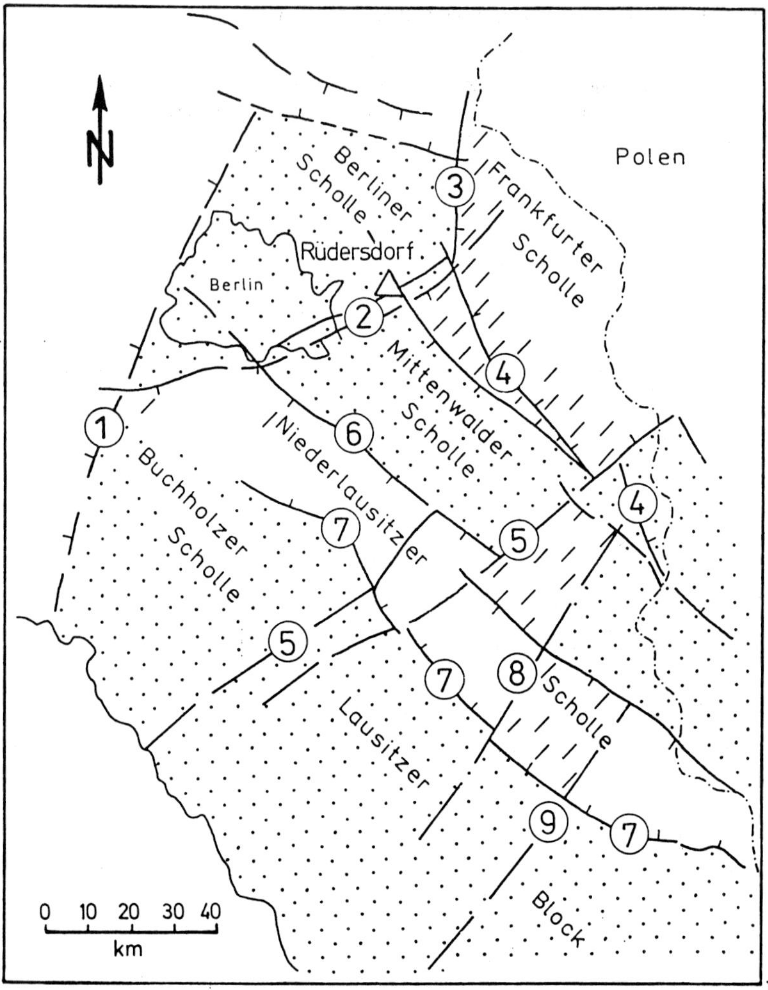

Legende

Schollen mit bevorzugter (relativer) **Hebungstendenz**

Schollen mit bevorzugter (relativer) **Senkungstendenz**

Schollen mit **wechselndem Bewegungsverhalten** in der Vertikalen (Inversion)

△ **Position von Rüdersdorf**

Störungen des heutigen Strukturmusters von E - und SE - Brandenburg
1 Liebenwalder Störung **2** Rüdersdorfer Störung
3 - Buckower Störung **4** - Fürstenwalde - Gubener Störung
5 Herzberg - Lübbener Querstörung **6** Wünsdorf - Cottbusser Störung
7 Lausitzer Hauptabbruch **8** Senftenberger Querstörung
9 Hoyerswerdaer Querstörung

Abb. 3. 5. Paläotektonisch aktives Bruchschollensystem während der Trias (Schematisiert; Beitrag von Beutler).

Lias

Die in der obersten Trias (Rät) begonnene sedimentologische Entwicklung setzt sich auch während des untersten Jura, des Unteren Lias, fort. So wurden im Hettange und im Sinemur im östlichen Brandenburg im wesentlichen **sandig-schluffige Gesteine** gebildet; sie enthalten vielfach Kohlepartikel, Blattreste, bisweilen im basalen Bereich auch Wurzelböden und sehr vereinzelt geringmächtige Kohleflözchen, wie sie bereits aus dem Rät bekannt sind. Untergeordnet kommen geringmächtige karbonatische Bildungen vor, entweder in Form der sogenannten sideritischen "Toneisensteine" oder auch als Sphärosideritaggregate in tonigen, dunkel gefärbten Sedimenten. Die ca. 100 - 130 m mächtige Sediment-Folge spiegelt die Verhältnisse einer jeweils relativ kurzzeitig vom Meer überdeckten Küstenebene wider.

Im **Mittleren** Lias, und zwar im Unteren Pliensbachium, wird das Gebiet Ostbrandenburgs zunächst **vom Meer überflutet**. Das ist durch die grünen und grünlichgrauen sandig-konglomeratischen und karbonatischen Bildungen belegt. Diese Sedimente enthalten neben Belemniten vielfach Lamellibranchiaten- und Ammonitenreste. Eine entsprechende Fauna konnte auch in dem sich zum Hangenden anschließenden, überwiegend aus Ton- und Schluffsteinen bestehenden Schichtenkomplex nachgewiesen werden. **Später zog sich das Meer wieder zurück.** Die entsprechenden Sedimente sind karbonatfreie, wechselnde stark glimmerhaltige, teilweise kohleflitterführende Fein- und Mittelsandsteine, untergeordnet auch Schluffsteine. Die Mächtigkeit des Pliensbach beträgt ca. 100 - 120 m, die des marinen Anteils davon ca. 20 - 30 m.

Im **Oberen** Lias (Toarcium) wird im östlichen Brandenburg eine **brackische**, grünlichgraue schluffige Tonsteinfolge abgelagert, die sogen. "Grüne Serie". In diese schalten sich in Richtung Osten und Norden - bedingt durch Zuflüsse vom Festland - grüne und grünlich-graue Sandsteine ein. Höchstes Toarcium (Aalensis-Schichten) ist durch marine Schluff- und Tonsteine in geringer Mächtigkeit nachgewiesen. Die Gesamtmächtigkeit der Ablagerungen des Oberen Lias beträgt ca. 60 - 80 m.

Dogger

Der **Untere** Dogger (Aalenium) ist in Ostbrandenburg durch eine ca. 60 - 70 m mächtige Folge von grauen bis bräunlich-grauen **limnischen Fein- bis Mittelsanden** vertreten. Möglicherweise reicht diese Folge stratigraphisch bis in den **Mittleren** Dogger (Bajoc) hinein. Diese Gesteine werden später - bedingt durch schwache tektonische Bewegungen - erodiert und nachfolgend transgressiv von **marinen Bildungen** des **Oberen** Dogger (Bathium / Callovium) überlagert. Sie bestehen im basalen Bereich aus einem für marine Transgressionen typischen chloritisch-glaukonitischen Aufarbeitungshorizont. Weiter höher kommen karbonatische Ton- und Schluffsteine vor. Die Mächtigkeiten der Sedimente des Doggers liegen etwa zwischen120 - 230 und 280 m.

Malm

Die durch Mikro- und Megafaunenreste belegte **marine Entwicklung** des Dogger setzt sich im **Unteren** Malm (Oxfordium) , in den ca. 80 - 100 m mächtigen Heersumer Schichten fort. Jedoch ist eine allmähliche Änderung der Sedimentationsbedingungen, nämlich eine deutliche Zunahme des Karbonatgehaltes der Sedimente, zu beobachten: Es tritt der ca. 50 m mächtige "Korallenoolith" auf. Der **Mittlere** Malm (Kimmeridgium) ist durch eine etwa 70 - 100 m mächtige Folge von hellen Kalkmergelsteinen und teilweise oolithischen Kalksteinen vertreten.

Den **Oberen** Malm (Tithonium) kennzeichnet eine wechselhafte Sedimentati- on: Kalksteine, Sandsteine mit unterschiedlichem Karbonatgehalt, bunte Ton- und Mergelsteine sowie konglomeratische Partien kommen vor; die Mächtigkeit beträgt ca. 150 m. Diese Abfolge vom Typ der "Münder Mergel" (?) deutet auf eine **Verflachung des Meeresbeckens** hin, wobei auch ein zeitweises Trockenfallen des Sedimentationsraumes unter gleichzeitiger Bildung von Evaporiten (Anhydrit / Gips) denkbar wäre. Ursache hierfür sind die jungkimmerischen Bewegungen an der Wende

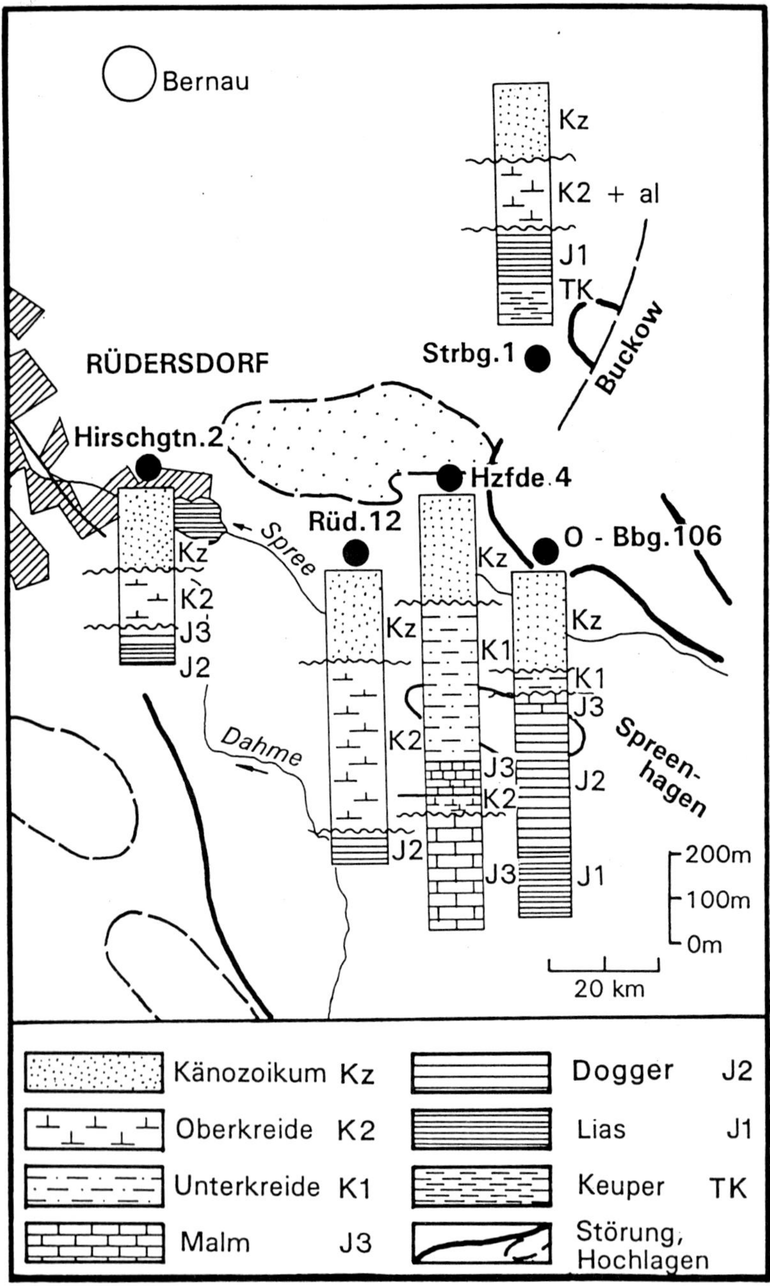

Abb. 3. 6. Suprasalinares Deckgebirge des Umfeldes der Struktur Rüdersdorf (= Mesozoikum mit Oberkreide / Albium - Transgression und känozoische Sedimente) in wichtigen Tiefbohrungen. Bohrungsbezeichnungen: **Hirschgtn. 2** = Hirschgarten 2, **Rüd. 12** = Rüdersdorf 12, **Hzfde. 4** = Herzfelde 4, **Strbg. 1** = Strausberg 1, **O-Bbg. 106** = Ostbrandenburg 106 (Beitrag von Tessin).

Jura/Kreide (Bach et al. 1991).

Kreide (nach Musstow, 1968)

Bildungen der älteren Unterkreide sind wie die des Mittleren und Oberen Jura weitgehend prä-albisch abgetragen worden und daher heute nur noch in einzelnen Senken lokal erhalten geblieben. Dagegen bedecken Ablagerungen der jüngsten Unterkreide, des Oberalbiums, sowie der Oberkreide, soweit sie nicht im Bereich von Hochlagen ganz oder teilweise erodiert wurden, in Ostbrandenburg die Bildungen der älteren Unterkreide, des Jura und der Trias.

Unterkreidesedimente, und zwar in sogenannter **Wealden**-Fazies, wurden örtlich in Randsenkenbereichen des Fürstenwalde-Gubener Strukturzuges in Bohrungen bei Radinkendorf (nördlich Beeskow) und bei Kagel (südöstlich Rüdersdorf) aufgeschlossen. Es handelt sich um bis mehrere hundert Meter mächtige meist dunkle, z.T. kohlige braune bis schwarzbraune Ton-, Schluff- und Feinsandsteine, wobei letztere überwiegen. Die Sedimente sind unter **flach-marinen bis brackischen Bedingungen** abgelagert.

Teilweise könnten auch noch marine bis brackische Sedimente der höheren Unterkreide (Valanginium) vorhanden sein, wie sie aus dem Raum Zossen bekannt sind (H. Kölbel, 1954).

An der Grenze **Unterkreide / Oberkreide** (Albium / Cenomanium) wurden hier wie auch in anderen Teilen von Mitteleuropa die paläotektonisch-paläogeographischen Verhältnisse markant verändert. **Im gesamten Gebiet setzten sich marine Bedingungen durch**. Im Norden Ostbrandenburgs begann diese marine Transgression bereits etwas früher , nämlich im Oberalbium. Während dieser Zeit reichte das Meer nach Süden bis etwa zur Linie Fürstenwalde - Frankfurt / Oder. Diese ersten marinen Sedimente bestehen im tieferen Bereich der Abfolge aus geringmächtigen Glaukonitsandsteinen mit Phosphoriten, die von Tonmergeln überlagert werden. Die Mächtigkeit dieser Gesamtfolge beträgt ca. 30 m.

Es folgen dann Tonmergelsteine, Mergelsandsteine, kreidige Kalksteine und **Schreibkreide**, und zwar in unregelmäßigem Wechsel (nördlich der Linie Fürstenwalde - Frankfurt / Oder: Cenomanium-Campanium; südlich dieser Linie: Cenomanium - Santonium). Auch südlich Fürstenwalde - Frankfurt / Oder kommen basal (Cenomanium) zunächst konglomeratische Glaukonitsandsteine vor. Später (Unterturonium) sind dort rotbraune Farben charakteristisch (sogenannter "Rotpläner"), während sonst weißliche und graue Gesteine vorherrschen. Die Mächtigkeit der Oberkreide beträgt 500 Meter und mehr (Musstow, 1968).

Strukturelle Entwicklung

von Karl - Bernhard Jubitz

Aus der flächendeckenden Verbreitung der Schichten und aus den geringen lateralen Unterschieden in Fazies und Schichtmächtigkeit kann mit Sicherheit gefolgert werden, daß die Struktur Rüdersdorf während des Mesozoikums (Trias, Jura, Oberkreide einschließlich Oberalbium) mit Sedimenten bedeckt war. Rüdersdorf ist Teil des großen Absenkungsgebietes zwischen Nordsee und den Vorkarpaten, der sogenannten **Mitteleuropäischen Senke,** und nimmt somit an der strukturellen Entwicklung dieses Gebietes teil. Der **strukturelle Hauptschnitt** liegt zwischen **Oberem Jura und höherer Unterkreide** (Albium); nachfolgende tektonische Bewegungen werden zunehmend schwächer, wie an der geringen Schrägstellung der Oberkreideschichten im äußeren Bereich der Struktur Rüdersdorf abgelesen werden kann.

Kräftige **Vertikalversätze der Kreide vor Beginn des Tertiärs** lassen sich für den Raum Nordost- und Ostbrandenburgs nachweisen. Diese sind Teil eines größeren Bruchsystems mit NW-SE-Erstreckung in Nord- und Mitteldeutschland; ihre Vorläuferbewegungen in Form von Absenkungen können aufgrund von Vergleichen der Sedimentmächtigkeiten bereits während der Oberkreide (besonders im Turonium und Campanium) nachgewiesen werden. Auf diese Weise wurde die Struktur Rüdersdorf in die Fürstenwalde - Gubener Störungszone (s. Abb. 3. 1.) einbezogen.

Das nachfolgende Tertiär (Rupel) transgredierte im Gebiet von Rüdersdorf auf einer flachen Struktur, die der heutigen bereits sehr ähnlich war.

3. 2. 4 . Tertiär

von Helmut Ahrens und Dieter Lotsch

Schichtenfolge

Im Top-Bereich der Struktur Rüdersdorf wurden Tertiärablagerungen bisher nur in zwei Bohrungen angetroffen, und zwar in der Bohrung Tasdorf 17 (Erl. Geol. Karte) und in der Bohrung Ca Rüd 13 / 59 bei Alt Rüdersdorf (Cepek, 1988, mündl. Mitt.). In beiden Fällen handelt es sich um marines unteres Mitteloligozän. Für die Rekonstruktion der primären Bedeckung der Struktur mit tertiären Ablagerungen müssen daher ergänzend die vollständigeren Tertiärprofile ihrer näheren Umgebung in die Betrachtung einbezogen werden.

Vormitteloligozäne tertiäre Ablagerungen sind im Gebietsausschnitt der Abbildung 3.7. bisher nur von der Bohrung HyBMüh 12 / 89 (Karolinenhof, südöstlich Grünau) angetroffen worden. Die mehr als 6 m mächtigen, nicht durchteuften, graugrünen, tonig-feinsandigen, glaukonitischen, wechselnd kalkhaltigen Schluffe mit einer Foraminiferen-Fauna des Eozän 5 (I. Bach, 1989) sind nach Pollen und Phytoplankton dem späten **Mitteleozän** zuzuordnen, den Sernoer Schichten im Sinne von Lotsch (1981).

Flächenhaft über den gesamten Kartenausschnitt der Abbildung 3. 7. verbreitet waren primär die **mitteloligozänen Rupelschichten**; infolge pleistozäner Abtragungen sind sie heute aber nur noch lückenhaft erhalten. Sie transgredierten hier weitgehend diskordant über Mesozoikum und nur ganz lokal, wie in Bohrung HyB-Müh 12 / 89, über älteres Tertiär. Im Süd- und Ostteil des Kartengebietes (Abb. 3. 7.) beginnen sie mit den bis 5 m mächtigen glaukonitischen Basissanden, die aber im Nordwest-Teil des Gebietes auskeilen. Die anschließenden bzw. sich in ihren untersten Teilen nach NW mit den Basissanden verzahnenden Rupel - Tone sind 55 bis 80 m mächtig. Ihr unteres Drittel besteht aus fetten, partienweise schluffigen, bräunlichen bis olivgrauen Tonen, die wechselnd kalkfrei und kalkhaltig sind und sandschalige wie kalkschalige Foraminiferen-Faunen enthalten. Im mittleren und noch mehr im oberen Drittel nimmt der Tongehalt deutlich ab. Diese durchweg stark kalkhaltigen Schluffe führen reiche kalkschalige Foraminiferen-Faunen. Auf der Struktur Rüdersdorf wurde Rupel-Ton nur zufällig in den Bohrungen Tasdorf 17 mit 6 m Mächtigkeit über Keuper und Ca Rüd 13 / 59 mit 8,5 m Mächtigkeit über Oberem Buntsandstein (Röt) angetroffen.

Im Normalprofil des Tertiärs im Kartengebiet, aber nur außerhalb des Tops der Struktur Rüdersdorf erhalten, folgt über den Rupel-Schichten mit scharfer lithologischer Grenze und Schichtlücke das **Oberoligozän** (Untere **Cottbusser Schichten**) als 6 - 8 m mächtige, wechselnd glaukonitische, nur gelegentlich kalkhaltige und mikrofaunen-führende Fein- bis Mittelsande. Die anschließenden, gleichfalls noch oberoligozänen, 30 bis 35 m mächtigen **Oberen Cottbusser Schichten** bestehen aus kalkfreien, glimmerigen Feinsanden ("Glimmersanden") mit gelegentlichen Schwermineralanreicherungen.

Die Oberen Cottbusser Schichten werden mit scharfer Grenze vom **Untermiozän** in Form von 10 - 20 m mächtigen, z.T. kiesigen Mittel- und Grobsanden mit Feinsandbänken überlagert ("Molliner Schichten"; "Quarzsandhorizont"). Gelegentlich eingeschaltete, geringmächtige Braunkohlenflöze sind dem **4. Miozänen Flözhorizont** zuzuordnen. Oberhalb dieser "Quarzsande" befindet sich der aus ein bis drei Flözbänken bestehende **3. Miozäne Flözhorizont**, an den sich die bis zu 50 m mächtigen Unteren Briesker Schichten anschließen. Letztere bestehen aus schwarzbraunen, z. T. grobschluffig gebänderten kohligen Schluffen und glimmerigen Feinsanden ("Formsande"). Noch jüngere unter- bzw. mittelmiozäne Ablagerungen sind nur lokal im Süd- und Ostteil des Kartengebietes überliefert.

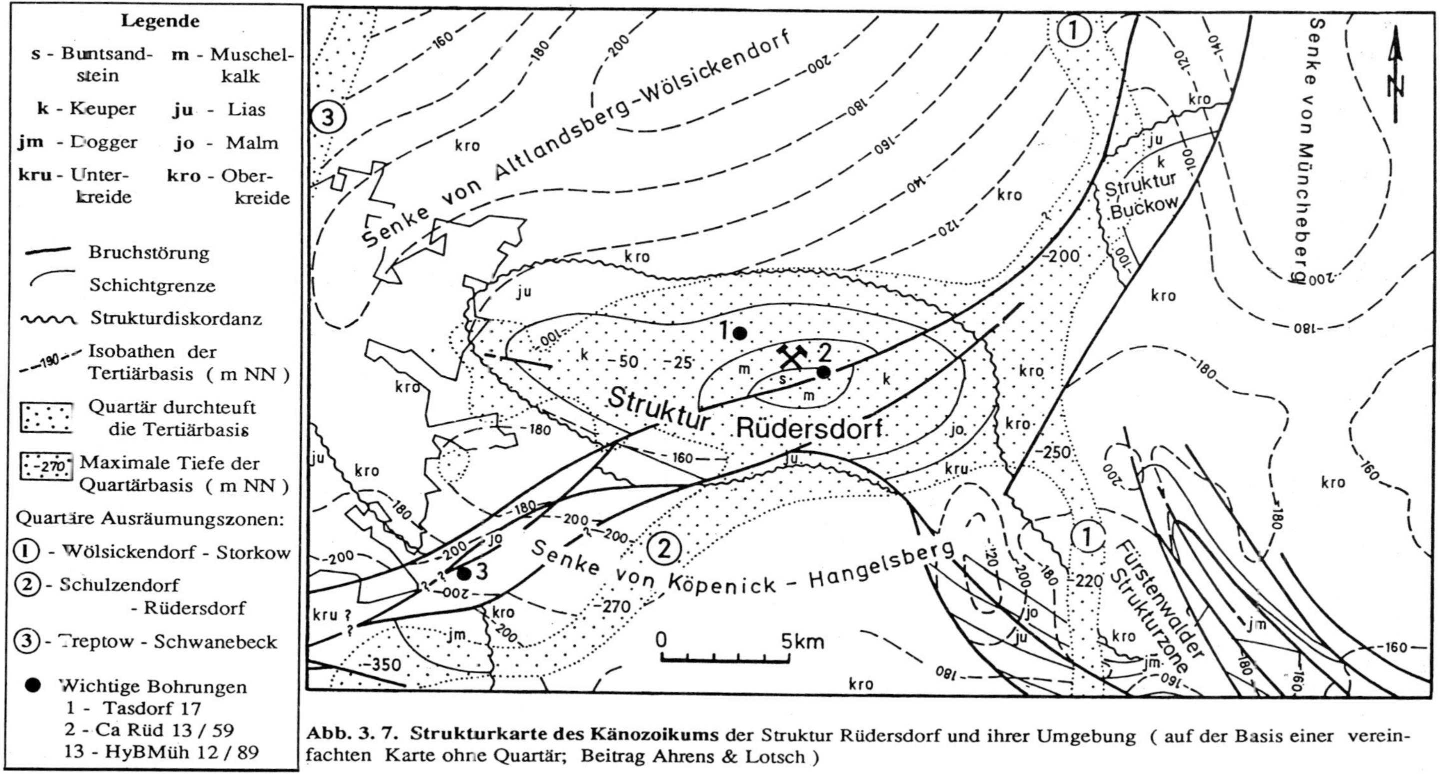

Abb. 3. 7. Strukturkarte des Känozoikums der Struktur Rüdersdorf und ihrer Umgebung (auf der Basis einer vereinfachten Karte ohne Quartär; Beitrag Ahrens & Lotsch)

Paläogeographie

Generell klingt die im Mesozoikum begonnene und weitgehend vollendete Strukturentwicklung im Känozoikum langsam aus. Wegen des nahezu vollständigen Fehlens von prämitteloligozänen Ablagerungen lassen sich die paläogeographische und paläostrukturelle Entwicklung des Kartengebietes während des Zeitabschnittes **Paleozän bis Eozän** nur sehr unvollkommen rekonstruieren. Aus dem Auftreten der unterpaläozänen marinen Waßmannsdorfer und der brackischen Nassenheider Schichten in der **Potsdam - Rüdersdorfer Strukturzone** bei Waßmannsdorf und in der benachbarten Salzabwanderungssenke bei Groß Ziethen ist zu schließen, daß zumindest in Teilen des Kartengebietes (Abb. 3. 7.) während dieser Zeit flächenhaft sedimentiert wurde. Durch postsedimentäre halokinetische bzw. halotektonische Versenkung sind diese Bildungen einer späteren intra-tertiären Abtragung entgangen.

Eine mindestens gleichgroße paläogeographische Verbreitung besaßen auch die **spätmitteleozänen** marinen Sernoer Schichten, die als Erosionsrelikt bei Karolinenhof (südöstlich Grünau), ebenfalls in der Potsdam - Rüdersdorfer Strukturzone, nachgewiesen wurden. Sie müssen noch vor der großräumigen **früholigozänen** Abtragungsphase halotektonisch versenkt worden sein. Aus der Tertiärsenke von Lichtenberg - Alt Landsberg und aus den außerhalb der Potsdam - Rüdersdorfer Strukturzone gelegenen Anteilen der Tertiärsenke von Köpenick - Neuzittau fehlen bisher Nachweise von prämitteloligozänen tertiären Ablagerungen, die auf synchrone Abwanderung des Zechsteinsalzes in die Struktur Rüdersdorf schließen lassen.

Strukturelle Entwicklung

Die strukturelle Entwicklung des Kartengebietes während des post-eozänen Tertiärs ergibt sich dagegen aus den Isobathen (= Tiefenlinien) der Tertiärbasis, die hier fast ausschließlich durch die Basis der Rupel-Schichten gebildet wird (vgl. Abb. 3. 7). Die Amplitude der Mitteloligozän-Isobathen zwischen den Tertiärsenken von Altlandsberg - Wölsickendorf und Köpenick - Hangelsberg einerseits und der Struktur Rüdersdorf andererseits beträgt ca. 220 m. Die Mächtigkeiten der Rupel-Schichten im Top der benachbarten Strukturen Friedersdorf, Spreenhagen und Buckow sind mit 50 - 60 m nur relativ wenig geringer als die 70 - 80 m in den benachbarten Senkungsgebieten, die auf die Auswanderung des Salzes im Untergrund zurückzuführen sind (= Kompensationssenken). Analog dazu wird für die Struktur Rüdersdorf mit einer ursprünglichen Rupelbedeckung von 40 - 50 m gerechnet.

Anhand der Rupelbasis und des Mächtigkeitsverhaltens ergeben sich weiterhin für die "Rupeloberfläche" zwischen Tertiärsenke von Alt Landsberg - Wölsickendorf und der Struktur Rüdersdorf vertikale Schichtverstellungen von mindestens 180 - 190 m. Dieses ist der Gesamtbetrag aller post-mitteloligozänen halokinetischen Relativbewegungen der Struktur Rüdersdorf.

Da außerdem triassische Gerölle in den oberoligozänen bis mittelmiozänen Ablagerungen der Kompensationssenken fehlen, wird angenommen, daß die vollständige Entblößung des Strukturtops in Rüdersdorf erst nach dem Mittelmiozän, wahrscheinlich erst im Pleistozän erfolgte.

Pleistozäne Rinnenstrukturen

Die Mitteloligozän-Basisfläche wird im Gebiet von Rüdersdorf und Umgebung (s. Abb. 3. 7.) durch mehrere linear angeordnete und etwa in N-S-Richtung verlaufende quartäre Ausräumungs-Zonen rinnenförmig durchschnitten. Markante Beispiele sind die von Wölsickendorf - Storkow und von Rangsdorf - Herzfelde, die beide an der Ostflanke der Struktur Rüdersdorf zusammentreffen. Letztere wird nach SW noch tiefer (> 500 m), erreicht aber wegen der starken Mächtigkeitszunahme des Tertiärs in der Randsenke des Diapirs Mittenwalde (südlich Berlin) hier nicht mehr die Rupelbasis. Eine direkte Beziehung zwischen pleistozänem Rinnenverlauf und der känozoischen Strukturentwicklung von Rüdersdorf ist unseres Erachtens nicht erkennbar.

3. 2. 5. Quartär

von Alexander G. Cepek

Allgemeine Gesichtspunkte

Das Quartär setzte vor etwa 2,5 Millionen Jahren mit einer weltweit bedeutenden klimatischen Abkühlung ein, d.h. in unseren Breiten mit der Ausbildung einer subarktischen Kältesteppe. Es ist gekennzeichnet durch eine Wechselfolge von Warm- und Kaltzeiten. Während der verschiedenen Kaltzeiten bildeten sich bedeutende Inlandeismassen auf dem skandinavischen Hochgebirge; sie strömten radial, insbesondere mehr oder weniger weit nach Süden. In den jüngeren Kaltzeiten wurde Norddeutschland mehrmals von derartigen Inlandeismassen bedeckt. Im mittleren Brandenburg, also auch im Raum Rüdersdorf, lassen sich die Grundmoränenhorizonte der Vereisungen Elster I und II, Saale I, II und III sowie Weichsel 1 nachweisen (s. Tabelle 3. 2.). Ob diese Grundmoränen von jeweils selbständigen Vereisungen oder nur von verschiedenen Eisvorstößen dreier Vereisungen (Elster, Saale, Weichsel) stammen, ist in der Fachwelt sowohl im nationalen wie im internationalen Rahmen noch umstritten.

Die jüngste Warmzeit, das Holozän, hat ihre Sonderstellung darin, daß der Mensch geologisch wirksam wird, d. h. Akkumulations- und Erosionsgeschehen zunehmend beeinflußt.

Ablauf des Quartärs im Raum Berlin und Brandenburg

Aus der Zeit vor dem ersten Vorstoß von skandinavischem Inlandeis, auch **"Präglazialzeit"** genannt, sind nur vereinzelt fluviale Kiessande erhalten, z. B. auf den Rauenschen Bergen bei Fürstenwalde (Bennhold, 1940; Lippstreu, 1975). Erosionen präglazialer Flüsse und der ersten Eismassen wirkten so stark, daß in die präglazialen Schichten ein Relief von breiten **Rinnen** mit bis zu ca. 400 m Höhenunterschied eingeschnitten wurde. Stellenweise wurde dabei das gesamte Tertiär entfernt, entweder durch Auswaschung, durch Einarbeitung in die Grundmoräne in Form von Schollen und Schlieren oder durch Stapelung von Schollen an Rinnenrändern (siehe Abb. 3. 7.).

Die der Erosion folgenden Ablagerungen der **ersten Vereisung** (**Elster I**) kommen vorwiegend in den Rinnen vor, sie können 250 - 300 m Mächtigkeit erreichen. Sie bestehen hauptsächlich aus umgelagerten Tertiär-Sedimenten, jedoch sind auch Geschiebemergel von bis zu 100 m Mächtigkeit nicht selten. Diese erste glaziale Folge ist in der Gegend von Rüdersdorf nur durch Bohrungen erschlossen. Oft ist über diesen Ablagerungen, aber noch unterhalb des Holstein-Interglazials, eine weitere glaziale Folge mit einer eigenständigen Grundmoräne, dem **Geschiebemergel Elster II**, ausgebildet, die auch im Abraum des Rüdersdorfer Großtagebaus örtlich aufgeschlossen ist (Abb. 2. 3. Punkt **2**; Abschnitt 5. 2. 5.).

Die Paludinenschichten der **Holstein-Warmzeit** - so genannt nach der Sumpfdeckelschnecke *Paludina diluviana* (nunmehr genannt *Viviparus diluvianus*) - sind auch in Ostbrandenburg weitflächig verbreitet. In noch stärkerem Maße als heute war das Gebiet von zahlreichen Seen durchsetzt. Die Seen wurden z. T. von Flüssen durchströmt; der größte dieser Flüsse im SW Berlins war die Elbe (Genieser, 1962). Zwischen den Gewässern gab es Landoberflächen, von denen z. T. noch fossile Böden erhalten sind.

Die Ablagerungen der drei Inlandeisvorstöße des **Saale-Komplexes** sind weitflächig verbreitet (und wiederum im Großtagebau zugänglich; siehe Abb. 2. 3., Punkte 2 und 18; Abschnitte 5. 2. 5. u. 5. 2. 6.). Bemerkenswert ist in diesem Zusammenhang der über mehrere Quadratkilometer verbreitete "Herzfelder Bänderton", ein feinsandiger Warvenschluff, der vor dem Außenrand des vorstoßenden Saale III - Inlandeises abgelagert und danach am NE-Rand der Struktur Rüdersdorf in glazigene Stauchsättel und -mulden deformiert wurde.

Tabelle 3. 2. Stratigraphische Abfolge der Pleistozän - Bildungen im Raum Rüdersdorf (A. G. Cepek, 1967, 1975, 1991)

Allgemeine Gliederung Nord-Deutschland	Detaillierte Gliederung Nordost-Deutschland	Alter Jahre vor heute	Symbol	Wesentliche Ablagerungen ohne (...) = im Aufschluß mit (...) = nur in Bohrungen * lokale Fließrichtung des Eises
HOLOZÄN	*Holozän*		Ho	Mudden u. Torfe in Hohlformen
		10.000		
WEICHSEL	Weichsel	*3*	gfuW gfW 1 n gW 1 gfW 1 v	Talsande in Urstromtälern Nachschüttsande (incl. Sander) Geschiebemergel * NE-->SW Vorschüttsande
		115.000		
EEM	*Eem*		l - f iE	Mudden, Flußsande
		128.000		
SAALE KOMPLEX	Lausitz (Saale III)		gf SIII n g SIII gf,gl SIII v	Nachschüttsande Geschiebemergel *NNE-->SSW Vorschüttsande, Bänderschluffe
		230.000		
	Rügen		iR	Entkalkung
		240.000		
	Fläming (Saale II)		gf SII n g SII gf SII v	Nachschüttsande Geschiebemergel * ENE -->WSW Vorschüttsande, Bänderschluffe
		320.000		
	Uecker		iUe	(Mudden)
		330.000		
	Saale im engeren Sinne (Saale I)		gf,gl S I n g SI gf,gl SI v	Nachschüttsande, Bänderschluffe Geschiebemergel *NNW-->SSE Vorschütt- und Beckensande
		410.000		
	Dömnitz		iD	(Schluffe u. Mudden)
		420.000		
	Fuhne		F	(Flußsande u. Schluffe)
		480.000		
HOLSTEIN	*Holstein*		iH	(Tonschluffe; Mudden) Foss.Böden
		500.000		
ELSTER KOMPLEX	Elster II ??? Elster I		gl EII n gf EII n g EII gl,gf EII v gl,gf EI n g EI gl,gf EI	Beckensande, Bänderschluffe Nachschüttsande Geschiebemergel *NNW-->SSE (Vorschütt- u. Nachschüttsande, Beckenschluffe, z.T. gebändert) (Geschiebemergel) (Vorschüttsande, Beckenbildungen)
		670.000		
Älteres Pleistozän	Älteres Pleistozän			Keine Ablagerungen aus Aufschlüssen oder Bohrungen bekannt

Anmerkungen zu Tabelle 3. 2. 1. Bei den Gliederungen sind die Interglaziale / Warmzeiten ***kursiv***, die Glaziale / Kaltzeiten **normal** gedruckt.
2. Quellen für **Allgemeine Gliederung** : Keilhack, 1912; Woldstedt & Duphorn, 1974; Quellen für **Detaillierte Gliederung,** die unter Fachleuten noch kontrovers diskutiert wird: Cepek, 1967; Erd, 1978, 1987; Fuhrmann, 1976, 1989; Cepek & Nowel, 1991, u a. ; ergänzt nach Empfehlungen der INQUA-SEQS Tagung, Halle, 1992, insbesondere in Bezug auf Untergrenze und regional - stratigraphische Termini.
3. **Altersangaben** sind gerundete bzw. interpolierte Werte aus verschiedenen Quellen; für die Grenze Älteres Pleistozän / Elster divergieren die Meinungen der Fachleute so weit, daß die Angabe nur einen Anhalt geben kann. ***3*** Die aufgeführten Ablagerungen erreichen nur ein Maximalalter von 20.000 Jahren; ältere Weichsel-Ablagerungen sind nur aus lokalen fluvialen und limnischen Vorkommen bekannt.

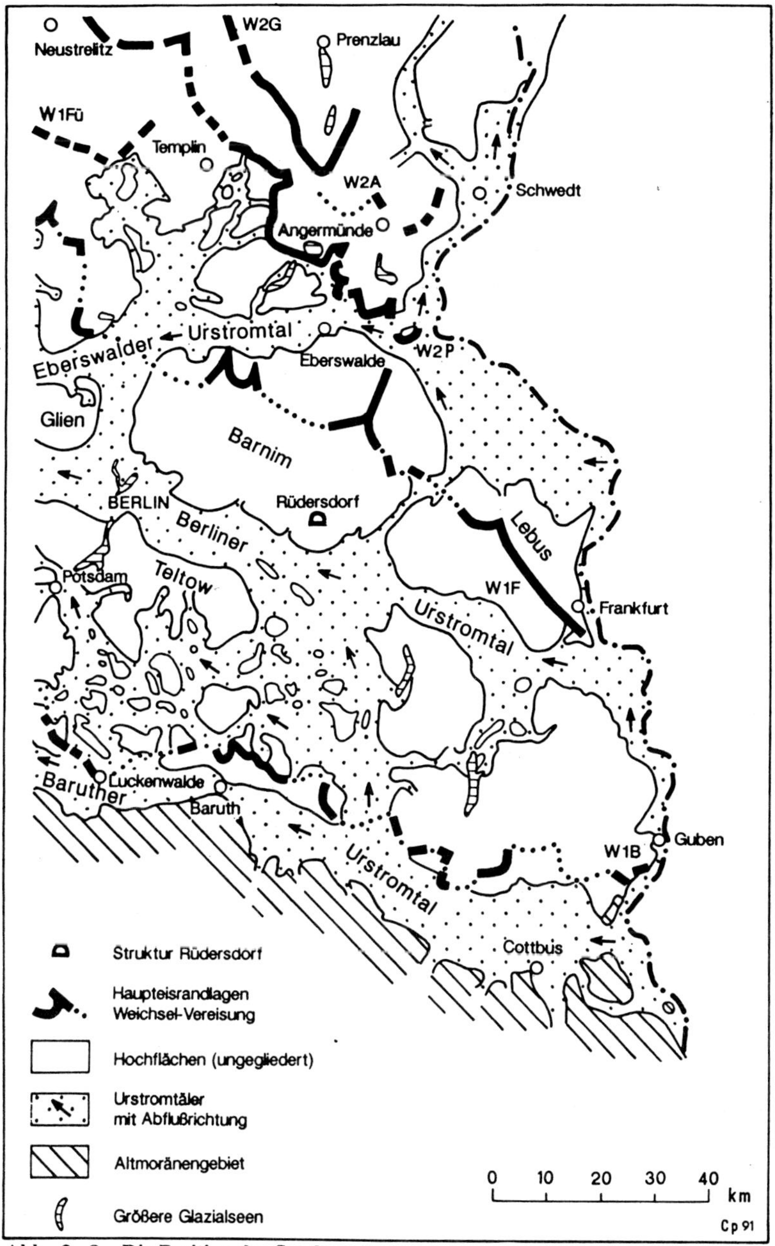

Abb. 3. 8. Die Position der Struktur Rüdersdorf im Jungmoränengebiet des östlichen Brandenburg.

Haupteisrandlagen: **W1B** = Brandenburger Stadium **W1F** = Frankfurter Staffel
W1Fü = Fürstenberger Staffel **W2P** = Pommersches Stadium
W2A = Angermünder Staffel **W2G** = Gerswalder Staffel

Vereinfachter Ausschnitt aus der "Karte der quartären Bildungen" 1 : 500.000
(Geologische Karte DDR, Cepek et coll., 1975) zusammengestellt von Cepek

Während der **Eem-Warmzeit** wurden in Seen Mudden und Seekalke abgelagert, lokal auch Flußsedimente; auf Landoberflächen entstanden wiederum Böden. Infolge periglazialer und glazialer Erosionsphasen (Weichsel) sind alle diese Bildungen nur in sehr geringer Flächenausdehnung erhalten.

Seine morphologische Prägung hat das Gebiet von Rüdersdorf vor allem durch die letzte Inlandvereisung in der **Weichsel-Kaltzeit** erhalten; es gehört somit zur Jungmoränenlandschaft. Die Struktur Rüdersdorf liegt nahe dem SE-Rand des weichsel-eiszeitlichen Barnim-Plateaus, dessen Oberfläche vorherrschend durch Grund- und Endmoränen, Schmelzwasseraufschüttungen (Sander) und subglaziale Entwässerungsbahnen, die heutigen Rinnenseenketten, gebildet wird (s. Abb. 3. 8., 5. 1. , 5. 6. und U 4.) Die Kranichsberge (+ 106 m NN) und der Eichberg (+ 74, 3 m NN) bei Woltersdorf sind Beispiele für vom Inlandeis aufgeschürfte **Stauchendmoränen**, die aus Schmelzwasser- und Moränenablagerungen desselben Eisvorstoßes, aber auch älterer Eisvorstöße gebildet wurden.

Ein typischer weichsel-glazialer **Sander** ist der Strausberger Sander, der die Schmelzwässer von einem Teilstück der Frankfurter Staffel (s. Abb. 3. 8.) nach Süden in das Warschau - Berliner **Urstromtal** ableitete. Die **Talsande** dieses Urstromtales, in welchem die Schmelzwässer in Richtung Nordsee abflossen, nehmen weite Flächen ein. Im **Weichsel-Spätglazial**, als Sander und Urstromtäler trockengefallen waren, aber noch keine geschlossene Vegetation aufwiesen, wurden durch die vorherrschenden Westwinde aus den Schmelzwassersandarealen die **Flugsandfelder und Binnendünen** zusammengeweht; die Bogenkämme der Dünen können bis zu 30 m über die Talsandfläch aufragen, wie zum Beispiel im Wilhelmshagener Dünenzug (Wahnschaffe, 1906).

Mit der Wende **Weichsel-Kaltzeit / Holozän** wich der Dauerfrost aus dem Boden und die verschütteten Toteisreste schmolzen aus, wobei die für unsere Jungmoränenlandschaft so charakteristischen **Glazialseen** entstanden. Im **Holozän** füllten sich die Seen mit Kalk- und Faulschlämmen; Niederungsgebiete und flache Seen vertorften (Succow & Jeschke, 1986). Der Mensch griff durch Staue, Kanalisations- und Meliorationsbauten, durch Grundwasserabsenkungen wie auch Haldenaufschüttungen zunehmend in das natürliche Akkumulations- und Erosionsgeschehen ein (Für den Raum Rüdersdorf siehe Hardt, 1952).

Besondere Verhältnisse im Bereich der Struktur Rüdersdorf

Die nachgewiesenen holstein-zeitlichen fossilen Böden (siehe Abschnitt 5. 2. 5.) und das Fehlen der Paludinenschichten auf dem Top der Struktur Rüdersdorf weisen darauf hin, daß dieser Bereich im Holstein-Interglazial oberhalb des damaligen Grundwasser- bzw. Seespiegels lag.

Die **Überfahrung** der Struktur Rüdersdorf durch die Inlandeisdecken in den pleistozänen Kaltzeiten verlief **nicht immer gleichartig**. Eine fast geschlossene Verbreitung über der Struktur zeigen die Grundmoränen der Vereisungen Saale I und II. Die über den am höchsten aufragenden Topbereichen der Struktur zumeist fehlenden Grundmoränen Elster I und II, Saale III und Weichsel 1 können im Zuge kräftiger Erosionsphasen wieder abgetragen sein. Möglicherweise wurden diese Bereiche auch nur von den relativ schuttfreien höheren Teilen der jeweiligen Inlandeisdecken überflossen. Diese Umstände wie auch die jüngsten halokinetischen Hebungen im Top der Struktur Rüdersdorf, die post-elstereiszeitlich wahrscheinlich noch einen Betrag von ca. 30 m erreichten, haben wichtige Konsequenzen: Der an der **Oberfläche kartierte Geschiebelehm** (Geologische Spezialkarte 1 : 25 000) entspricht durchaus nicht in allen Fällen der Grundmoräne der letzten Vereisung; vielmehr streichen über dem Top der Struktur zumeist die Grundmoränen Saale II und III an der Oberfläche aus.

3. 2. 6. Rezente vertikale Krustenbewegungen im Umfeld der Struktur Rüdersdorf

von Günther Schwab

Die Größenordnung der rezenten vertikalen Krustenbewegungen im Umfeld der Struktur Rüdersdorf entnimmt man einer **Isobasen-Karte** (Isobasen sind Linien gleicher vertikaler Bewegungsgeschwindigkeit). Eine derartige Karte wurde auf der

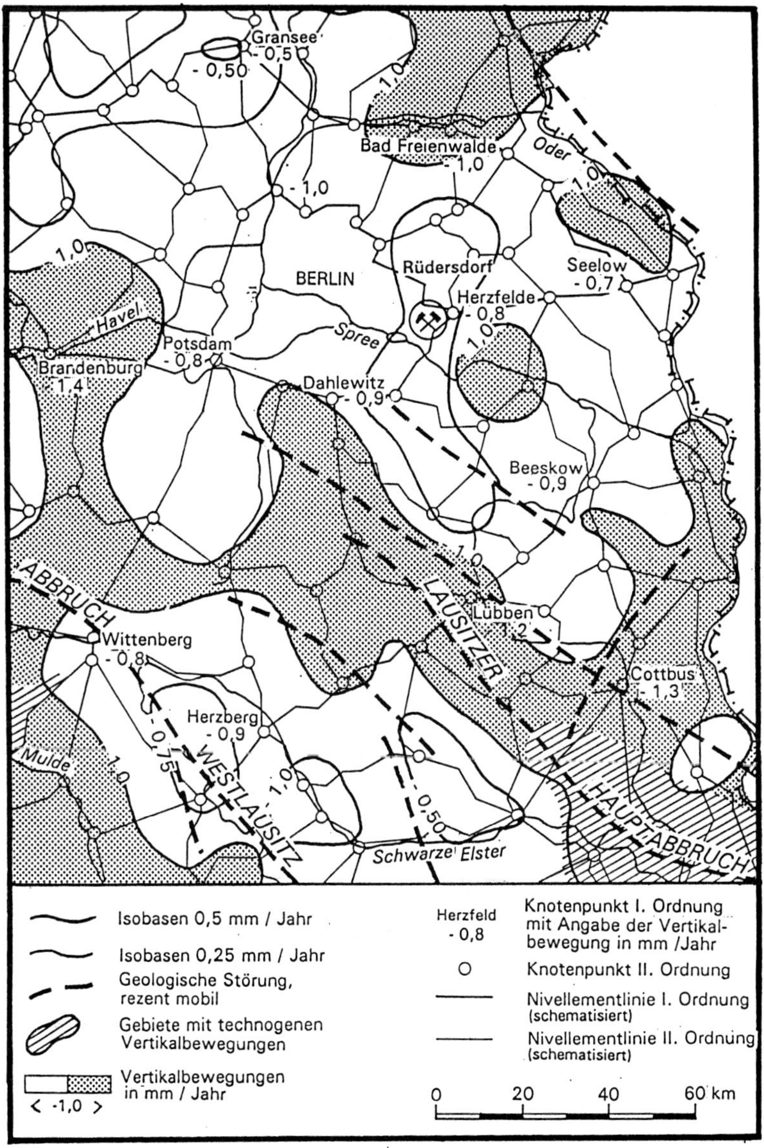

Abb. 3. 9. Die Struktur Rüdersdorf im Verteilungsmuster vertikaler rezenter Erdkrustenbewegungen Ostbrandenburgs dargestellt durch Linien gleicher Absenkungsgeschwindigkeit (Isobasen) (Nach Ihde u. a., 1987, Beitrag Schwab).

Grundlage des geodätischen Wiederholungsnivellements 1974 - 1982 für das Gebiet der ehemaligen DDR im Maßstab 1 : 1.5 Millionen erarbeitet (Ihde u. a. 1987); auf dieser Grundlage wurde Abb. 3. 9. zusammengestellt.

Wie die Karte (Abb. 3. 9.) zeigt, liegt die Struktur Rüdersdorf in einer NW-SE-streichenden Zone vergleichsweise **verminderter rezenter Senkungsintensität** zwischen der Niederlausitz im SE und der Prignitz im NW mit Bewegungsbeträgen kleiner als -1.0 mm / Jahr. In der näheren Umgebung der Struktur betragen die Vertikalbewegungen weniger als -0,75 mm / Jahr. Sie werden durch Ellenberg (1988) einer NNE-SSW-streichenden Anomalie zugeordnet; diese erstreckt sich von Herzfelde (östlich der Struktur Rüdersdorf) über 75 km nach SSW und überlagert den NW-SE-streichenden Strukturbau mit seinen auch rezent mobilen Bruchstörungen. Die Anomalie gehört einem regionalen Anomalienzug an, der in NNE- SSW - Richtung vom Vogtland über Westsachsen bis zur Oder zu verfolgen ist (Plauen - Altenburg - Torgau - Herzfelde - Bad Freienwalde). Als Zone gehäufter Fotolineationen ist dieser Anomalienzug auch im Fernerkundungsbild nachweisbar (Krull,1984). Im Osten wird die NNE-SSW-Anomalie von Herzfelde durch eine Anomalie mit erhöhter Bewegungsaktivität (größer -1.0 mm / Jahr) begleitet. Ihr Zentrum fällt mit dem Spreelauf bei Hangelsberg südwestlich von Fürstenwalde zusammen; ihr Verbreitungsgebiet deckt sich etwa mit der tektonischen Mulde zwischen den Strukturen von Spreenhagen im Süden und Beerfelde im Norden.

Die **Ursachen** der rezenten Vertikalbewegungen können mit den genannten Bewegungsindikationen noch nicht hinreichend erklärt werden. Die Richtungen innerhalb des Anomalienmusters lassen Beziehungen zu strukturellen Elementen im Untergrund vermuten ("Postumitätsbeziehungen"). Jedoch ist eine einfache Gleichsetzung von tektonischen Hebungs- und Senkungsgebieten mit analogen Anomalien rezenter Krustenbewegungen nicht möglich. Wesentliche Anteile der rezenten Bewegungsaktivitäten dürften auch auf tektonische Bewegungen an Bruchstörungen zurückgehen. In bestimmten Gebieten (s. Abb. 3. 9.) sind die anthropogenen, also die vom Menschen verursachten Bewegungen nicht unerheblich, speziell in Gebieten mit Bergbau.

4. Die Schichtenfolge: Muschelkalk einschließlich Röt

4. 1. Sedimentologie - Stratigraphie - Paläontologie

von Wolfgang H. Zwenger

mit einem Beitrag zum Röt
von Karl-Bernhard Jubitz & Folkwart Wendland

für die zweite Auflage überarbeitet und mit zusätzlichen Illustrationen versehen
von C.-H. Friedel, H. Hagdorn und J. H. Schroeder

4. 1. 1. Einleitung

Die Kalksteine des Muschelkalkes sind **Ablagerungen eines Flachmeeres**, das in der Mittleren Trias, vor **244 - 234 Millionen Jahren**, weite Teile Mitteleuropas bedeckte (Abb. 4. 1. 1. & 4. 1. 2). In Deutschland und den Nachbarländern prägt der Muschelkalk mit seinen Schichtstufenlandschaften ausgedehnte Regionen, zum Beispiel in Thüringen, Hessen und Baden-Württemberg sowie in Luxemburg und im südwestlichen Polen (s. Hagdorn, 1991). Im Norddeutschen Tiefland ragen Triasgesteine nur selten aus den eiszeitlichen Deckschichten hervor; ihre Hochlage ist durch die Salzbewegungen im Untergrund bedingt (Siehe Abschnitt 3). Jede dieser Hochlagen ist als solche schon bedeutsam, aber die Struktur Rüdersdorf bietet mit ihrem weiträumigen Tagesaufschluß einen einzigartigen Einblick in den Zentralbereich des Germanischen Muschelkalkbeckens. Sonst sind die Kenntnisse über diese Gesteine nur aus kostspieligen Bohrungen zu gewinnen, die mit ihrem Kerndurchmesser von 8 bis 12 cm nur einen extrem kleinen Bruchteil der Informationen liefern, die dieser Großtagebau von ca. 4 x 1 km Fläche und 90 m Tiefe bietet. Übertage ist der Muschelkalk erst wieder rund 200 km weiter westlich im Harzvorland und etwa 250 km südöstlich in Polen aufgeschlossen.

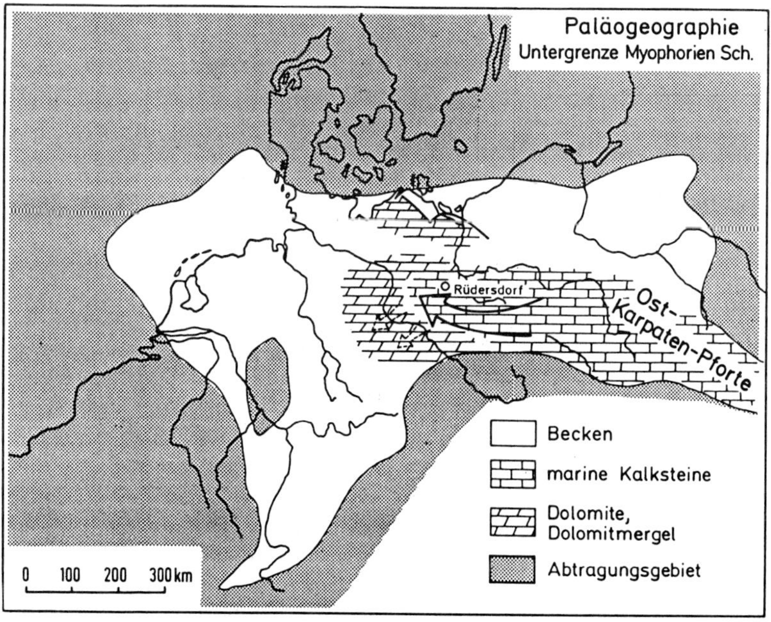

Abb. 4. 1. 1. Paläogeographie und Sedimentverteilung in Mitteleuropa zur Zeit des Röt (Beitrag Zwenger)

4. 1. 2. Paläogeographie - Paläoklimatologie

Das Flachmeer des Muschelkalkes war ein **Randmeer**, das über relativ schmale Meeresstraßen mit der westlichen **"Tethys"**, einem Teil des Weltmeeres, verbunden war. Man kann die Situation durchaus mit der heutigen Ostsee vergleichen, die auch über Sund, Belt und Nordsee mit dem Weltozean verbunden ist. Im Laufe der Zeit waren unterschiedliche Meeresstraßen offen, zuerst die Ost-Karpaten-Pforte (Abb. 4. 1. 1.), dann die Schlesische Pforte (Abb. 4. 1. 2.) und schließlich die Burgundische Pforte; durch diese Verbindungen wanderten jeweils die Faunen aus dem Ozean bzw. offenen Meer in das Flachmeer ein.

Zur Muschelkalkzeit befand sich Mitteleuropa etwa auf der Höhe des 30. Breitengrades (Abb. U 3 auf der hinteren inneren Umschlagseite dieses Führers). **Das Klima war arid,** d. h. heiß und trocken. Die Wassertemperaturen lagen oberhalb von 20° C. Solche Rückschlüsse kann man aus den fossil überlieferten Lebensgemeinschaften des Muschelkalkes ziehen. Für einen großen Teil der namengebenden Muscheln darin gibt es Nachfahren in unseren heutigen warmen Meeren, die nur wenig verändert sind. Auch die - selteneren - Korallenfunde im Muschelkalk gelten als Hinweis auf ein tropisches Meer. Allerdings muß man wegen der Flachheit und relativen Abgeschlossenheit des Muschelkalkmeeres mit extremen Lebensbedingungen rechnen. Nur wenige Arten konnten sich über längere Zeit in dem infolge hoher Verdunstungsraten stark übersalzenen Meer durchsetzen.

4. 1. 3. Sedimentologische Grundlagen

Die geschilderten Bedingungen waren hervorragend für die Ablagerung von **Karbonat-Sedimenten** geeignet; sie entsprechen jenen, die heute in Flachwasser-Gebieten vorherrschen, in denen Karbonate abgelagert werden, etwa der

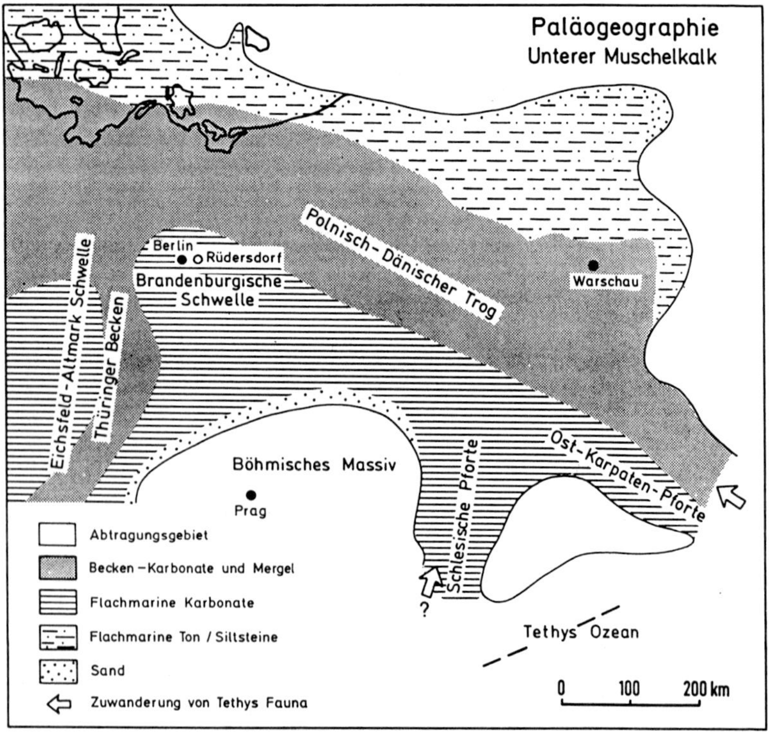

Abb. 4. 1. 2. Paläogeographie des Germanischen Beckens im Unteren Muschelkalk (nach Glazek, Trammer & Zawidzka, 1973; Zwenger, 1988; Beitrag Zwenger)

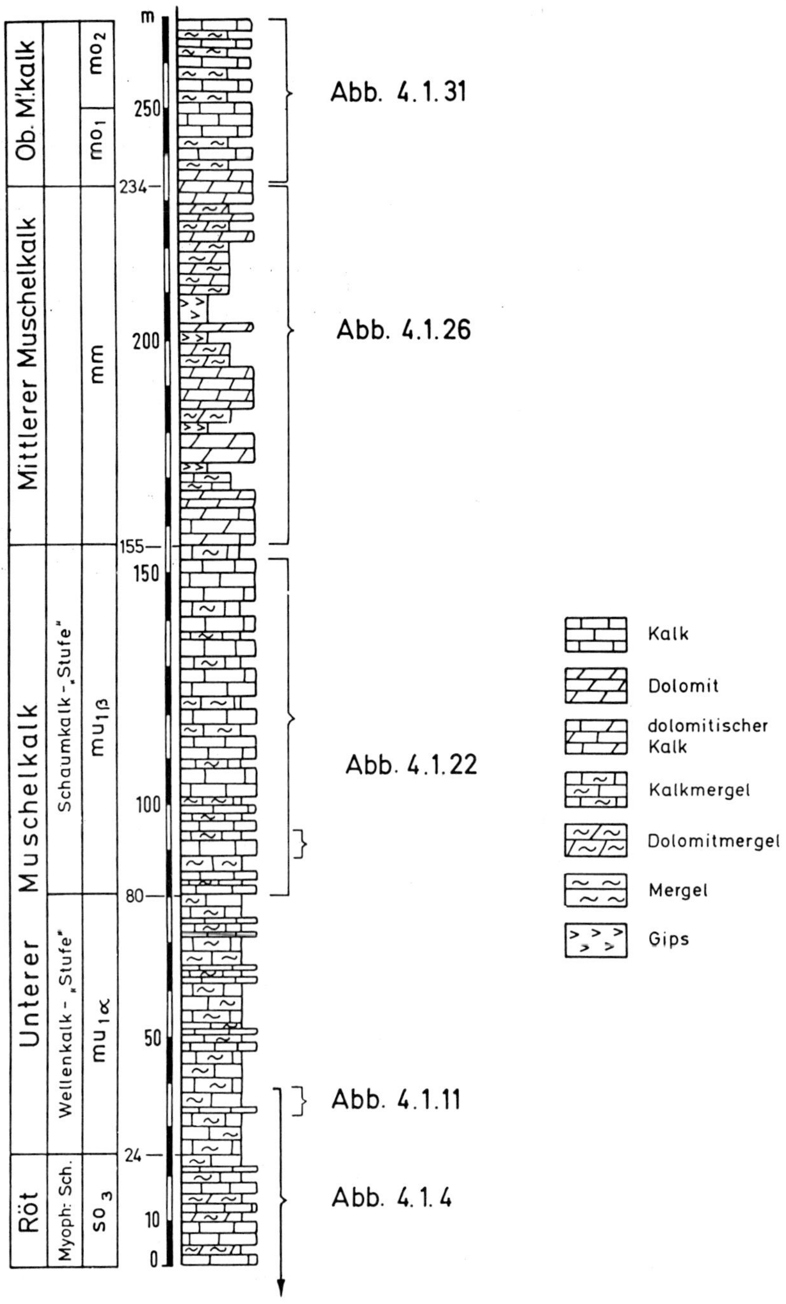

Abb. 4. 1. 3. Übersichtsprofil der Trias - Schichtenfolge von Rüdersdorf ;stark generalisiert (nach Schwahn & Böttcher, 1974; Zwenger, 1988; Beitrag Zwenger / Dunker)

Bahama-Plattform, dem Persischen Golf oder der Shark Bay in West-Australien. Dabei spielten einerseits die biogene Bildung von karbonatischen Hartteilen durch Algen und wirbellose Tiere, z.B. Muscheln, eine große Rolle, anderseits aber auch Zerfall und Zerkleinerung von derartigen Hartteilen, wodurch sehr feines Material entstehen konnte. Chemische oder biochemische Ausfällung von Karbonaten kann durchaus an der Bildung von feinem Material beteiligt gewesen sein.

In der Bilanz der Muschelkalk-Sedimente ist zu berücksichtigen, daß sie nicht ausschließlich aus Karbonat bestehen, sondern auch verschiedene **Tonminerale und andere unlösliche Mineralien** enthalten, die in unterschiedlichen Mengen als Abtragungsprodukte vom Festland eingetragen wurden. So sind den sehr feinkörnigen Kalksteinen, die ursprünglich aus Kalkschlamm (Korngrößen unter 4 Mikrometern) hervorgegangen sind, Tonanteile von 15 - 30 Gew.-% beigemengt; derartige Mischgesteine nennt man je nach Tongehalt **Kalkmergel**(-steine) oder **Mergel**(-steine); sie machen wesentliche Teile des Gesamtprofiles aus. Sie sind weicher, verwittern deshalb leichter und lassen die härteren reineren Kalke in Verwitterungsprofilen als feste Platten und Bänke hervortreten.

Jedes dieser Gesteine wurde in einem ihm eigenen Milieu gebildet, geprägt von der Wassertiefe, den Strömungsverhältnissen und dem Chemismus des Meerwassers, um einige wesentliche nichtbiologische Faktoren zu nennen. Diese Milieuverhältnisse des ursprünglichen Ablagerungsraumes sind ablesbar am Gefüge (Schichtung), an der Mineralzusammensetzung und am Chemismus des Gesteines. Sie machen zusammen mit den biologischen Merkmalen, z. B. Fossilinhalt, die Fazies des Gesteinskörpers aus, nach der man als Geologe das Gestein beschreibt und benennt.

Die jeweiligen **Gesteinstypen** wechseln einander sowohl in horizontaler als auch in vertikaler Richtung in gleicher Folge ab. Indem man in einer vertikalen Gesteinsabfolge einzelne Gesteine unterscheidet, kann man das Profil gliedern. Charakteristische Bänke oder Schichtpakete trifft man in anderen Gebieten des Muschelkalkmeeres wieder, so daß man auf diese Weise die Sedimentationsfolge vergleichen wie auch die (paläo-)geographische Verteilung bestimmter Ablagerungbereiche erfassen kann.

Ein derartiger Vergleich auf der Basis der Gesteinstypen, genannt Lithostratigraphie, bleibt unbefriedigend, weil man **keine Altersbestimmung** für die Schichten hat. Dazu benötigt man sogenannte **Leitfossilien**, d.h. Fossilien, die für eine bestimmte Zeit charakteristisch sind und deshalb das relative Alter der Gesteine, in denen sie gefunden werden, angeben. Leider sind entsprechende Fossilien, wie Ammoniten oder Brachiopoden, in Rüdersdorf **verhältnismäßig selten**: infolgedessen ist es bisher nicht gelungen, dort die Gesteinsabfolge auf der Grundlage von Leitfossilien detailliert zu untergliedern.

4. 1. 4. Wende Buntsandstein / Muschelkalk: Röt
von K.-B. Jubitz & F. Wendland

Name, Grenzziehung

Der Röt erhielt seinen Namen nach den vorherrschenden **roten Farbtönen** der tonigen Sedimente, aus denen er vorwiegend aufgebaut wird.

Während die **Untergrenze** des Röts von den Basistonmergeln unterhalb des Sulfats 1 bzw. des Steinsalzhorizontes markiert wird, zieht man die **Obergrenze** gegen den Wellenkalk (Unteren Muschelkalk) mit dem Einsetzen geschlossener Kalk- und Mergelkalkpakete.

Lithologie

Der Röt besteht überwiegend aus buntgefärbten und feinschichtigen **tonigen und tonig-dolomitischen** Gesteinen. Charakteristisch sind ferner **sulfatische** (gipshaltige) und feinklastische Gesteine im Unteren Röt sowie **karbonatische Einschaltungen** im Mittleren und Oberen Röt. Tiefbohrungen im Bereich der Struktur Rüdersdorf wiesen im tiefsten Teil des Röts bis 60 m mächtiges Steinsalz mit Anhydritlager.

nach, das als Steinsalzlager im nördlichen Mitteleuropa regional weit verbreitet ist. Kalke und dolomitische Mergelkalke treten in fünf Horizonten als feinschichtige Wechsellagerungspakete von 5 - 10 m Mächtigkeit auf. Entsprechend der zyklischen Bildung der Rötgesteine nach der Abfolge Klastit ---> Karbonat ---> Sulfat ---> Steinsalz (und rückläufig) wird der Röt gegliedert wie im Profil gezeigt (Abb. 4. 1. 4.).

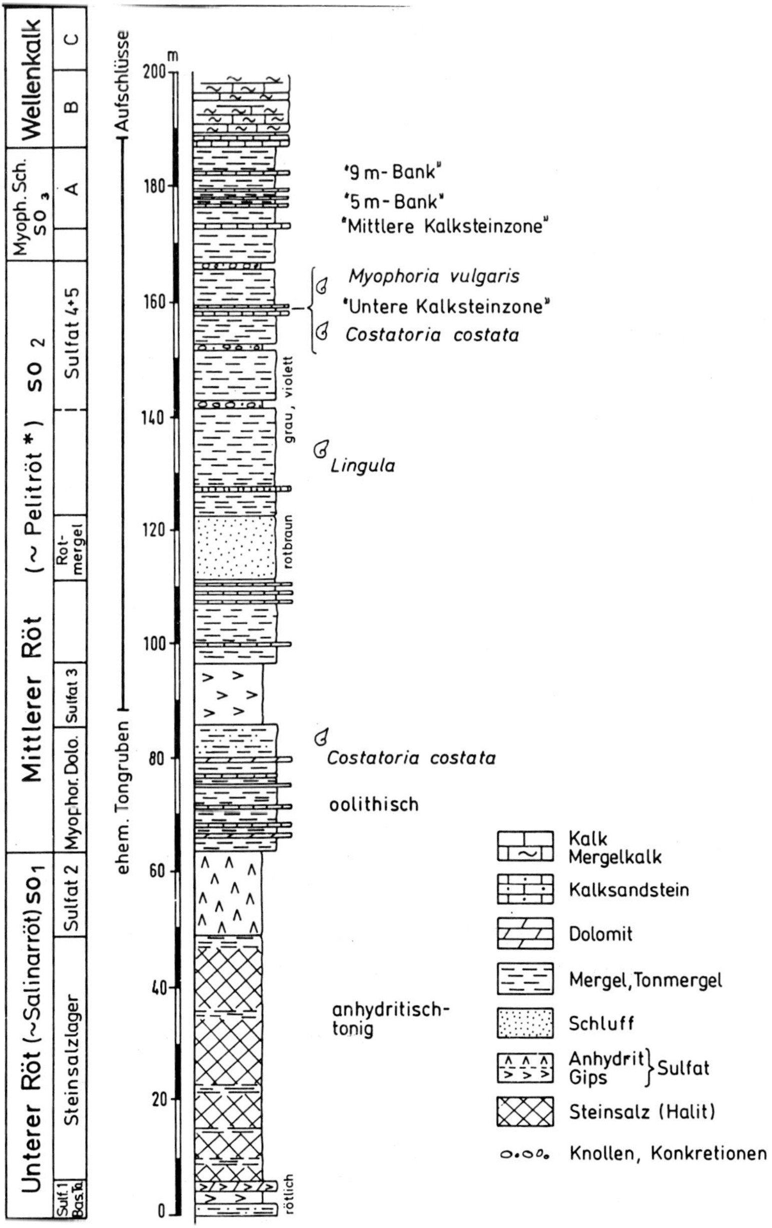

Abb. 4. 1. 4. Profil des Röts in Rüdersdorf (Nach Jubitz et al. 1960, ergänzt von Jubitz und Wendland)

Fossilien

Die Fauna des Röts setzt sich aus Muscheln und Gastropoden, Brachiopoden-sowie Wirbeltierresten zusammen; sie ist im Vergleich zum Muschelkalk spärlich. Die Muschel *Costatoria costata* findet sich zuerst in den Basistonmergeln unterhalb des Steinsalzlagers. Als Leitfossil tritt sie bevorzugt in den marinen Karbonathorizonten auf.

Der **faunistische Grenze zum Muschelkalk** liegt im oberen Teil des Mittleren

Abb. 4. 1. 5. a. (**oben**) *Costatoria costata*: Muschelabdrücke aus den Myophorienschichten. Fundort: Tongruben am Kesselsee (Sammlung Tornow, Foto Kleeberg) **b.** (**unten**) *Myophoria vulgaris*: Muschelabdrücke aus dem Wellenkalk Fundort: Ausstrich des B-Horizontes, Heinitzbruch, Südböschung (Sammlung Streichan; Foto Kleeberg)

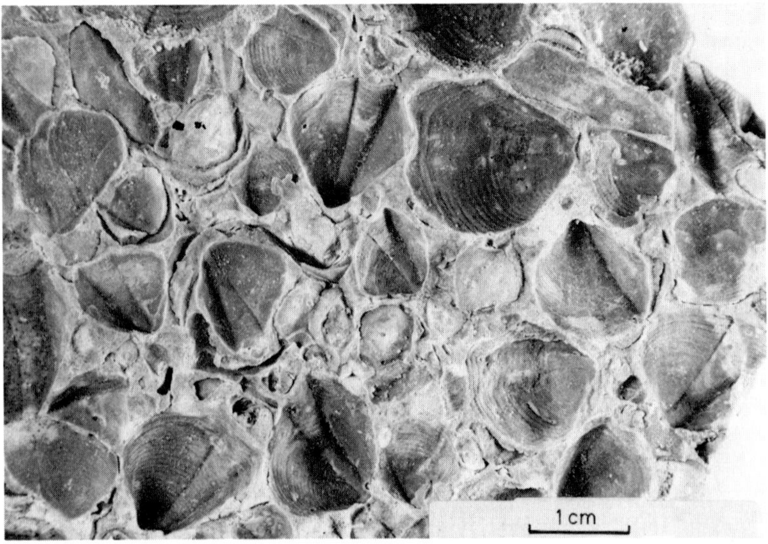

Röts in der sogenannten "unteren Kalksteinzone", in der sich das Auftreten der Muscheln *Costatoria costata* (Abb. 4. 1. 5. a) und *Myophoria vulgaris* (Abb. 4. 1. 5. b.; Tafel 4 - I, 1) überschneidet Faunistische und lithologische Grenze differieren im Vertikalprofil um 14 m. Typisch für die lagunären Faziesverhältnisse des Röts ist das Vorkommen des Brachiopoden *Lingula tenuissima* als Durchläufer- und Faziesfossil.

Für den höheren Teil des Röts (Myophorienschichten; Horizont A) ist neben einer individuenreichen Molluskenfauna eine Mikrofauna mit Ostrakoden, Foraminiferen und Ganoid-Resten charakterisitsch; sie wurde durch Schlämmen von Mergellagen gewonnen und zeigt ein brackisches bis marines Milieu an (Gründel & Stoll, unpubl.; Stoll, 1980).

Für den Fossilsammler sind die Schichtflächen der Kalke wegen des Vorkommens von **Muschelpflastern und Wirbeltierresten**, wie Saurierknochen und Fischschuppen, besonders interessant.

Ein Besonderheit sind die **Mikrobenstotzen** (Abb. 4. 1. 6.) in den Myophorienschichten, die brotlaibförmig - 2 - 10 dm lang, 1 - 3 dm breit, 1 - 3 dm hoch - in den oberen Bereichen der Myophorienschichten zu finden sind; gegenüber dem umgebenden Gestein zeichnen sie sich durch eine reiche Fauna von Schnecken *(Omphaloptycha* sp.), Brachiopoden, Foraminiferen und Ostrakoden aus. (Sie werden zur Zeit der Drucklegung von B. Buschkühle untersucht.)

Bildungsbedingungen

Der überwiegende Teil der Rötgesteine bildete sich unter **lagunär-marinen Bedingungen.** Diese relativ ruhige Sedimentation wurde während des Röts im Südosten durch die Entstehung einer Meeresverbindung zwischen dem Tethys-Ozean und dem Germanischen Becken unterbrochen. Durch die sogenannte Ost-Karpaten-Pforte drang das Meer der Hauptsenkungsachse der Norddeutsch-Polnischen Senke folgend nach NW vor. **Fünf marine Vorstöße oder Ingressionen** unterschiedlicher Reichweite und Ausdehnung hinterließen verschieden mächtige Kalksteinserien. Als Zeugnis

Abb. 4. 1. 6. Mikrobenstotzen aus den Myophorienschichten (A- Horizont); brotlaibförmige Schlammstruktur (mud mound) in E-W Richtung gestreckt Aufschluß 6 A (Abb. 2. 3.; Abb. 4. 3. 3) (Bearbeitung Buschkühle; Foto Schroeder)

der bedeutendsten Ingression sind die Myophorienschichten im Oberen Röt anzusehen; sie leiten in die vollmarine Entwicklung des Wellenkalkes über (s. Abb. 4. 1. 1.).

In **Lagunen** kam es infolge des trocken-heißen Klimas zur Abscheidung von Gips bzw. Anhydrit und auch von Steinsalz. Die Bildung von Rotschluffen und -mergeln im Mittleren Röt belegt zeitweilige terrigene Einflüsse von den Rändern des Buntsandsteinbeckens.

Aufschlüsse

Der obere Hälfte des Profils, die Tone des Röts und der Übergang zu den Myophorien-Schichten, war früher in den nach ihren Besitzern genannten **"Durinschen" und "Lehmannschen " Tongruben** oberhalb des Kesselsees aufgeschlossen (s. Abb. 2. 3., Punkt 10), wo man sie für die Herstellung von Ofenkacheln abbaute. Heute findet man an den zugewachsenen und verrutschten Hängen noch rotes, dolomit-mergeliges Lockermaterial mit einzelnen *Costatoria costata*-führenden Dolomit-Schluffbänckchen als spärlichen Hinweis auf den Röt. Die Myophorien-Schichten sind in der Nähe der **Zufahrtswege vom Kesselsee zum ehemaligen Weinberg** vereinzelt aufgeschlossen; sie sind vom Ungeübten leicht mit den darüberliegenden Schichten des tieferen Wellenkalkes mit seinen kalkig-mergeligen Wechsellagerungen zu verwechseln: Als Unterscheidungsmerkmale gelten einerseits die Farbe (olivgrüne Töne für die Myophorien-Schichten gegenüber grauen für den Wellenkalk), anderseits die Ausbildung der Schichtflächen (ebene für die Myophorien-Schichten, wellige für den Wellenkalk - s. Abb. 4. 1. 7.). Weiterhin sind am Südhang des Alvenslebenbruches verschiedene Teile des Profiles der Myophorien-Schichten zu finden (Aufschluß 6 A, Abb. 2. 3.; Abb. 4. 3. 3.).

4. 1. 5. Wellenkalk

Name und nomenklatorische Variationen

Der Begriff Wellenkalk wurde von H. Credner (1839) erstmals auf die unterste Schichtenfolge des Muschelkalkes angewandt. Seitdem steht Wellenkalk **sowohl für einen Fazies- bzw Gesteinstyp als auch für eine stratigraphische Einheit**, letzteres in mehrfachem Sinne; das führt allerdings zu Verwirrungen. So hat sich in Rüdersdorf für den unteren Wellenkalk (mu 1) seit Rusitzka (1956 ; nach Eck, 1872, und Zimmermann, 1914) der Begriff "Wellenkalk-Stufe" eingeprägt. Der Begriff "Stufe" wird nach internationalen Regeln heute jedoch anders verwendet. Zu beachten ist ferner, daß man in Ostdeutschland den Unteren Muschelkalk seit 1975 (TGL Fachbereichsstandard) gleichwertig neben die "Myophorien-Folge" stellte. Die Myophorien-Schichten (Abb. 4. 1. 3. u. 4. 1. 4.) wurden ursprünglich zum Unteren Muschelkalk gerechnet, werden jetzt aber zum Oberen Buntsandstein (Röt) gestellt. Die Fachdiskussion über diese Fragen, deren Erörterung natürlich den Rahmen des Führers sprengen würde, ist nicht abgeschlossen; dem Laien kann man die daraus resultierende historisch begründete Vielfalt der Terminologie und Untergliederung leider nicht ganz ersparen.

Abgesehen von der **wissenschaftlichen** Terminologie gibt es aber für die gesamte Gesteinsfolge von Röt bis Oberen Muschelkalk in Rüdersdorf auch noch die **technologische** Gliederung (Abschnitt 4. 2.), die auf Rohstoffparametern beruht. Beide haben ihre Grundlage, Berechtigung und Tradition, weshalb man in diesem Führer auf keine verzichten kann; sie werden also weitgehend parallel benutzt.

Namengebend für den Wellenkalk sind die **charakteristischen wellenförmigen Absonderungsformen** an den Schichtflächen, die weiter unten erläutert werden.

Lithologie

Wie die Profile (Abb. 4. 1. 3. und 4. 1. 11.) zeigen, besteht der Wellenkalk aus einer relativ monotonen Wechselfolge von grauen Kalken und Kalkmergeln.

Die Mehrzahl dieser Gesteine ist extrem feinkörnig und war ursprünglich **Kalkschlamm** (Korngrößen geringer als 4 µm), daher auch der Name **"Kalklutit"** (von lateinisch "lutum" = " Schlamm, Lehm"); in Mischgesteinen können dem Kalk

5 - 35 Gewichts-Prozent **Ton beigemengt** sein, so daß man von Kalkmergeln oder -
ıergelsteinen spricht. Die Kalklutite sind dicht und zeigen im Querbruch keinerlei
'einschichtung. Sie verwittern leicht und treten deshalb in Verwitterungsprofilen zu-
ück; demgegenüber treten die festen Platten und Bänke der härteren und reineren Par-
kelkalke hervor; diese enthalten einen relativ hohen Anteil an den in Abschnitt 4. 1.
. angesprochenen biogenen Hart- bzw. Skeletteilen, die selbst oder deren Bruchstücke
'artikel von einigen zehntel bis zu mehreren Millimetern Größe bilden.

Abb. 4. 1. 7. Namengebende wellige Absonderungsflächen im Wellenkalk
a. (oben) **Aufsicht** auf eine horizontale Fläche parallel zur Schichtung; **b.(unten) Querschnitt durch eine Wechselfolge von mehr oder minder mergeligen Kalken**
Die kalkigeren Partien sind widerstandsfähiger gegenüber der Verwitterung, stehen deshalb hervor; beide Abb. in der Kreuzbrückenspalte aufgenommen (Fotos Schroeder, 1992)

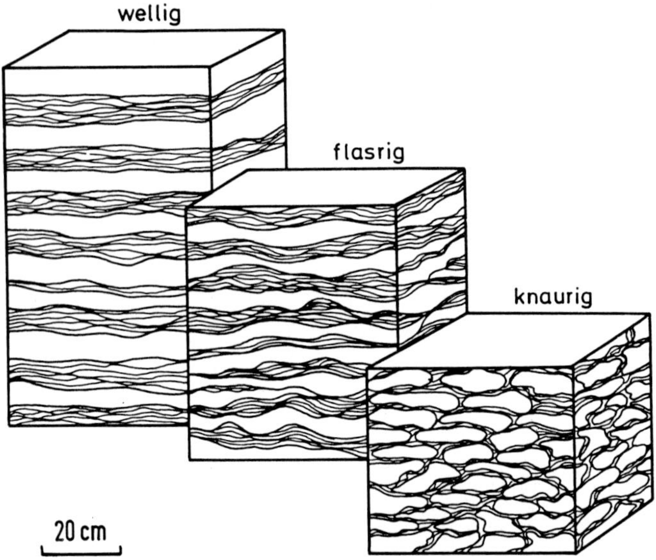

Abb. 4. 1. 8. Wellige Absonderungsflächen im Wellenkalk und deren weitere Entwicklung zu Flasern und Knauern (Beitrag Zwenger)

Die namengebenden **wellenförmigen Absonderungen** (Abb. 4. 1. 7.) sind keine Rippeln, also keine primären Sedimentstrukturen wie sie von oszillierenden Wellen ode Strömungen gebildet werden, sondern post-sedimentäre Setzungsstrukturen. Derartige Deformationen treten überall dort auf, wo Sedimente unterschiedlicher Dichte übereinander abgelagert werden. So kann ein frisch abgelagerter Kalkschlamm aufgrund seiner relativ größeren Dichte in eine darunterliegende wasserhaltige tonig-mergelige Schicht einsinken. Dabei entstehen Beulen und unregelmäßige Wülste an der Unterseite der Kalkschicht, wie sie im Zentimeter-Bereich als **Auflastmarken** zu beobachten sind. In kleineren Dimensionen sind derartige **Deformations-strukturen infolge vo Dichteunterschieden** in jeder tonig-kalkigen Wechselfolge allgegenwärtig und an unregelmäßig welligen Trennflächen ablesbar. Im Zuge der Kompaktion kann sich da wellige Horizontalgefüge in **Flaser- oder Knauerstrukturen** auflösen (Abb. 4. 1. 8.). Dafür sind zusätzlich physico-chemische Prozesse der Entmischung vo Kalk- und Tonkomponenten im noch nicht völlig ausgehärteten Sediment verantwortlich.

Auch andere Sedimentstrukturen in den Kalkschlammgesteinen zeigen, da das Sediment mit der Ablagerung noch nicht zur Ruhe gekommen war. Zum Beispie wurden **Gleit- und Rutschfalten** (Abb. 4. 1. 9.) gebildet, als das weiche plastisch Sediment wieder in Bewegung kam, ähnlich die sogenannten **Sigmoidalklüfte** un **Gleittreppen** (Abb. 4. 1. 10.). Um das einmal abgelagerte Sediment wieder in Bewegung zu bringen, bedarf es bei dem ausgesprochen geringen Gefälle innerhalb de Flachmeeres tektonischer Impulse, zum Beispiel der Erschütterung durch Erdbeben.

Die oben bereits angesprochenen härteren Platten oder Bänke bestehen au Kalkpartikeln im Korngrößenbereich von Sand (0,063 - 2 mm), daher der Name **Kalkarenit** (von lateinisch "arena" = "Sand"). Ihre Internstrukturen reichen von Horizontalschichtung bis zur Schrägschichtung; auf den Schichtflächen findet man Wellen- und Strömungsrippeln. Aufgrund der Härte dieser Schichten und ihres wiederholten Auftretens wird die Gesteinsfolge des Wellenkalkes vertikal in Kleinzykle gegliedert.

(>>>>> S. 49)

Abb. 4. 1. 9. Anzeichen für frühe Deformation im Wellenkalk I a. (**oben**) **Rutschfalten im Wellenkalk** an der Westwand der Kreuzbrückenspalte (Abb. 2. 3., Punkt 9; Abb. 4. 3. x) Die flache Lagerung der darüberliegenden Schichten zeigt, daß die Rutschung bei deren Ablagerung bereits abgeschlossen war. An den dickeren Bänken unten im Bild ist deutlich die subhorizontale Riefung der glazifluvialen Erosion zu erkennen. **b.** (**unten**) **Detail aus der durch Rutschung deformierten Schicht** (Fotos Schroeder, 1991 / 2)

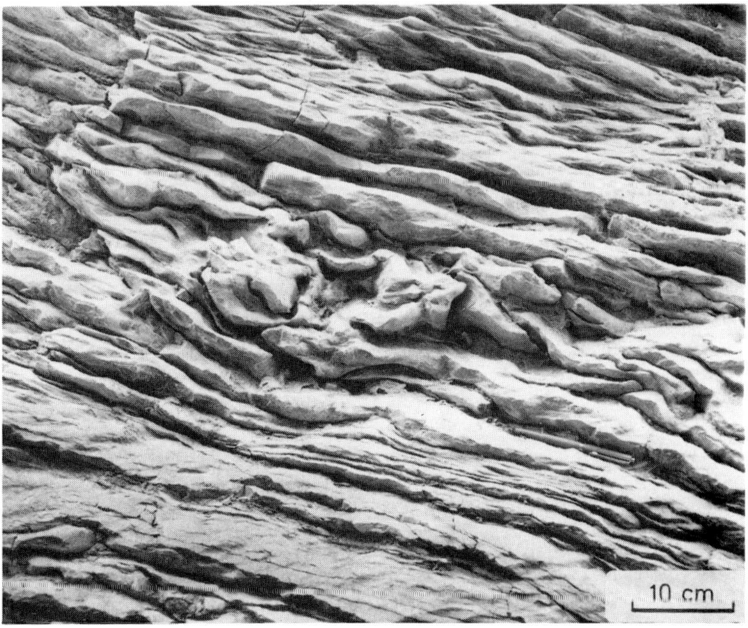

4. 1. 10. Anzeichen für frühe Deformation im Wellenkalk II a. (oben) Sigmoidalklüfte im C - Horizont an der Südseite des Alvenslebenbruches (Abb. 2. 3., Punkt **6**): Man erkennt deutlich, daß drei Schichten deformiert sind, die Schichten dazwischen oder darüber jedoch nicht . **b. (unten) Detail einer Sigmoidalklüftung** im oberen Teil des D - Horizont in der Kreuzbrückenspalte (Abb. 2. 3. , Punkt **9**) Die Schicht ist schräg zur Kluftrichtung angeschnitten, daher wird die Biegung der Kluftflächen deutlich sichtbar (Fotos Schroeder / Dualeh, 1991 / 2).

Den dritten Gesteinstyp des Wellenkalkes repräsentieren **Bioklastkalke** oder **Schalentrümmerkalke**; sie bestehen vorwiegend aus Muschel- und Gastropodenschill bzw. -bruchschill. Vollständige Schalen sind nicht häufig, und Skeletteile anderer Organismen etwa die von Echinodermen, Korallen oder Brachiopoden, sind nicht (>>> S. 51)

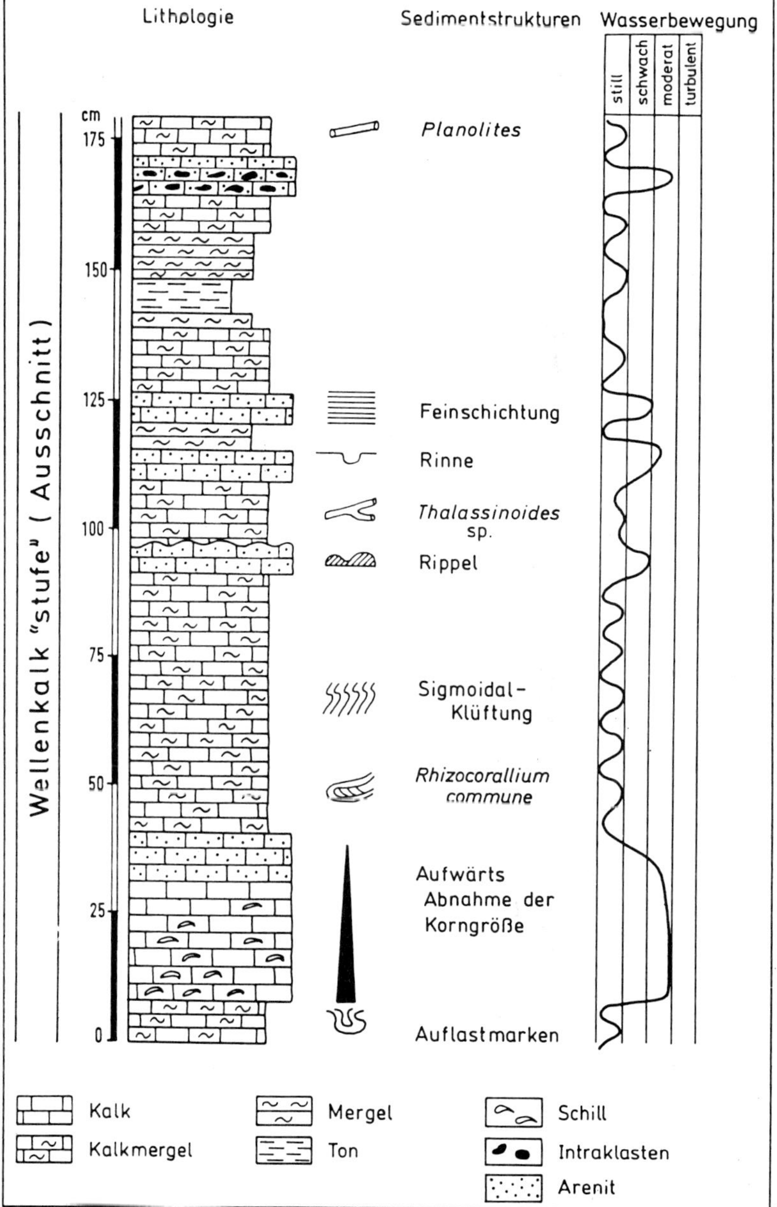

Abb. 4. 1. 11 . Ein **typischer Wellenkalk-Kleinzyklus** und dessen sedimentologische Deutung (aufgenommen von Zwenger, 1984; Beitrag Zwenger)

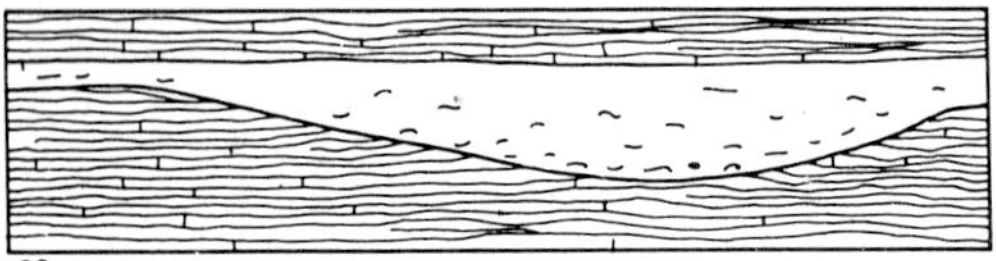

20cm Flache Rinne mit Schill-Füllung

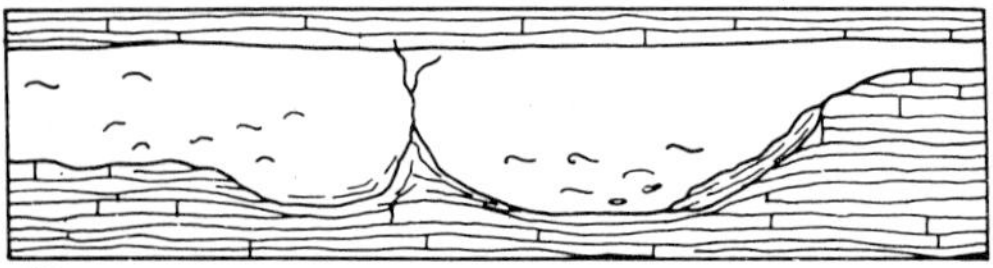

20cm Rinnenstruktur mit basalen Belastungsmarken

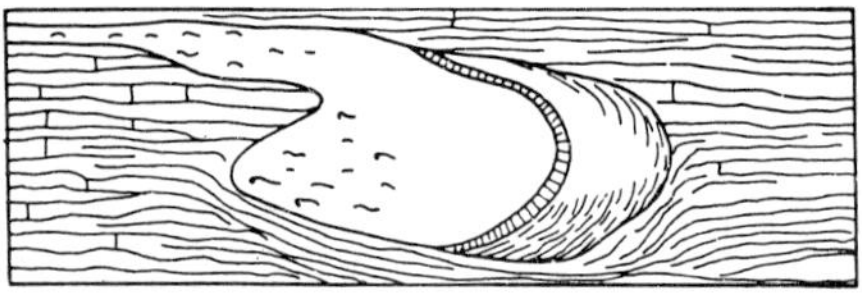

20 cm Strömungskolk mit brotlaibförmigem Querschnitt und basalen Belastungsmarken

Abb. 4. 1. 12.

Sedimentstrukturen des Wellenkalkes: Rinnen und Auflastmarken mit Schill fülluungen (Beitrag Zwenger)

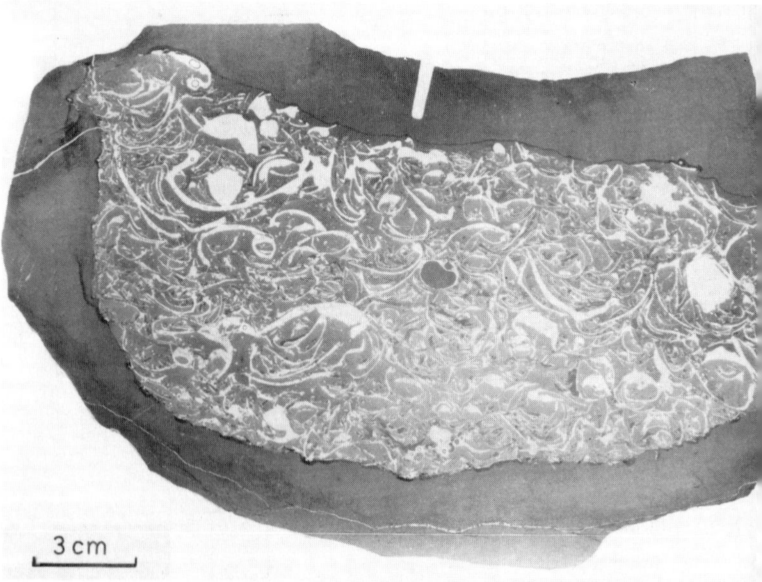

Abb. 4. 1. 13. Füllung einer kleinen Rinne im Wellenkalk (Horizont B, Südhang Alvenslebenbruch) Deutlich erkennbar sind die Schalen, die nicht konvex aufwärts eingeregelt sind, sondern in beliebiger Position im Schlamm liegen. Direktvergrößerung von einem Dünnschliff (Sammlung Schroeder, Foto Kleeberg)

gesteinsbildend. Ein charakteristisches Merkmal sind die Bankmächtigkeiten von bis zu einem halben Meter; die Mächtigkeiten sind jedoch in horizontaler Richtung wenig konstant; solche Bänke keilen nach wenigen Metern bereits aus, eignen sich also nicht als sogenannte "Leitbänke", mit denen man die Schichtenfolge gliedern könnte.

Bioklastkalke - wie auch Kalkarenite - bilden häufig Füllungen subaquatisch erodierter Rinnen (Abb. 4. 1. 12.). Die Rinnen sind einige Dezimeter bis wenige Meter breit und bisd zu einigen Dezimeter tief; sie haben einen konkaven Querschnitt, der in die unterliegenden Schichten erosiv eingetieft ist. An ihren Sohlen sind oft Strömungskolke gebildet. Am Boden der Rinnen (nicht aber in der gesamten Füllung - s. Abb. 4. 1. 13.) findet man größere Schalenreste, wobei die einzelne Muschelklappe mit der Wölbung nach oben abgelagert wurde, weil das die stabilste Lage für eine schüsselförmige Schale in einer Strömung ist. Diesen Effekt beobachtet man jedoch nicht nur in Rinnen, sondern auch an den **Schalenpflastern**, die im Wellenkalk großflächig freigelegt worden sind (Abb. 4. 1. 16. a). Darin finden sich isolierte Einzelklappen von Muscheln neben Schneckengehäusen; (>>> S. 53)

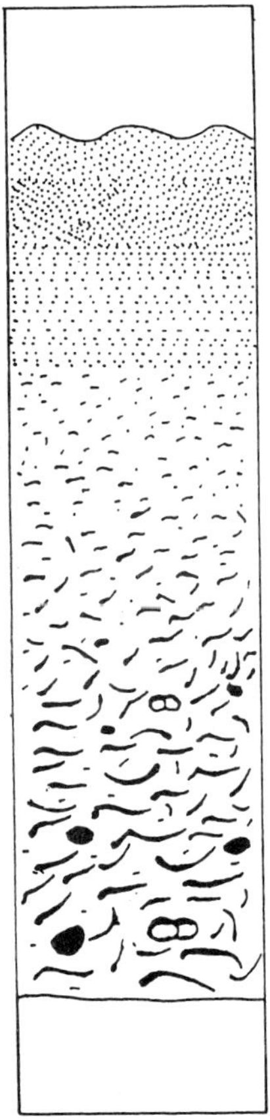

Gefüge	Fließregime	Sedimentationsrate
Kalkpelite uniform	laminares Fließen	sehr gering
Rippel	unteres Strömungsregime	mäßig
ebene Lamination	oberes Strömungsregime	hoch
Gradierung	Resedimentation von suspendiertem Detritus	sehr hoch
Erosionskontakt	Sturm Erosion	----------
Kalkpelite uniform	laminares Fließen	sehr gering

Abb. 4. 1. 14. Schematische Darstellung eines Tempestits (nach Aigner, 1982; Beitrag Zwenger) .

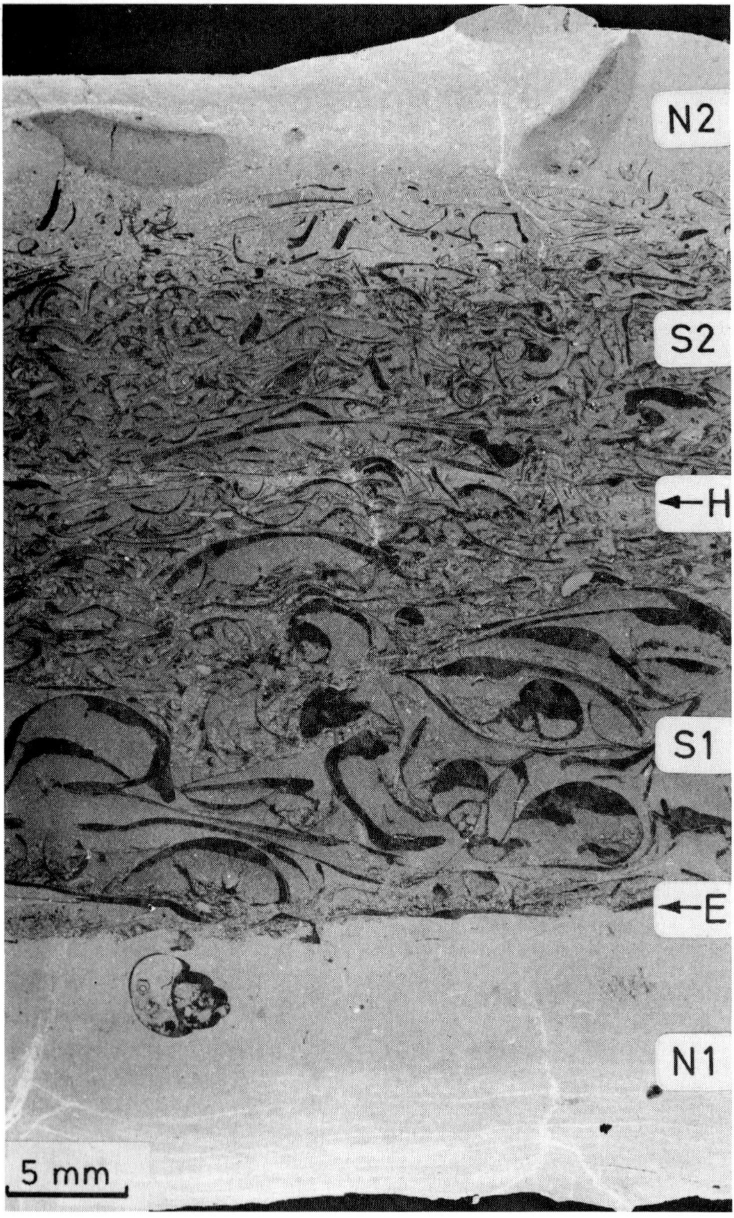

Abb. 4. 1. 15. Tempestit aus dem Wellenkalk. Die untere Tempestitlage ist vom folgenden Sturm oben abgeschnitten, und erst die folgende Ablagerung zeigt die Abfolge zum Normalsediment hin. **N 1:** Normalsedimentation: Kalklutit; darin das Gehäuse einer schlammbewohnenden Schnecke; **E:** Erosionskontakt: scharfe Kappung des Liegenden; **S 1:** 1. Schillschüttung; Schalen mit der Wölbung nach oben; Gradierung: Abnahme der Schalengröße zum Hangenden; **H:** Hiatus = Erosionskontakt mit Schichtlücke **S 2:** 2. gradierte Schillschüttung; **N 2:** Normalsedimentation: Kalklutit; darin angeschnitten die schichtparallelen Baue von *Rhizocorallium commune* (Beitrag Zwenger)

alle sind meist recht gut erhalten, also nicht weit tansportiert. Solche Pflaster verdanken ihre Erhaltung einer Überdeckung mit mergeligem Material. Schalenpflaster und Schillbänke sind "Fossillagerstätten" , in denen die Fossilien bei **kurzzeitigen Strömungsereignissen** zusammengeschwemmt und konzentriert wurden. Als Auslöser dafür kommen Stürme verschiedener Stärke und Dauer in Frage.

Daß es solche Stürme gab und daß sie das Flachmeer in vehemente Bewegungen versetzten, dafür sprechen sogenannte **Tempestite**, d. h. Sturmlagen, die häufig mit Schillablagerungen beginnen. Das Hauptmerkmal eines Tempestits ist die Abnahme der Korngröße nach oben, die Korngradierung (Abb. 4. 1. 14.). Die Schillschüttung setzt unvermittelt auf erosivem Kontakt zum Liegenden ein und klingt mit abnehmender Partikelgröße in einer kalklutitischen "Normal"- bzw. Ruhigwassersedimentation aus. Durch den Sturm wurde der Meeresboden aufgewühlt und sein Sediment in Suspension gebracht. Mit Abflauen des Sturmes fallen aus der Suspensionswolke zunächst die gröberen und zuletzt die feineren Partikel auf den Boden, daher die Gradierung. Solche Vorgänge können sich kurzfristig wiederholen, wobei der nachfolgende Sturm einen Teil der Ablagerung seines Vorgängers aufwühlen kann, und seine eigene Fracht auf den Resten des vorhergehenden Tempestits ablagern (s. Abb. 4. 1. 10.). Bei der Erosion der Unterlage kann das bereits abgelagerte, teilweise entwässerte und daher kohäsive Sediment in Fetzen, Bruchstücken oder Geröllen abgetragen und später in dieser Form auch wieder in dem Tempestit abgelagert werden; derartige Aggregate aus dem Liegenden nennt man **Intraklaste**. Diese können bei der Ablagerung dermaßen angereichert werden, daß sie gesteinsbildend sind; man spricht dann von **Intraklastkalken.**

Fossilinhalt

Die häufigsten Fossilien des Wellenkalkes sind Muscheln verschiedener Arten und verschiedener Größe; sie kommen vor allem in den Schillen der Rinnenfüllungen und als Schalenpflaster auf den Schichtflächen vor (Abb. 4. 1. 16. b, 17). Häufig handelt es sich um **Totengemeinschaften**, die aus ihrem Lebensraum heraus transportiert und an anderer Stelle zusammengeschwemmt sind. Dabei können sie mit anderen Muscheln vermischt werden; zum Beispiel findet man häufig Weich- und Hartbodenbewohner zusammen. Die Erhaltung der Muscheln, der Grad ihrer Zerbrechung und

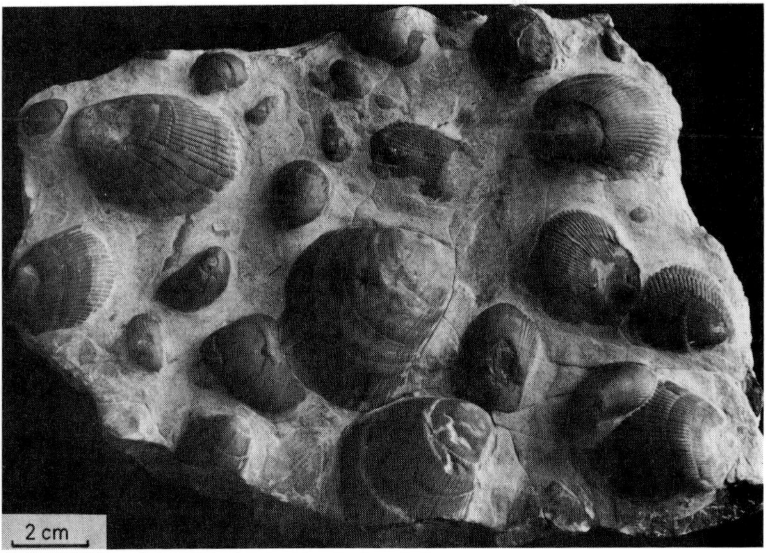

Abb. 4. 1. 16. a Muschel *Plagiostoma lineatum*; Pflaster von einzelnen Schalen auf einer Schichtfläche im untersten Wellenkalk = B-Horizont (Sammlung Streichan, Foto Kleeberg)

Abb. 4. 1. 16. b. Muscheln *Plagiostoma lineatum* mit jeweils beiden Klappen in Lebendstellung (Sammlung Streichan / Fotos Kleeberg)

Abrasion, zeigt Intensität bzw. Weite des Transportes. Wesentlich seltener sind intakte **Lebendgemeinschaften,** bei denen die Muscheln in **Lebendstellung** ("*in situ*") erhalten sind und ihre beiden Klappen noch zusammenhängen (Abb. 4. 1. 16. b).

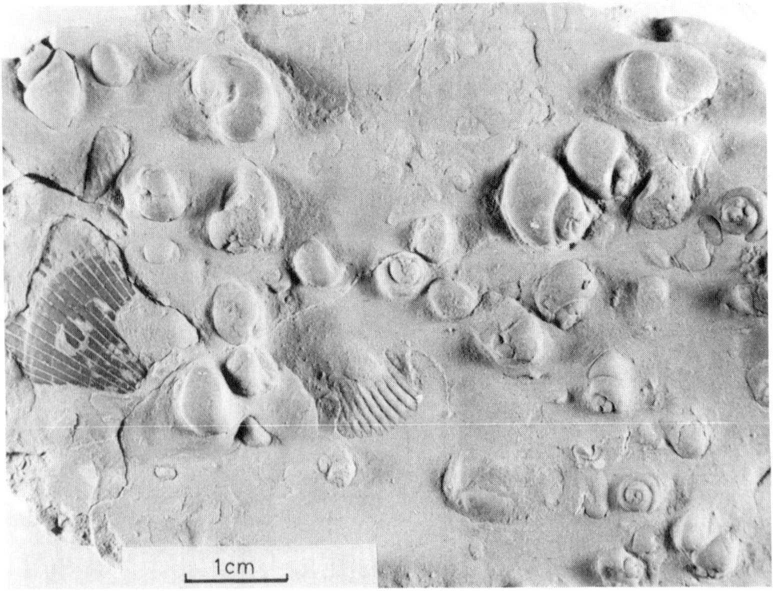

Abb. 4. 1. 17. Schneckenpflaster mit *Omphaloptycha* sp. im Wellenkalk, Horizont B, Alvenslebenbruch, Südhang (Samlung Schroeder, Foto Kleeberg)

Die im Wellenkalk, insbesondere im Kalkschlamm, gefundenen Muscheln waren anspruchslos und lebten flachgrabend im Sediment, so die häufigen Gattungen *Myophoria* (Tafel 4 - I, 1) und *Pleuromya* (Tafel 4 - II, 6); der **schlammige Weichboden** war außerdem Lebensraum für Grabfüßer (Scaphopoden, z.B. *Entalis*; Tafel 4 - I, 11) sowie für einen Großteil der Schnecken (*Omphalopthycha* sp., *Loxonema* sp.; Tafel 4 - I. 7, 9).

Ein **stabileres Sediment** benötigten solche Muscheln, die auf der Sediment-Oberfläche lebten wie *Plagiostoma, Entolium* oder *Hoernesia* (Tafel 4 - II, 1 u. 2, 4, 7). Dagegen vermochte die Muschelgattung *Mytilus* (Tafel 4 - II, 8) ungünstige Substratbeschaffenheit durch Anheften an eine sekundäre feste Oberfläche, wie z.B. eine andere Muschelschale, zu kompensieren.

Auf festes Substrat waren die gelegentlich im Wellenkalk vorkommenden Seelilien (Krinoiden) der Gattung *Isocrinus* angewiesen; leider fand man bisher nur sehr fragmentarisch erhaltene zarte Seelilien, die aus ihrer Lebensposition gerissen waren .

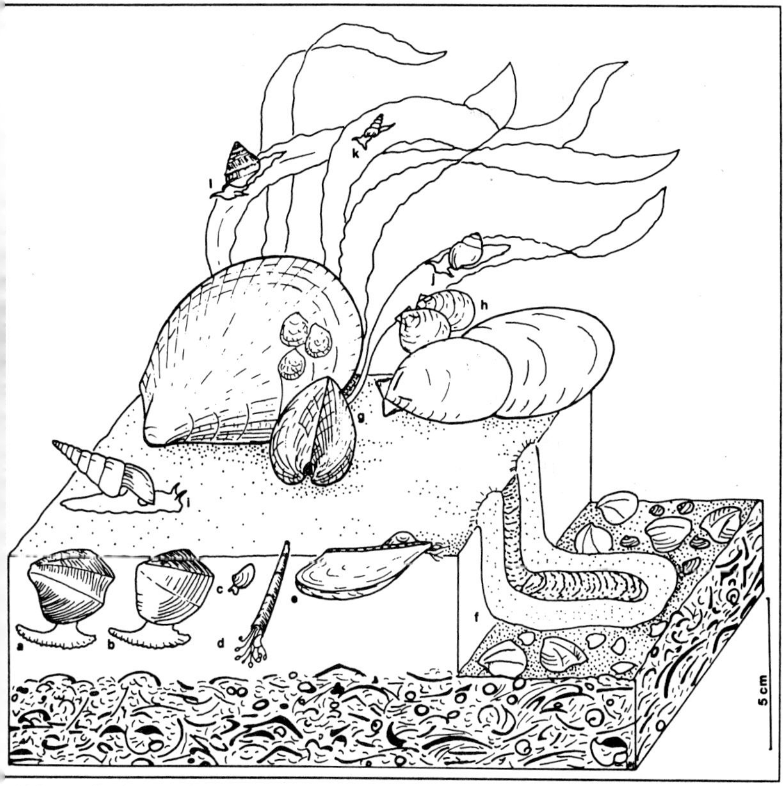

Abb. 4. 1. 18. Rekonstruktion von Lebensgemeinschaften des Wellenkalkes. Über einem Schilltempestit mit einem Schalenpflaster (s. Abb. 4. 1. 9. u. 4. 1. 10) an der Oberfläche flach im Schlamm eingegrabenes Endobenthos: **a.** *Myophoria costata* **b.** *Myophoria vulgaris* **c.** *Palaeonucula goldfussi* **d.** der Grabfüßer (Scaphopode) *Dentalium torquatum* **e.** *Hoernesia socialis* **f.** In weichem Schlamm angelegte Freß-Wohnspur *Rhizocorallium irregulare.* **g.** Auf der Sedimentoberfläche *Plagiostoma lineatum*, mit breiter Liegefläche vor dem Einsinken geschützt **h.** Entolium discites ; kleinere Exemplare mit Byssus an Tang verankert. Die Schnecken **i.** *Loxonema obsoletum* , **j.** *Omphaloptycha gregaria* . **k.** *Polygyrina* sp., und **l.** *Worthenia leysseri* weideten Mikrobenmatten und Tange. (Beitrag Hagdorn)

Im Wellenkalk sind außer Fossilien, die als Skelett, als Abdruck oder als Steinkern erhalten sind, auch **Ichnofossilien** sehr häufig, d.h. man findet Baue und Spuren der ehemaligen Sedimentbewohner. Sie gehören zu den **Bioturbationen**, d. h. zu den biogenen Störungen des weichen Sediments. Die auffälligsten Spurenfossilien sind die Spreitenbaue von ***Rhizocorallium commune*** (Abb. 4. 1. 19) , die fast schichtparallel angelegt sind. Etwas seltener ist die spiral aufgewundene Art *Rhizocorallium uliarense*. Beides sind jedoch Variationen in der Bauweise ein und desselben sedimentfressenden Tieres. Die in der Gangwandung hinterlassenen Kratzspuren deuten auf Scheren und Beine von Krebsen, ebenso die stabilisierende Auskleidung der Baue mit Kotpillen.

Zur **Spurengemeinschaft des Wellenkalkes** gehören ferner *Thalassinoides, Teichichnius* und *Planolites*. Voraussetzung für die Standfestigkeit der meisten Baukonstruktionen ist ein schwach verfestigtes, aber noch plastisches Sediment. Der Kalkschlamm durfte nicht mehr fließen oder so instabil sein, daß die Gänge zusammenstürzten und die für ihre Bewohner lebenswichtige Wasserzirkulation unterbrochen wurde.

Bildungsbedingungen

Alle Anzeichen sprechen dafür, daß es sich beim Wellenkalk um **marine Flachwassersedimente** handelt. Die Kalkschlammgesteine des Wellenkalkes, also die "Normalfazies", wurde in **Stillwasserbereichen** unterhalb der Wirksamkeit normaler Wellen abgelagert. Aufgrund von Vergleichen mit heutigen Randmeeren kommen Tiefen von 40 - 70 m in Betracht. **Die reduzierte Zirkulation** und die erhöhte Salinität der bodennahen Wasserschichten bedeuteten Einschränkungen in den Lebensbedingungen der Organismen.

Die **Herkunft** der Unmengen von extrem feinem **Karbonatschlamm** in den resultierenden Ablagerungen ist heute noch nicht geklärt: Eine Möglichkeit ist die **biogene Produktion**, d.h. die Herleitung von feinen und/oder sehr zerbrechlichen Skelettkristallen sowie von feinsten Karbonat-Körnern, die in pflanzliche Gewebe eingelagert waren; diese Möglichkeit ist in der heutigen Florida Bay und von den Bahamas überzeugend nachgewiesen und anhand des entsprechenden Algenbestandes quantitativ bilanziert worden.Eine weitere Möglichkeit ist eine **chemische / biochemische Produktion**: In Analogie mit unseren heutigen warmen Flachmeeren kann man wohl davon ausgehen, daß das Wasser des Muschelkalkmeeres im Hinblick auf Kalziumkarbonat übersättigt war, es also leicht ausgefällt werden konnte. Die weißen Suspensions-Wolken ("Whitings") auf der Bahama-Plattform bestehen zum Teil aus anorganisch ausgefällten Kalziumkarbonat-Kristallen, wie man durch eine vielfältige Kombination von Beobachtungen, Analysen und Experimenten festgestellt hat. Entsprechende Untersuchungen aus anderen Gebieten sind allerdings noch nicht bekannt. Außerdem ist damit zu rechnen, daß derartige Kristalle im Laufe der Zeit noch umgewandelt worden sind, vielleicht auch mehrfach; das erschwert die Bestimmung ihrer Bildung und Herkunft erheblich. - Die Zulieferung und flächenhafte Verteilung von **nicht-karbonatischem Material** kann durch **Windtransport,** d. h. Staubstürme, erfolgen, wie er sich gegenwärtig in ariden Gebieten am Persischen Golf und am Roten Meer beobachten läßt. Alternativ könnte das Material auch durch Flüsse eingetragen und durch Meeresströmungen verteilt worden sein.

Episodisch kam es zu Strömungsereignissen unterschiedlicher Intensität, bei denen die Strömungsgeschwindigkeiten deutlich höher lagen, das feine Material - soweit vorhanden - also abgeführt wurde und Rinnen in die bereits abgelagerten Sedimente eingeschnitten wurden. Auf derartige Hochenergie-Ereignisse sind die Partikelkalke wie auch die Schillkalke zurückzuführen. Energetische Höhepunkte waren zweifellos die Stürme, deren Wellen auch größere Tiefen erreichten und die durch die Tempestite dokumentiert sind.

Entgegen älteren Auffassungen sind die Ablagerungen des Wellenkalkes keine Bildungen des Gezeitenbereiches, also keine Wattbildungen, wenngleich deutliche Anzeichen für zeitweise Verflachungen zu erkennen sind.

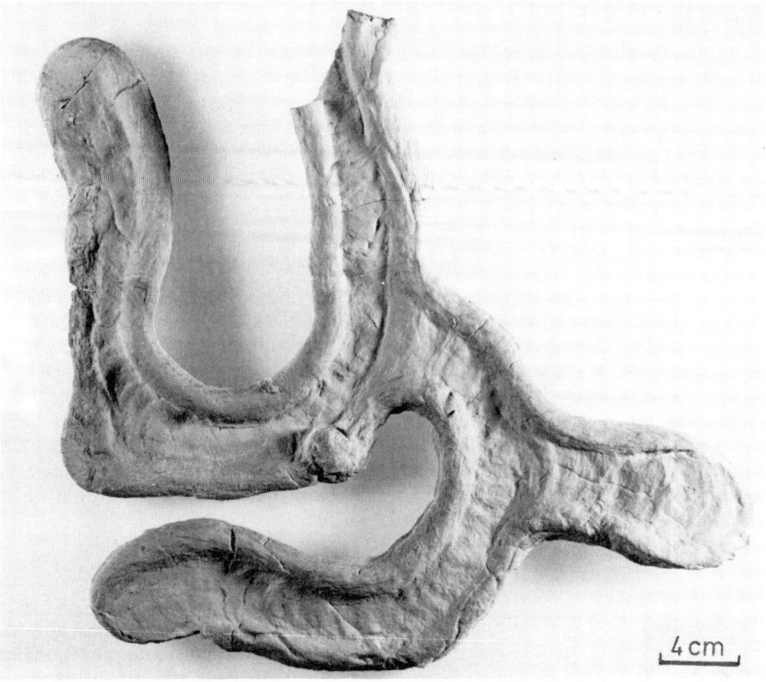

Abb. 4. 1. 19. Bioturbationen von *Rhizocorallium* sp. im Wellenkalk
a. (oben) Komplexer Bau von *Rhizocroallium jenense* aus dem Heinitzbruch; mit allmählichen Vortrieb seiner U- förmigen subhorizontalen Gänge durchwühlt das Tier, vermutlich ein Krebs oder eine Krabbe, die Sedimentschicht (Sammlung Museum f. Naturkunde, Berlin, Fund Granat, 1978; Foto Kleeberg) **b. unten Vergleichbare Baue im Anschnitt in der Westwand der Kreuzbrückenspalte;** man beachte die paarigen Querschnitte der Baue, z. T. mit Pfeilen angezeigt (Foto Schroeder, 1992)

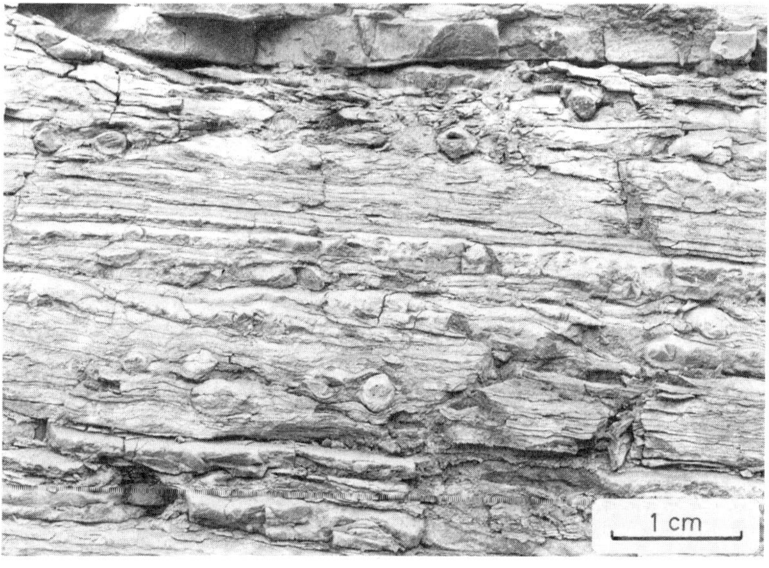

Aufschlüsse

Die Abbaufronten im Tagebau verlaufen quer zum Streichen der Schichten, d.h. ungefähr in N - S - Richtung; auf diese Weise legen sie das gesamte Wellenkalkprofil frei. Die tiefsten Bereiche des Profils sind an der Südseite des gesamten Tagebaus zu finden. Das gesamte Profil ist dort nicht auf einer Strecke zu sehen, sondern man muß es sich aus Teilstücken an verschiedenen Punkten zusammensetzen (Abb. 2. 3., Punkte **8, 9, 11, 14**).

Aufgrund dieser Abbaurichtung werden an der Südseite des Heinitzbruches Schichtflächen aus verschiedenen Niveaus des Profils freigelegt; hier findet man gute Beispiele von Schillpflastern und Sedimentstrukturen.

Besonders bemerkenswert ist der Aufschluß in der Kreuzbrückenspalte, wie er 1991 noch zu sehen war (Abb. 2. 3., Abb. 4. 3. 4., Punkt **9** ; siehe auch Abschnitt 5. 2. 6. sowie Abb. 5. 4. a. - c.). Hier sind die Gesteinsschichten von einer subglazialen Rinne angeschnitten und von den durchströmenden Wässern abgeschliffen, so daß man die oben beschriebenen Sedimentstrukturen in seltener Schönheit sehen und auch die Kleinzyklen wie Sedimentstrukturen in der vertikalen Abfolge gut erkennen kann. Dieses **einmalige Naturdenkmal**, das 1991 noch viele Besucher beeindruckt hat, fällt Ende 1992 / Anfang 1993 dem Abbau zum Opfer. Abhängig vom Abbaufortschritt wird der Besucher Reste der Rinne oder eine Abbauwand westlich der einstigen Rinne vorfinden.

4. 1. 6. Schaumkalk

Name

Der Name des Schaumkalkes ist von einem leicht erkennbaren Merkmal abgeleitet: Betrachtet man das Gestein mit einer Lupe, so sieht man häufig kugelförmige Hohlräume, also eine schaumige Textur. Sie ist das Ergebnis der Herauslösung der Hauptkomponenten, der kugelförmigen Ooide.

Lithologie

Die **Hauptkomponenten** des Schaumkalkes sind die **Ooide,** kugel- bis ellipsoidförmige Körner, die in flachem Wasser gebildet werden: Um einen Kern herum, z.B. ein Bruchstück einer Muschelschale oder einen anderen Skelettrest, wird konzentrisch nach und nach eine Schicht von mikroskopisch kleinen Kristallen nach der anderen abgelagert. Die Bildung derartiger Körner kann man heute auf den Bahamas beobachten, wo Ooide in ausgedehnten Sandbänken vorkommen . Abb. 4. 1. 20. - 1 zeigt eine solche Sandbank. Dabei ist wichtig, daß die Ooide immer wieder bewegt werden müssen, um Schicht für Schicht weiterzuwachsen - damit geben sie Hinweise auf die Wasserbewegung im Ablagerungsbereich.

Im Schaumkalk sind die **Ooide** allerdings nicht sehr gut erhalten. Viele sind völlig weggelöst, und manche Lösungshohlräume sind danach wieder mit groben Kalkspatkristallen gefüllt. Andere sind durch Mikroben in feinstkörnige Kalke, sogenannte Mikrite, umgewandelt. Bornemann (1886) beschrieb diese Ooide, die nicht mehr ihre Originalstruktur haben, und nannte sie "Pseudo-Ooide"; von ihm stammen die ersten mikroskopischen Bilder des Rüdersdorfer Schaumkalkes. Friedel (im Druck; hier Abb.. 4. 1. 21. a. und b.)) hat gezeigt, daß vielfach die ursprünglichen Gefüge noch erkannt werden können, daß diese Körner aber in vielfältiger Weise umgewandelt und somit völlig unkenntlich sein können. - Allerdings kann man nicht mit Sicherheit sagen, daß wirklich alle diese runden Körper auch Ooide waren; es könnten teilweise auch Kotpillen, Peloide oder abgerollte Skeletteile gewesen sein.

Nach ihrer Bildung wurden die Ooide am Meeresboden abgelagert und in den Hohlräumen zwischen ihnen Kalzit- oder Aragonit-Kristalle ausgefällt, sogenannte **Zemente** (Abb. 4. 1. 20 - 2). Dadurch wurde das Lockermaterial zu einem Gestein. Später in ihrer langen Geschichte wurden dann die Ooide herausgelöst (oder umgewandelt); es blieben im wesentlichen die Zemente der Zwickelporen erhalten (Abb. 4. 1. 20. - 3), dazwischen beobachtet man jetzt häufig die leeren kugelförmigen

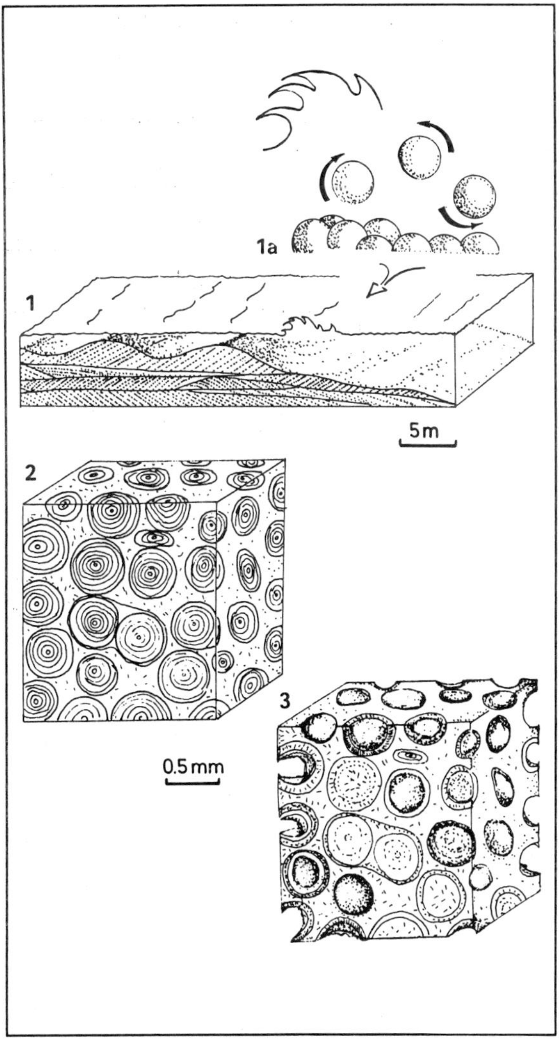

Abb. 4. 1. 20.

Die Bildungsweise des Schaumkalkes

1: Kalksand-Bank mit Schrägschichtung in extrem flachem Wasser;

1 a: In bewegtem Wasser wachsen unter ständiger Aufwirbelung die Ooid-Körner; die Größe der Körner liegt im allgemeinen wie in 2. und 3. (unten) zwischen wenigen zehnteln und zwei Millimetern.

2. Oolith: Zwischen Ooiden mit intaktem Schalenaufbau sind Kalziumkarbonat-Kristalle als Zement ausgeschieden und damit die einzelnen lockeren Körner zu einem Gestein geworden.

3.: Schaumkalk: Der größte Teil der Ooide ist herausgelöst und ein löchrig-poröses Gestein entstanden.

(Beitrag Zwenger)

Lösungsporen.

Das typische Schaumkalkgestein enthält im Vergleich zum Wellenkalk wesentlich weniger nichtkarbonatische Bestandteile (weniger als 3 Gewichtsprozent). Im Gegensatz zum Grau des Wellenkalkes ist seine Farbe durch gelbe Töne bestimmt, die auf bei der Verwitterung freigesetztes Eisen zurückzuführen sind. Der Schaumkalk ist in der Regel gut gebankt, wobei die Bänke mehrere Zentimeter bis einige Dezimeter dick sind; die Schichtflächen sind im Gesamtbild meist eben. Im Detail können Rippeln, Kleinrinnen und andere Sedimentstrukturen zu Unebenheiten führen.

Aber nicht nur die Ooide selbst, sondern auch die Sediment-Strukturen deuten auf Bildung in bewegtem Flachwasser hin: In vielen Bänken kann man **Schrägschichtungen** mit 12 - 15° Neigung in wechselnden Richtungen beobachten; oft kappen sich die Schrägschichtungen gegenseitig diskordant: das ist genau das Bild von wandernden kalkigen Sandbarren oder -bänken, wie man sie heute etwa auf der Bahama-Plattform beobachten kann. Auch mehrere Meter breite flache Erosionsrinnen sind im Schaumkalk zu beobachten.

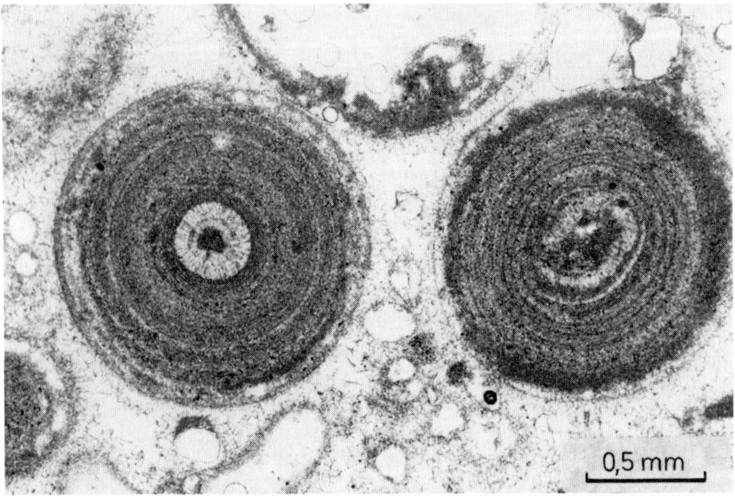

Abb. 4. 1. 21. Schaumkalk im Gesteins-Dünnschliff mit Durchlicht im Mikroskop betrachtet a. (oben) Zwei typische Ooide. Man erkennt deutlich den Schalenaufbau der kugeligen Körner, obwohl das Gefüge (Größe und Anordnung) der Kristalle teilweise verändert ist. **b. (unten) Eine Übersichtsaufnahme** zeigt, daß die Körner ähnliche runde Formen haben, aber unterschiedlich erhalten sind. Der Raum zwischen den Körnern ist mit verschiedenen Zementen (Kalzitkristallen) gefüllt, die aus den lockeren Einzelkomponenten ein festes Gestein machen. (Sammlung und Fotos Friedel)

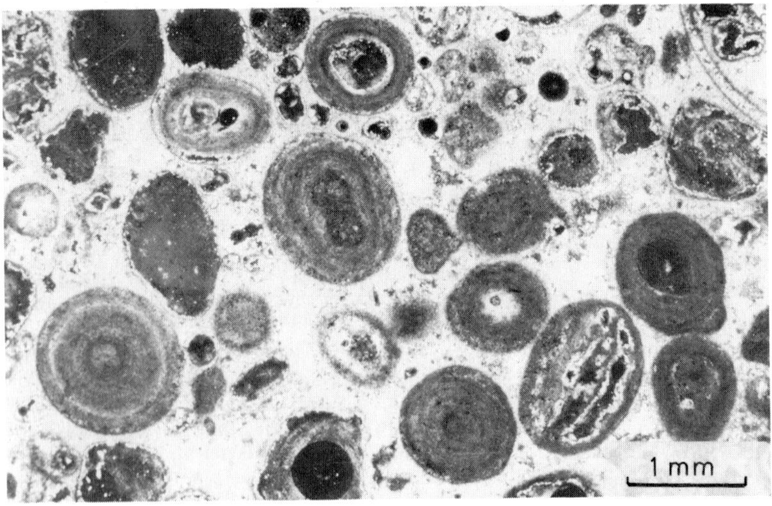

Eine lithologische Besonderheit, die sogenannte **"Taube Lage",** ist 0,3 - 0,5 m dick und enthält 15 % **Dolomit** (ist deshalb für den Abbau wertlos, daher der Name "taub"); diese Bank ist im Verwitterungsprofil anhand der sehr charakteristischen "eigelben Farbe" deutlich zu erkennen. Dolomit bildet sich primär nicht am Boden eines Flachmeeres, sondern im Gezeitenbereich oder oberhalb davon, wo das Mineral bei der Verdunstung des Meerwassers ausfällt. Eine andere Bildungsmöglichkeit gibt es im sogenannten "Mischwasserbereich", d. h. dort wo sich salziges Meerwasser und

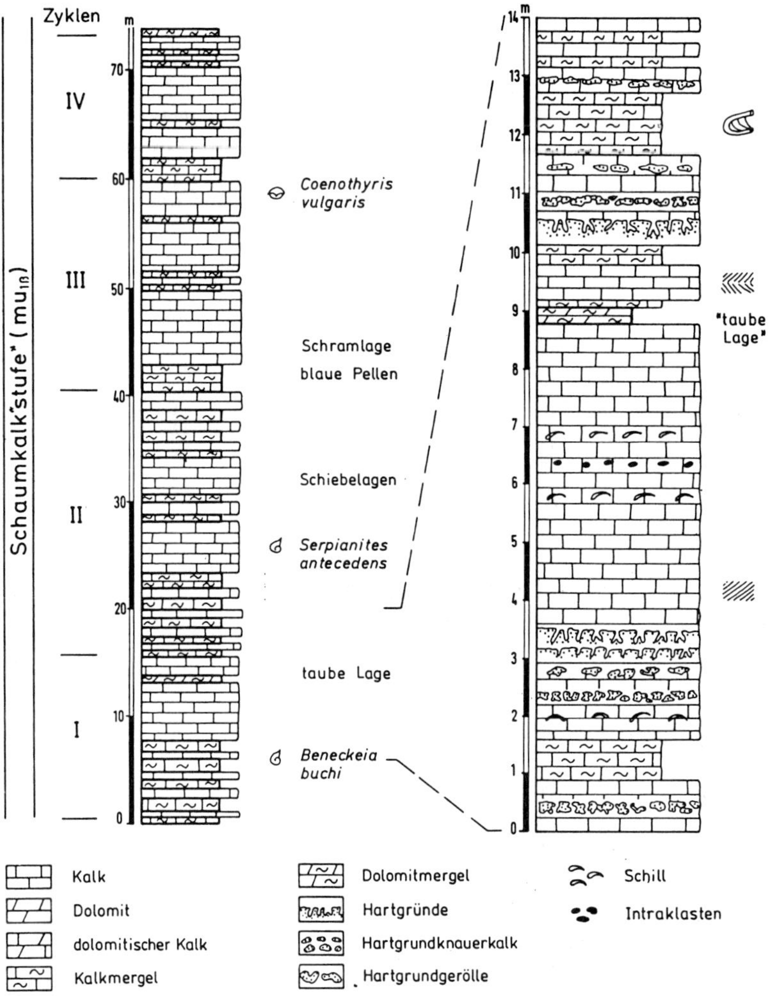

Abb. 4. 1. 22 Zyklenentwicklungen im Schaumkalk (stark schematisiert; Beitrag Zwenger)

süßes Grundwasser im Untergrund treffen und mischen.

Bei genauerer Beobachtung findet man im Schaumkalk Profilteile mit **wellenkalk-ähnlichen Gesteinen**: graue Kalkschlammgesteine teils mit Flaser- und Knauerstrukturen. Früher nannten die Bergleute diese 6 - 8 m mächtigen Gesteinspakete **"Blaue"** oder **"Gnatzige Pellen"**. Da die regelmässigen Schaumkalkbänke als Werkstein abgebaut wurden (s. Abschnitt 4. 4.), waren diese Schichten beim Abbau störend und wertlos. Im Vertikalprofil befinden sich diese Schichten jeweils an der Basis von **Zyklen** in Zehner-Meter-Dimension (Abb. 4. 1. 22.). Darüber folgen Schaumkalke, die nach oben hin gröbere Poren und hellere Farben bekommen; die Neigung der Schrägschichtungen und die Bankungsstärke nehmen in gleicher Richtung zu. In der Dachregion eines jeden Zyklus ist eine zunehmende Verflachung und Belebung des Sedimentationsraumes zu erkennen.

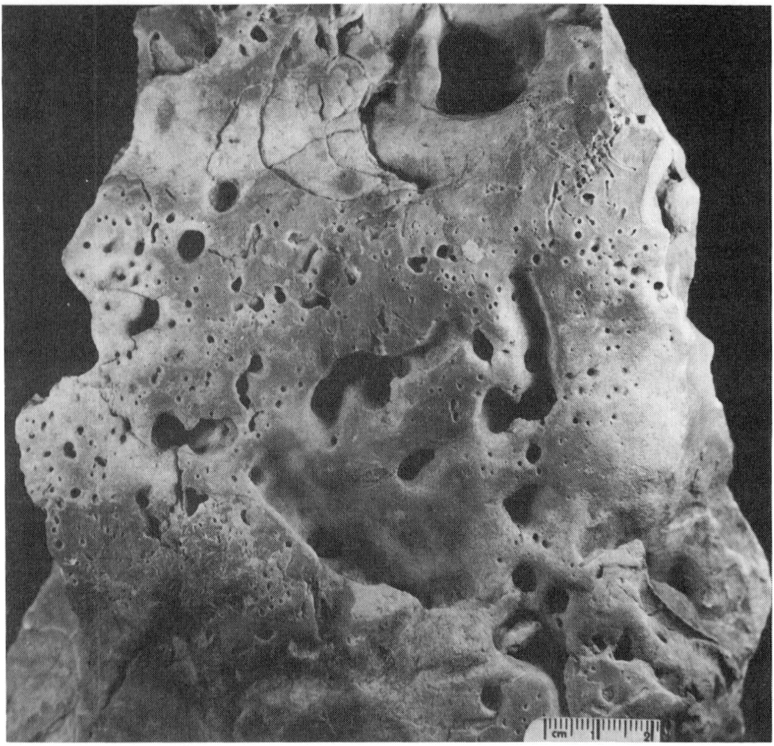

Abb. 4. 1. 23 Hartgründe: a. (oben): Aufsicht mit *Balanoglossites triadicus* (ca. 0,5 cm Ø), einem Bau in einem Festgrund, und *Trypanites weisei* (ca. 1 - 2 mm Ø), einer Bohrung im Hartgrund (Sammlung und Foto Zwenger) **b. (unten**): Hartgrund mit angehefteten Schalen der Muschelkalk-"Auster" *Placunopsis* sp. (Sammlung Streichan / Foto Kleeberg)

Eine interessante Bildung im unteren Drittel des Schaumkalkes sind fossile **Hartgründe**; dabei handelt es sich um Sedimentoberflächen , die während längerer Phasen unterbrochener Sedimentation (Omission) auf dem ehemaligen Meeresboden exponiert

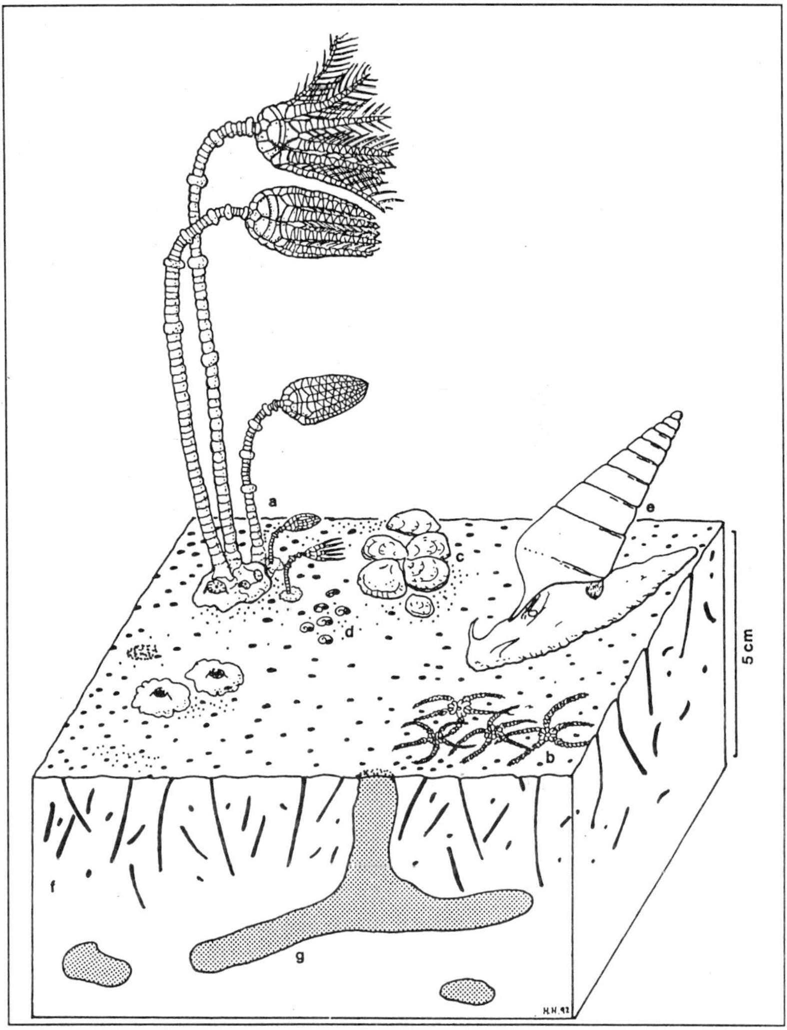

Abb. 4. 1. 24. Lebensgemeinschaft eines Hartgrundes aus dem Schaumkalk. Im Fossilbericht erhalten sind auf den Hartgründen nur Spuren und festzementierte Organismenskelette wie Crinoidenscheiben, Röhrenwürmer und *Placunopsis* "Austern". Als Filtrierer des höchsten Stockwerks über dem Hartgrund lebten die Seelilien (**a**)*Encrinus brahli* sowie die zwanzigarmige *Chelocrinus carnalli* und *Holocrinus dubius* (Tafel 4 - IV, 2) **b.** Schlangenstern *Aspidura streichani* **c** *Placunopsis ostracina* (Abb. 4. 1. 23. b). **d.** *Spirorbis valvata.* Frei bewegliche Graser: Gastropoden wie (**e**) *Undularia scalata* (Bis zu 15 cm Größe; Abb. T 2). In der Festgrundphase wurde die Spur (**g**) *Balanoglossites triadicus* vermutlich von Eichelwürmern gegraben, während (**f**)*Trypanites weisei* erst nach der Zementation des Sediments gebohrt wurde (Gleiche Abfolge s. Abb. 4. 1. 23. a.). Die Hartgrundfauna benötigte Zeiten ohne Sedimentation ("Omissionsphasen"), um nicht verschüttet zu werden (Beitrag Hagdorn)

waren. Dabei kam es infolge des reichlichen Karbonatangebotes im Meerwasser zu einer relativ raschen Ausfällung von Karbonat-Kristallen in den Poren (Zementation) und damit zur Verfestigung der obersten Bodenzone. Ein sicheres Zeichen für solch einen fossilen Hartgrund sind die zahlreichen Bohrlöcher (Bioerosion), die eine Reihe von spezialisierten bohrenden Organismen zurückließen. Wegen dieser Löcher wurden die Schichten vom Bergmann als "**Madige Schichten**" bezeichnet. Eck (1872) unterschied im Rüdersdorfer Kalk eine Erste und eine Zweite Madige Lage. Dahinter verbergen sich tatsächlich jedoch mehrere Hartgrundoberflächen und Übergangsbildungen, die in Kleinzyklen aufeinander folgen (Abb. 4. 1. 22).

Insgesamt fallen sie durch ihre Limonitanreicherungen auf, mit denen meist auch die Bohrgänge verfüllt sind. Einige Hartgründe sind durch Erosion zu isolierten Schollen aufgearbeitet worden; diese können dann beidseitig angebohrt sein.

Die genannten "Übergangsformen" bedürfen einer Erläuterung. Bei kürzeren Sedimentationsunterbrechungen oder unter ungünstigeren Bedingungen wird solch eine Omissionsfläche nicht zementiert, sondern das Sediment wird nur entwässert. Dann

Abb. 4. 1. 25. Stielglieder der Seelilie ***Holocrinus dubius*** in einer Rinne zusammen geschwemmt **a. (oben) Übersicht b. (unten)** Die **Detailaufnahme** mit einzelnen Stielgliedern zeigt die charakteristische **Form** und das charakteristische **Muster** (Sammlung Raab, Museum für Naturkunde Berlin, Fotos Kleeeberg)

bildet sich ein relativ fester, aber noch plastischer Grund, auf dem sich beispielsweise Spuren (Bioturbationen) von Organismen abzeichnen. Zwischen diesem **Festgrund**, in dem das Material noch locker, aber doch schon zusammenhängend ist, und dem Hartgrund, der zementiert bzw. lithifiziert ist, gibt es ein ganzes Spektrum von Übergangsformen. Innerhalb einer Gesteinsschicht, d.h. auf einer Schichtfläche, gibt es aber auch Abfolgen von Spurenfossilien, bei denen die ersten eine Festgrundphase anzeigen, die zweiten eine Hartgrundphase (Abb. 4. 1. 23. a), die zusammen also eine Pause in der Ablagerung von Sedimenten mit Entwässerung und nachfolgender Zementierung belegen.

Fossilien

Der Schaumkalk weist gegenüber dem Wellenkalk eine größere Artenzahl auf, was auf günstigere Lebensbedingungen schließen läßt. Das wird besonders durch anspruchsvollere Organismen wie Korallen, z.B. *Pamiroseris silesiaca*, und durch eine stellenweise reiche Krinoiden-Fauna dokumentiert. Die Stachelhäuter sind außerdem durch den Seeigel *"Cidaris" grandaeva* und die Schlangensterne der Gattungen *Aspidura* und *Ophioderma* vertreten. Häufiger als komplette Schlangensterne findet man ihre Fragmente in Gesteinsdünnschliffen. Ihre Fossilisationschancen sind demnach geringer als ihre ursprüngliche Häufigkeit. Während Seeigel und Seesterne sowohl auf festem als auch auf schlammigem Grund leben können, sind Seelilien auf feste Anheftungsflächen angewiesen; das können Schalenoberflächen sein, auf denen sie gemeinsam mit sessilen Brachiopoden *(Coenothyris vulgaris ;* Tafel 4 - I, 5) kleine Riffstrukturen bilden.

Der Ammonit *Beneckeia buchi* (Tafel 4 - III, 1) kommt im Schaumkalk bis zur "2. Madigen Schicht " (Abb. 4. 1. 22.) vor.

Von den **Einwanderern aus der Tethys**, also aus dem heutigen alpinen Raum, ist besonders der Ammonit *Serpianites antecedens* (Tafel 4 - III, 3) von Bedeutung. Er wurde erstmalig von Beyrich (1858) aus dem Rüdersdorfer Schaumkalk beschrieben. Leider sind dieser und alle weiteren Funde des Ammoniten nicht exakt horizontiert, d.h. die genaue Herkunft im Profil ist unbekannt. Man weiß jedoch, daß er oberhalb der "2. Madigen Schicht" erscheint. *S. antecedens* ist ein wichtiges Leitfossil für das Pelson (einen Zeitabschnitt im oberen Teil des Unteren Muschelkalkes). In seinem Gefolge finden sich auch *Ptychites dux* und *Balatonites ottonis*, weitere alpidische Ammoniten. Letzterer tritt allerdings neben *Hungarites strombecki* schon im Wellenkalk auf. Alle übrigen "Exoten" von Korallen bis zu den Krinoiden, die das Ziel jedes Fossilsammlers im Rüdersdorfer Muschelkalk sind, stammen aus dem zweiten Teilzyklus des Schaumkalkes (Abb. 4. 1. 22.). Diesen besonderen Faunenschub kann man als Anzeichen für einen beckenweiten Meeresspiegelhochstand innerhalb des Unteren Muschelkalkes sehen, der sich von der Tethys her über die Ost-Karpaten-Pforte bis in das Beckeninnere bemerkbar macht.

Im Gegensatz zum Wellenkalk sind im Schaumkalk **Ichnofossilien** relativ selten; diese sind in einem vielbewegten Ooid-Sand auch kaum zu erwarten. Es werden jedoch Baue von *Cylindrichnus* gefunden; die Wände der Baue konnte dessen Erzeuger speziell verkitten. Von den Festgründen ist *Balanoglossites triadicus* bekannt, nahezu fingerdicke astförmig verzweigte Röhren, die wahrscheinlich ein Eichelwurm im noch nicht völlig ausgehärteten Sediment erzeugt hat. Derartige Röhren sind auch in Hartgründen identifiziert, in denen sie vor der Lithifizierung angelegt wurden.

Die Hartgründe sind das Reich der **bioerosiven Organismen**, also derer, die in hartes Material hineinbohren können. Hier sind die Bohrunggänge von *Trypanites weisei* mit 1 - 1,5 mm starken unverzweigten Röhren zu nennen, vermutlich von Polychaeten (Würmern) gebohrt. Diese haben auch Muscheln und Krinoidenstielglieder durchbohrt, jedoch nicht als die entsprechenden Tier noch lebten, sondern erst als deren Hartteile sich als Partikel im Sediment befanden.

Die Hartgründe bieten eigentlich ein optimales **Substrat für entsprechende sessile Organismen**; da sie im Schaumkalk aber meist erosiv gekappt wurden, gibt es nur wenige Hinweise auf Besiedelung. Bisweilen findet man Klappen von der kleinen sessilen "Auster"*Placunopsis* (Abb. 4. 1. 16. b.), die ansonsten auf Muscheln und Geröllen häufiger zu finden ist. Abgerissene Haftscheiben von Krinoiden geben weitere Hinweise auf das Besiedlungspotential.

Gelegentlich findet man im Schaumkalk schwer bestimmbare Reste von **Schwemmhölzern**, möglicherweise von Equiseten. Mit Pflanzenfossilien sollte man allerdings nicht die in Abschnitt 4. 4. ausführlich beschriebenen **Stylolithen** verwechseln; derartige Verwechslungen sind in Publikationen durchaus vorgekommen.

Bildungsbedingungen

Der Schaumkalk ist im **flachen bewegten Wasser** gebildet worden; im allgemeinen wird die **Tiefe nur im Meterbereich**, maximal bei 10 und 20 Metern gelegen haben. Charakteristisch sind die Ooidsand-Bänke, die großflächig auftraten und die aufgrund ihrer ständigen Umlagerung bezüglich des Substrates einen Lebensbereich darstellten, der verhältnismäßig schwierig zu besiedeln war. Abgesehen davon waren jedoch aufgrund der besseren Lichtverhältnisse und der besseren Sauerstoffversorgung die Lebensbedingungen günstiger als im Wellenkalk, daher auch die Artenzahl der Meerestiere höher. Es gab auch anspruchsvolle Klarwasserbewohner wie Korallen und Krinoiden.

Zwischenzeitlich traten einerseits wieder **energieärmere Bedingungen** in etwas größerer Wassertiefe auf, gewissermaßen Ruhephasen, d eren Bedingungen mit denen des Wellenkalkes zu vergleichen sind. Zum anderen aber wurde die Sedimentation wiederholt für längere Zeit unterbrochen, so daß sich Fest- oder Hartgründe bilden konnten, wovon entsprechend spezialisierte Organismen profitierten.

Aufschlüsse

Die Nordseite des gesamten Tagebaus wird in ihren unteren Teilen vom Schaumkalk gebildet. Das gesamte Schaumkalkprofil ist im Westen des Heinitzbruches auf den verschiedenen Abbausohlen bestens aufgeschlossen (Abb. 2. 3. , Punkt **14**, Abbb. 4. 3. 5.), jedoch wiederum nicht auf einer einzelnen Strecke, sondern in Teilstücken zu betrachten. Die Untergrenze mit ihrem deutlichen Wechsel in Farbe und Bankung ist 1991 noch im Bereich der Kreuzbrückenspalte zu sehen (Abb. 2. 3., Punkt **9**; Abb. 4. 3. 4.); die Obergrenze zum Mittleren Muschelkalk ist in der Nordwestecke des Heinitzbruches zu finden.

4. 1. 7. Mittlerer Muschelkalk

Lithologie

An der Basis findet man zunächst eine Folge von grauen dolomitischen Kalk- und Mergelsteinen (Abb. 4. 1. 26.). Sie sind ebenplattig und dicht; eine Schichtung läßt sich nur anhand einer schwachen Farbstreifung ahnen. Charakteristisch sind unregelmäßige drusenartige Hohlräume von 0,5 - 2 cm Durchmesser, die mitunter perlschnurartig der Richtung der Schichtflächen folgen. Ursprünglich waren sie mit Anhydrit gefüllt, nach dessen Lösung und Abfuhr sind sie jetzt mit Kalzit-Kristallen ausgekleidet. Diese Drusen sind charakteristisch für die ***orbicularis*-Schichten** (8 m mächtig). Diese sind benannt nach den massenhaften Vorkommen der Muschel *Neoschizodus orbicularis* (Abb. 4. 1. 27.). Zusammen mit einem etwa 3 m mächtigen sehr ähnlichem Gesteinspaket werden sie zum sogenannten **Unteren Karbonat** zusammengefaßt.

Darüber beginnt mit dolomitischen Mergeln die **Untere Wechsellagerung**, in die sich nach oben hin zunehmend Gipse, aber auch einzelne fossilführende Karbonatbänke einschalten. Dieser Wechsel wiederholt sich zyklisch dreimal: Von einer Karbonat-Basis bewegt sich die Sedimentation auf Evaporite zu und dann wieder zurück zu Karbonaten; diese Zyklen sind asymmetrisch aufgebaut.

Das **Mittlere Karbonat** wird von einer 8 - 9 m mächtigen Wechsellagerung von gelblichgrauen kalkigen Dolomiten bzw. dolomitischen Kalken aufgebaut. Mit ihrer teilweise bankigen Absonderung und größeren Festigkeit heben sie sich im Verwitterungsprofil deutlich von der Umgebung ab. Zimmermann (1900) führte für diesen Komplex den Namen "Felsmauer" ein.

Die **Obere Wechsellagerung** besteht aus dolomitischen Mergeln, Gipsen und Anhydriten, wobei die beiden letzteren infolge von Subrosion weggelöst sind, und statt dessen nur noch asche-artige Relikte übrig sind. Dadurch wird auch die Mächtigkeit, die in unausgelaugten Profilen in Bohrungen mit 34 m festgestellt wurde, im Übertageaufschluß auf 23 m reduziert.

Darüber folgt schließlich das **Obere Karbonat** wiederum mit Kalksteinen, kalkigen Dolomiten und dolomitischen Kalken. Die Kalksteine wurden wegen ihrer Nutzung als hydraulisches Bindemittel von den Rüdersdorfer Bergleuten als "Cäment-Steine" bezeichnet.

Fossilien

Die **Muschel *Neoschizodus orbicularis*** (Abbb. 4. 1. 27) ist ein Leitfossil, das beckenweit in einer ähnlichen Fazies in Massen erscheint. Sie ist leicht erkennbar wegen ihres fast kreisrunden Umrisses, auch wenn sie auf den Schichtflächen oft stark zerdrückt ist.

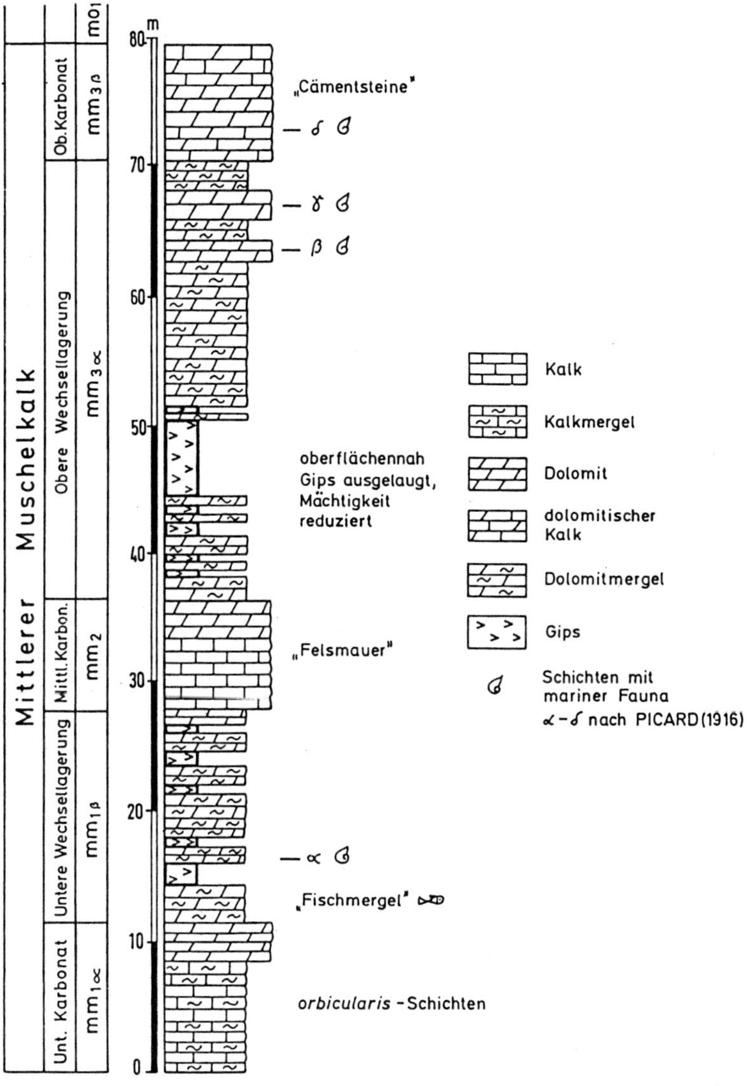

Abb. 4. 1. 26 Schichtenfolge des Mittleren Muschelkalkes
(Nach Raab, 1907; Picard, 1916; Schwahn & Böttcher, 1974; Zwenger, 1991; ergänzt durch Schroeder / Dunker)

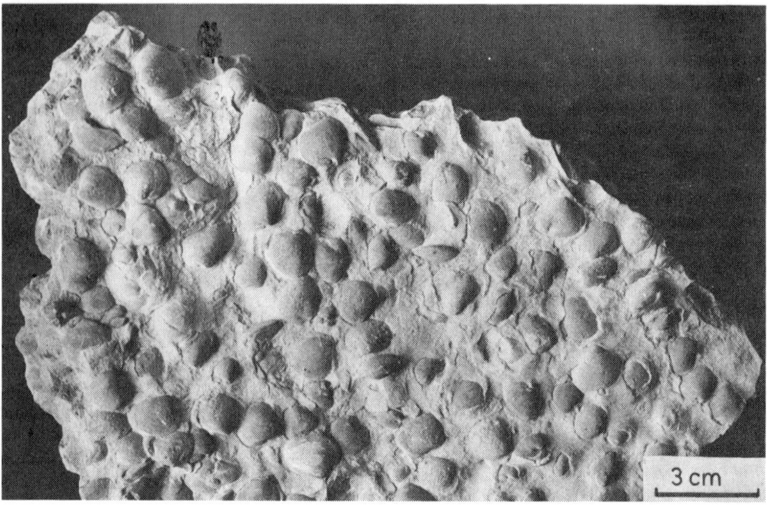

Abb. 4. 1. 27. Muschelpflaster aus den *orbicularis*-Schichten mit *Neoschizodus orbicularis* (Sammlung: Zentrales Kern- und Probenlager Bernau / Foto Kleeberg)

Die wohl spektakulärsten Fossilfunde aus den *orbicularis*-Schichten sind allerdings **Nothosaurier**, amphibisch lebende Reptilien. Ihre Reste wurden zu Anfang des Jahrhunderts gefunden, als man den Kalkstein noch von Hand brach. Der bedeutendste Fund ist ein fast vollständiges Skelett von *Nothosaurus raabi* Schroeder, das heute im Museum für Naturkunde, Berlin, ausgestellt ist (Abb. 4. 1. 29. a.).

Ein fossilreicher Horizont - immer noch vielversprechend für Sammler - ist der blaue **Fischmergel** an der Basis der "Unteren Wechsellagerung". Er besteht aus 30 - 40 cm mächtigen dünnplattigen Mergeln mit glimmerreichen Lagen, die massenhaft Fischreste enthalten. Während früher nur die Gattung *Semionotus*

Abb. 4. 1. 28. Mikrobenlaminite aus der Oberen Wechsellagerung des Mittleren Muschelkalkes; man beachte die leichte Kräuselung . Lokalität Abb. 2. 3. Punkt **15** (Sammlung Schroeder, Foto Kleeberg)

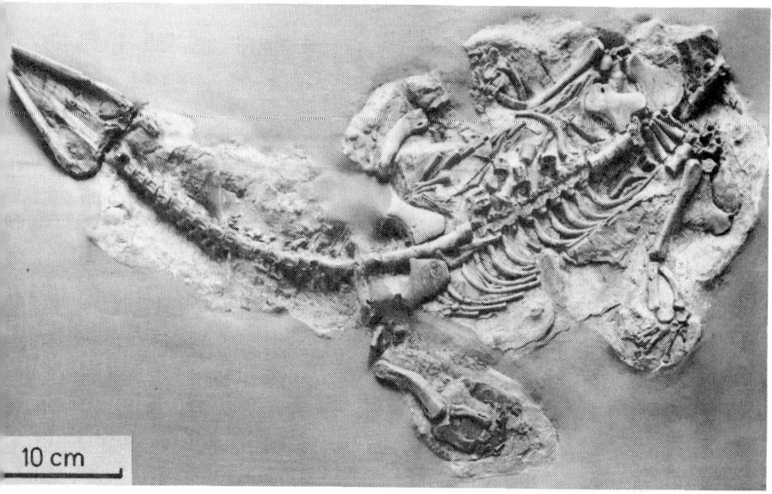

Abb. 4. 1. 29. a. (oben) *Nothosaurus raabi* Schroeder, Bauchseite **b. (unten)** Skelettrekonstruktion eines *Nothosaurus* von P. Dienst und F. Neubauer, 1932 (Beide in der Ausstellung des Museums für Naturkunde, Berlin; Foto Kleeberg)

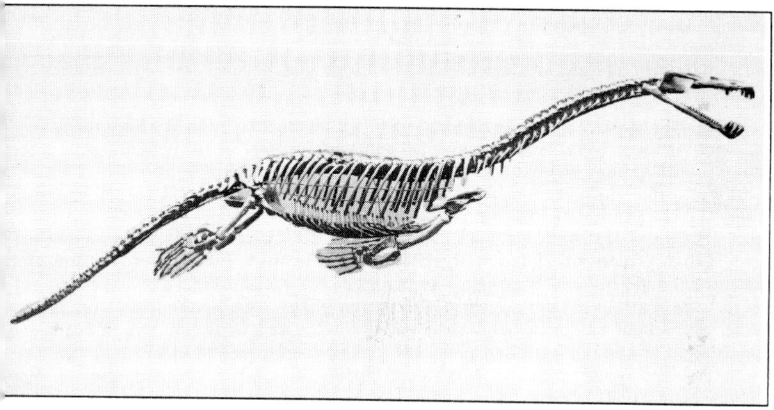

;enannt wurde, sind inzwischen auch Vertreter anderer Gattungen bekannt geworden: *Colobodus, Acrodus, Gyrolepis* und *Saurichthys*. Man findet die Fischreste zusam- nengeschwemmt und fragmentarisch übereinandergehäuft. Komplette Exemplare ind schwierig zu isolieren. Außerdem trifft man in diesem Niveau auf Kleinrinnen, n denen phosphatische Skelettfragmente zu Tausenden angereichert sind (sogenann- e "bone beds"). Am häufigsten sind Fischreste, daneben findet man auch *Nothosau- us*-Knochen.

Im Oberen Teil des Profils kommen in bestimmten Schichten **Mikrobenlamini- e** (Abb. 4. 1. 28.) vor, deren Feinschichtung unregelmäßig gewellt oder gekräu- elt ist; gelegentlich findet man darin auch kuppelförmige Strukturen von mehreren, naximal ca. 15 Zentimetern Höhe und Druchmesser.

Bemerkenswert sind die **fossilführenden Karbonat-Bänke** (α bis δ), die über as ganze Profil verteilt sind (Abb. 4. 1. 26. und 4. 3. 8 .) und von Picard (1916) eschrieben wurden; diese werden von den übrigen Schichten aber häufig überschüt- t und sind deshalb meist schwer zu finden. Darin findet man Faunenelemente, die ereits im Unteren Muschelkalk vertreten waren, so der Gastropode *Omphaloptycha* ., die Muscheln *Myophoria vulgaris, Corbula* sp., *Hoernesia* sp., *Myacites com- ressus* und der Brachiopode *Lingula tenuissima*, außerdem Fisch- und Saurierreste.

Abb. 4. 1. 30. Fischrest aus der Oberen Wechsellagerung des Mittleren Muschelkalkes; *Gyrolepis* (?) sp (Sammlung Barsch, Rüdersdorf; Foto Kleeberg)

Diese marinen Organismen deuten darauf hin, daß von Zeit zu Zeit Meeresvorstöße von Osten her das Beckeninnere erreicht haben.

Die hier geschilderten Besonderheiten sollten nicht darüber hinwegtäuschen, daß der Mittlere Muschelkalk aufgrund des stark übersalzenen Wassers bei seiner Bildung im allgemeinen relativ fossilarm bis fossilleer ist.

Bildungsbedingungen

Während des Mittleren Muschelkalkes war der **Zustrom von Meerwasser aus dem Tethys-Ozean im Süden weitgehend eingeschränkt.** Infolge der Verdunstung stieg der Salzgehalt des Wassers, was zunächst die Ausfällung von Dolomiten zur Folge hatte. Im Laufe der weiteren Verdunstung bzw. der weiteren Steigerung des Salzgehaltes kam es zur Abscheidung von Anhydrit und Gips, im Extremfall sogar von Halit (Steinsalz). Letzteres ist in Rüdersdorf allerdings von untergeordneter Bedeutung; ein Salzlager, das in Mitteldeutschland 30 - 40 m erreicht, gibt es hier nicht. Nur in der Dachpartie der Oberen Wechsellagerung gibt es in einer Bank Abdrücke von Salzkristallen (Pseudomorphosen).

Die Wassertiefe war sehr gering; zwischenzeitliches Trockenfallen wird belegt durch Trockenrisse und Trockenfallbrekzien. Anderseits gab es auch die erwähnten Meeresvorstöße, die zwischenzeitlich fast voll-marine Bedingungen und entsprechende Lebensgemeinschaften brachten.

Aufschlüsse

Der Mittlere Muschelkalk ist an der Nordseite des Heinitzbruches aufgeschlossen (Abb. 2. 3., Punkt **15**); entlang der ostwärts gerichteten Auffahrten lassen sich besonders die härteren Schichten gut verfolgen: *orbicularis*-Schichten, Mittleres Karbonat (Felsmauer) und Oberes Karbonat. Die Wechsellagerungen mit ihren weichen und leicht verwitternden Gesteinen sind meist überschüttet. Die darin enthaltenen Fossilhorizonte sind zwar wegen ihrer ockergelben Farbe sehr auffällig, aber schwierig zwischen den Lockermassen zu finden.

1992 ist ein vollständiges Profil auf der Südseite des Alvenslebenbruches neu aufgefahren (Abb. 2. 3., Punkt **18**; Abb. 4. 3. 8 .). In einem N - S - Schnitt ist zur Zeit der Drucklegung die gesamte Schichtenfolge frisch aufgeschlossen. Zusätzlich zu den bereits von Picard (1919) beschriebenen wurden weitere fossilführende Schichten gefunden; eine erste Aufnahme erfolgte durch Jubitz und Streichan (mdl. Mitteilung); mit der sedimentologischen Bearbeitung ist zur Zeit der Drucklegung S. Lorenz befaßt; ein Profil wird in Abb. 4. 3. 8. vorgelegt.

4. 1. 8. Oberer Muschelkalk

Lithologie

Der unterste Schichtenkomplex des Oberen Muschelkalks (7,8 m mächtig) besteht aus grauen dichten Kalksteinen, die teils in ebenen, teils auch in welligen Platten und Bänken auftreten (Abb. 4. 1. 31.). Von Wahnschaffe & Zimmermann (1914) erhielten sie die Bezeichnung ***transversa* -Schichten**, nach der Muschelart *Myophoria transversa* Bornemann. Aufgrund des hohen Karbonatgehaltes (bis 50 % CaO) sind diese Schichten fester als das Liegende. Eine Besonderheit dieser Schichten ist die sogenante **Netzleistenbank** (Abb. 4. 1. 32.), die Trockenrisse auf der oberen Schichtfläche und die Ausfüllungen dieser Risse auf der unteren Schichtfläche enthält; sie werden als Zeichen für mehrfaches Trockenfallen gedeutet; es gibt aber auch Fachleute, die diese Risse für Ergebnisse subaquatischer Schrumpfung infolge von Entwässerung des feinen Sedimentes (Synärese) halten. Auch Aufarbeitungshorizonte, bei denen vorher abgelagertes Material von der Strömung aufgearbeitet und

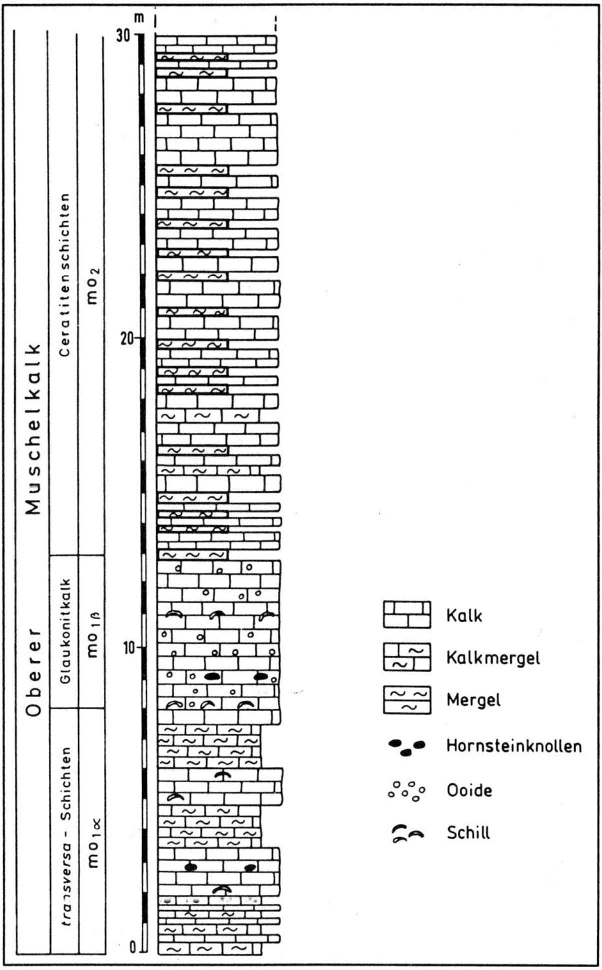

Abb. 4. 1. 31.

Schichtenfolge des Oberen Muschelkalkes
(Nach Raab, 1907; Schwahn & Böttcher, 1974; Beitrag Zwenger)

dann in Form von (intra-formationellen) Geröllen an der Basis der nächsten Schicht wieder abgelagert wurde, findet man; zu der Mobilisierung des Materials könnte wiederum das Trockenfallen und die Durchschneidung der Sedimentoberfläche durch Trockenrisse beigetragen haben.

Der 5,3 m mächtige **Glaukonitkalk**, der darüber folgt, besteht aus Schillbänken und vereinzelten Ooidkalken. Der namengebende Glaukonit, ein kaliumreiches Eisen-Aluminium-Silikat-Mineral, ist mit bloßem Auge schon an seiner grünen Farbe zu erkennen; er wird im flachen Meerwasser gebildet, kann aber auch später aus Um-

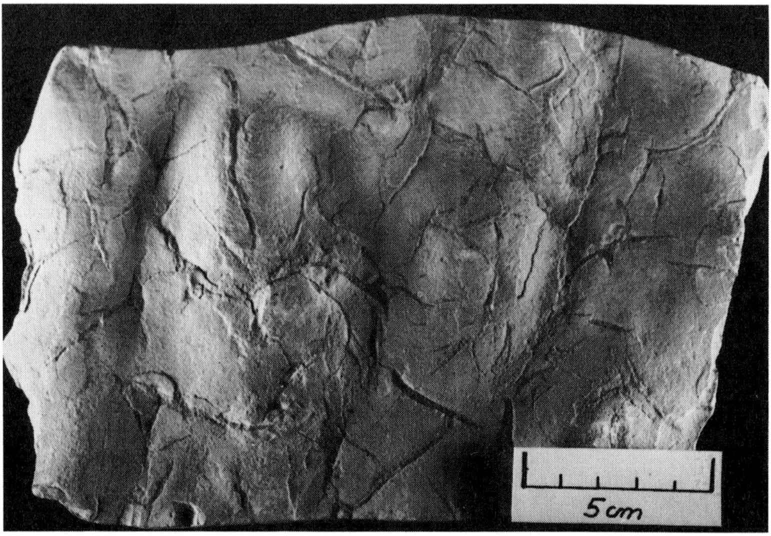

Abb. 4. 1. 32. Netzleistenbank aus den *transversa*-Schichten des unteren Oberen Muschelkalkes (mo $_{1\alpha}$) a. (oben) Oberseite mit polygonalen Trockenrissen **b. (unten)** Unterseite mit Ausfüllungen der darunter liegenden Trockenrisse. Platte aus dem ehemaligen "Hangenden Bruch " am Kriensee, gesammelt von Zimmermann 1899 (Sammlung Bundesanstalt f. Geowissenschaften u. Rohstoffe, Proben- und Kernarchiv Bernau / Foto Schmidt)

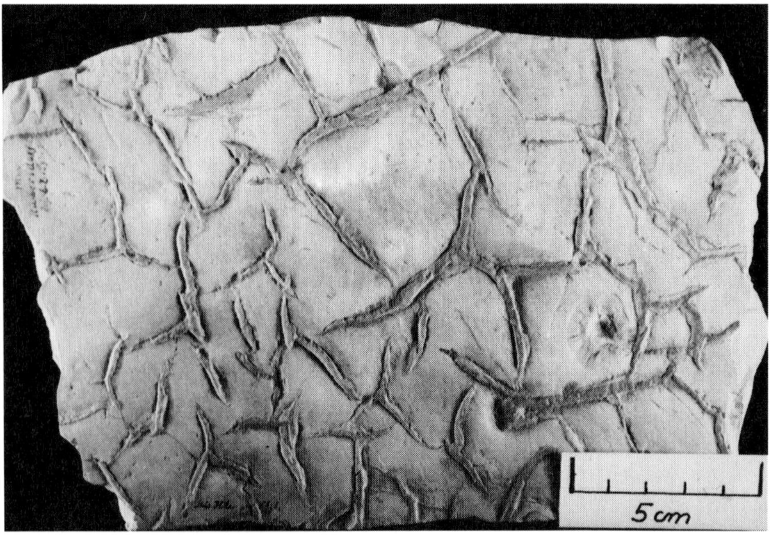

wandlungen anderer Komponenten entstehen. Der Glaukonit kommt als selbständiges Korn vor oder als Hülle von Ooiden, aber er kann die Ooide auch verdrängen oder ersetzen.

In den Glaukonitkalken, weniger häufig auch bereits in den *transversa*-Schichten, kommen grauschwarze **Hornsteinknollen** vor. Sie sind dadurch entstanden, daß ursprünglich vorhandenes Karbonat durch freie Kieselsäure ersetzt bzw. verdrängt wurde - wahrscheinlich noch im unverfestigten Sediment. Bei dieser Umwandlung blieben die Internstrukturen von Gesteinskomponenten wie Ooide oder Muschelschalen erhalten. Die Herkunft der Kieselsäure ist umstritten: Die meisten Autoren leiten sie von Kieselschwämmen her, andere nehmen anorganische Ausfällung von Kieselsäure beim Zusammentreffen von normalem mit übersalzenem Meerwasser an. Mit einem solchen Vorgang ist zu rechnen, wenn in das übersalzene Becken frisches Meerwasser hineinströmt.

Die **Ceratitenschichten** erreichen im Gesamt-Profil der Region eine Mächtigkeit von 35 m; die Obergrenze wird im Aufschluß jedoch nicht erreicht, weil die Schichtenfolge durch glaziale Erosion gekappt ist. Es dominieren mergelige Kalksteine mit einzelnen Schillkalkhorizonten sowie - nach oben hin zunehmend - mit einzelnen Lagen von Schluff- und Feinsandstein.

Fossilien

Die in Mitteldeutschland stellenweise massenhaft auftretenden **Trochiten**, die Stielglieder der Seelilie *Encrinus liliiformis* (Tafel 4 - IV, 2) sind im Glaukonitkalk von Rüdersdorf **ausgesprochen selten**. Besonders auf den Schichtflächen findet man phosphatisch erhaltene Fischreste (*Hybodus, Acrodus, Gyrolepis*).

In den Schillkalken der Ceratitenschichten kommen die **Muscheln** *Myophoria pesanseris* und *Plagiostoma striatum* (Tafel 4 - II, 1) vor, die neben den namengebenden Kopffüßern (Cephalopoden) häufiug vorkommen. Von letzteren sind hier *Ceratites nodosus* (Tafel 4 - III, 5) und *Ceratites enodis* zu vermerken.

Abb. 4. 1. 33. Schädelrest von *Mixosourus atavus* (Quenstedt), einem Ichthyosaurier (Fischsaurier) **aus dem oberen Muschelkalk,** laut Sammlungsetikett aus den "*nodosus* - Schichten"; Original (d. h. abgebildetes und beschriebenes Exemplar) zu Edinger (1935 ; Jahrbuch der Preußischen Geologischen Landesanstalt) (Sammlung Museum für Naturkunde Berlin, Foto Kleeberg)

Bildungsbedingungen

Durch den Zustrom von frischem Tethys-Meerwasser durch die Burgundische Pforte in das Germanische Muschelkalkbecken kam es dort zur Ausbildung eines **vollmarinen Flachmeeres**. Nach anfänglichen flacheren Phasen, ausgewiesen durch Ooide und durch Trockenrisse, **nahm die Tiefe im Laufe der Zeit zu**. Während der Ablagerung der Ceratitenschichten herrschten wieder Bedingungen vor, die mit denen des Wellenkalkes vergleichbar sind. Wie im Wellenkalk wurde auch hier terrigenes Material (Ton und Silt) in unterschiedlichen Mengen eingetragen und damit eine Folge von Kalken und mergeligen Kalken abgelagert.

Aufschlüsse

Der Obere Muschelkalk ist zur Zeit teilweise an der Oberkante der Nordseite des Heinitzbruches aufgeschlossen (Abb. 2. 3., Punkt **16;** Abb. 4. 3. 6.); weiter sind die unteren Schichten des mo $_1$ im Aufschluß **18** frisch aufgeschlossen (s. Abb. 4. 3. 8.). Material aus den Ceratitenschichten findet man als Lokalgeschiebe auf den Feldern, die im Süden an den Tagebau anschließen, mit etwas Glück auch Ceratiten.

4. 1. 9. Regionaler Vergleich

Das Muschelkalkprofil von Rüdersdorf weicht aufgrund der exponierten Lage im damaligen Meeresbecken von dem anderer Gebiete ab. Besonders deutlich wird das in der Ausbildung des **Unteren Muschelkalkes**, wo der Schaumkalk stratigraphisch den Bereich der Leitbänke (Oolith-, Terebratel- und Schaumkalkbänke) **Thüringens, Hessens oder des Subherzyns** vertritt. Die spezielle Brandenburger Entwicklung mit sehr mächtigen Kalkarenitpaketen ist auch aus Bohrungen in der **Niederlausitz** sowie unmittelbar westlich oder nördlich von Berlin bekannt, wenngleich in etwas modifizierter Form. So enthält in der Niederlausitz das Äquivalent der Terebratelbänke deutlich mehr Schillkalke, was auf die etwas ruhigere Becken-Randlage zurückzuführen ist. Das **Gebiet von Rüdersdorf** war zwar im Becken weniger randlich gelegen, zur Zeit der Schaumkalk-Bildung jedoch ausgesprochen flach: eine weiträumige submarine Schwelle. Wellenschlag und Strömungen hielten das Sediment in ständiger Bewegung, deshalb traten Stillwassersedimente mit Wellenkalkfazies sehr zurück. Dennoch läßt sich die Zyklenfolge des Schaumkalkes mit den Leitbankbereichen Thüringens und des Subherzynen Becken vergleichen, weil neben den eigentlichen Leitbänken noch jeweils Subzonen aus Kalkarenitplatten und -bänken entwickelt sind. Besonders deutlich wird das im Bereich der sogenannten **Altmark-Schwelle**.

Die Beziehungen zum **östlichen Beckenbereich** ergeben sich durch die dortigen Meeresstraßen zur Tethys. Das **Heiligkreuz-Gebirge** stand im direkten Einfluß der Ost-Karpaten-Pforte, zu der später noch die Meeresverbindung im schlesischen Raum hinzukam: Tethyale Faunen sind entsprechend häufig; sie profitierten vom ständigen Zustrom frischen Meerwassers. In **Oberschlesien** konnten deshalb Brachiopoden, Korallen und Schwämme Riffe bilden.

Von diesen Organismen erreichte nur die Koralle *Pamiroseris silesiaca* Rüdersdorf. Im übrigen wirkte die Brandenburger Schwelle wohl als eine schwer zu überwindende Barriere für solche Formen, die erhöhten Salzgehalt und hoch-energetisches Flachwasser nicht tolerierten. **Alle in Rüdersdorf gefundenen tethyalen Fossilien sind aus dem polnischen Muschelkalk** ebenfalls bekannt. Die einzige Ausnahme bildet der Ammonit *Serpianites antecedens*, dessen größte Funddichte in Südwestdeutschland liegt. Er ist möglicherweise durch eine zusätzliche, dritte Meeresstraße in dieses Gebiet eingewandert; diese Variante wurde bisher trotz weiterer Argumente wenig diskutiert.

Die Ausbildung des **Mittleren Muschelkalkes** von Rüdersdorf unterscheidet sich von der **des mitteldeutschen und westdeutschen Raumes** durch das Fehlen eines Steinsalzlagers. Statt dessen machen Kalkgesteine größere Profilanteile aus. Kalksteinhorizonte mit marinen Faunen, die sich über das gesamte Profil verteilen, zeigen an, daß episodische Vorstöße vom Osten her das Beckeninnere noch lange erreicht haben, denn in **Oberschlesien** bildete sich in der gleichen Zeit kontinuierlich flachmariner Diploporen-Dolomit (Diploporen sind ästige Algen mit Kalkskelett).

Die ***transversa*-Schichten** nehmen ähnlich wie die Gelben Basisschichten in Thüringen faziell eine vermittelnde Stellung zwischen Mittlerem und Oberem Muschelkalk ein. Der vollmarine **Glaukonitkalk** kann zwanglos mit dem Trochitenkalk **Thüringens** korreliert werden; auch dort gibt es Bereiche, in denen Krinoiden fehlen . Die Ausbildung der **Ceratitenschichten** von Rüdersdorf entspricht der Tonplattenfazies des **Subherzynen Beckens.**

Anhanng

Spezielle Information über im Museum für Naturkunde Berlin aufbewahrte Fossilien

von Hermann Jaeger †

Unter **den Mollusken** sind die gängigen Muschelkalk-Arten reichlich vertreten, so die Muscheln *Myophoria*, *Hoernesia*, Pectiniden, und *Lima*, auch die Schnecken *Undularia* (s. Abb. U 2), *Protonerita spirata* (Schlotheim), *Omphaloptychycha gregaria* (Goldfuss). Die Mollusken kommen sowohl als Einzelstücke als auch auf Plättchen und Platten als Muschelpflaster vor. Viele Exemplare des **Brachiopoden** *Coenothyris vulgaris* (Schlotheim) sind vorhanden. In der **Echinodermen**-Abteilung befinden sich zahlreiche Gesteinsstücke mit der Seelilie *Holocrinus dubius* (Goldfuss), Stielglieder von *Encrinus brahli* Overweg, viele Stücke mit *Chelocrinus carnalli* Beyrich, 1857, darunter auch der sogenannte "Holotyp", das für die erste Beschreibung dieser Art maßgebliche Exemplar. Relativ wenige Schlangensterne sind vorhanden. Bei den Spinnentieren sind zwei Exemplare des früher als Schwertschwanzkrebs bezeichneten *Limulus* bemerkenswert. Unter den Spurenfossilien muß besonders ein Aggregat von mehreren *Rhizocoralliu* - Bauen aus dem Wellenkalk (Abb. 4. 1. 19. a.) erwähnt werden.

Die **Wirbeltiersammlung** enthält vor allem die **Nothosaurier**, darunter die von H. Schroeder (1914), beschriebenen Stücke. Unter Fachforschern ist die "Rüdersdorfer Fauna" weithin bekannt, darunter der nahezu vollständige Schädel und ein ziemlich komplettes Skelett (Holotyp von *Nothosaurus raabi* Schröder - s. Abb. 4. 1. 29 a.); weiter ist ein Schädelteil von *Mixosaurus atavus* (Quenstedt), ein Original zu Edinger (1935)(Abb. 4. 1. 33.) zu nennen. Bei den Reptilien sind noch die Pflasterzähne von *Placodus* zu erwähnen. Bemerkenswert sind auch die Reste von **Fischen**, vorwiegend Zähne und Schuppen; dabei sind u. a. die Gattungen *Acrodus*, *Hybodus*, *Gyrolepis*, *Saurichthys*, *Semionotus*, *Colobodus* (von *Colobodus frequens* Dames, 1888, ist wiederum der Holotyp vorhanden).

Tafel 4 - I : >>>>>>>>>>>>

Muscheln, Schnecken, Armfüßer: **1.** *Myophoria vulgaris*, s o_3 bis m o_2 ; **2.** *Neoschizodus orbicularis*, m m_1 ; **3.** *Neoschizodus cardissoides*, m $u_{1\alpha}$, m $u_{1\beta}$; **4.** *Neoschizodus levigatus*, m $u_{1\alpha}$, m $u_{1\beta}$; **5. a & b**. *Coenothyris vulgaris*, m $u_{1\beta}$, m o_2; **6.** *Palaeonucula goldfussi*, m $u_{1\alpha}$, m $u_{1\beta}$, m o_2; **7.** *Omphaloptycha gregaria*, m $u_{1\alpha}$, m $u_{1\beta}$; **8.** *Turbonilla* sp., m $u_{1\alpha}$, m $u_{1\beta}$; **9.** *Loxonema johannisboehmi* , m u_{1a}, m $u_{1\beta}$; **10.** *Undularia scalata*, m $u_{1\alpha}$, m $u_{1\beta}$; **11.** *Entalis* sp., m $u_{1\alpha}$, m $u_{1\beta}$, m o_2.

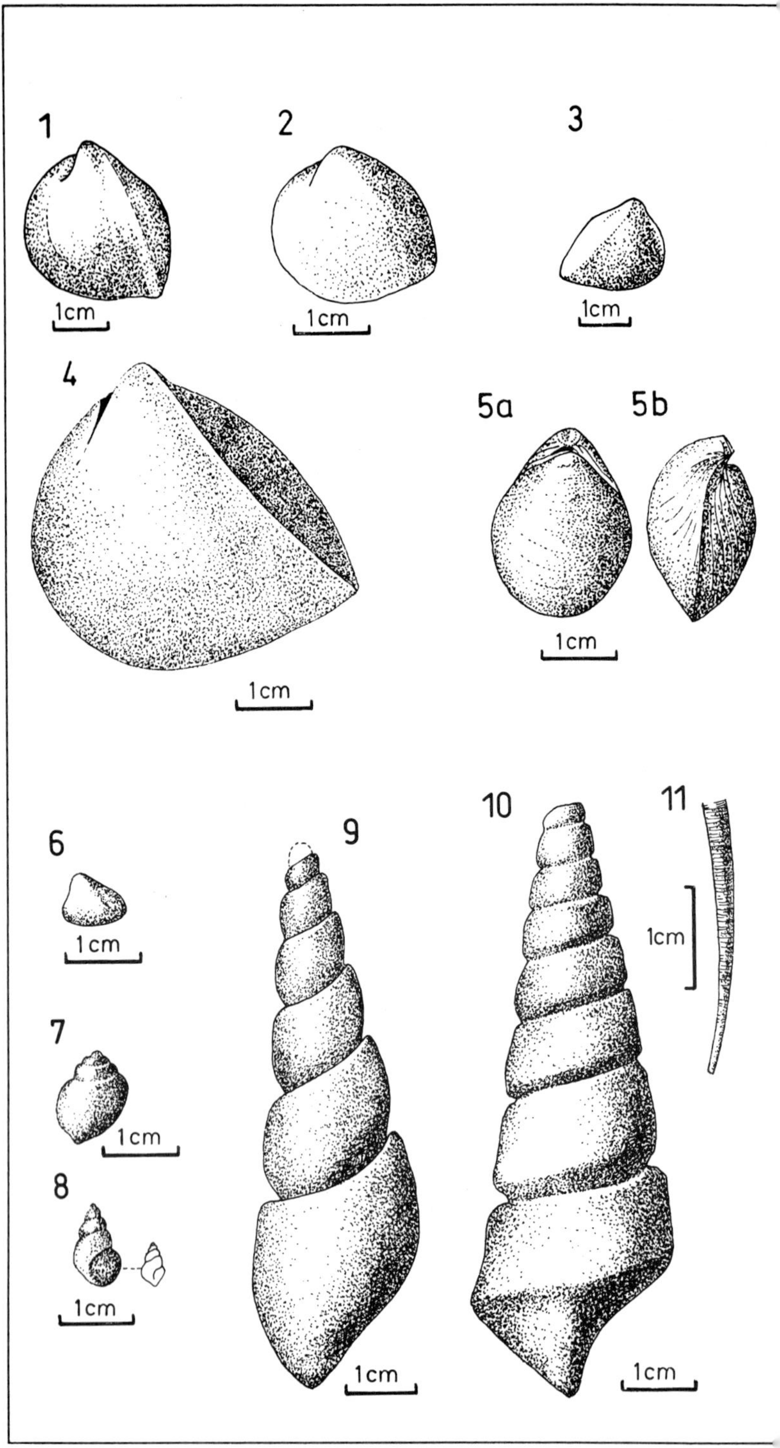
1
1cm
2
1cm
3
1cm
4
1cm
5a
5b
1cm
6
1cm
7
1cm
8
1cm
9
1cm
10
1cm
11
1cm

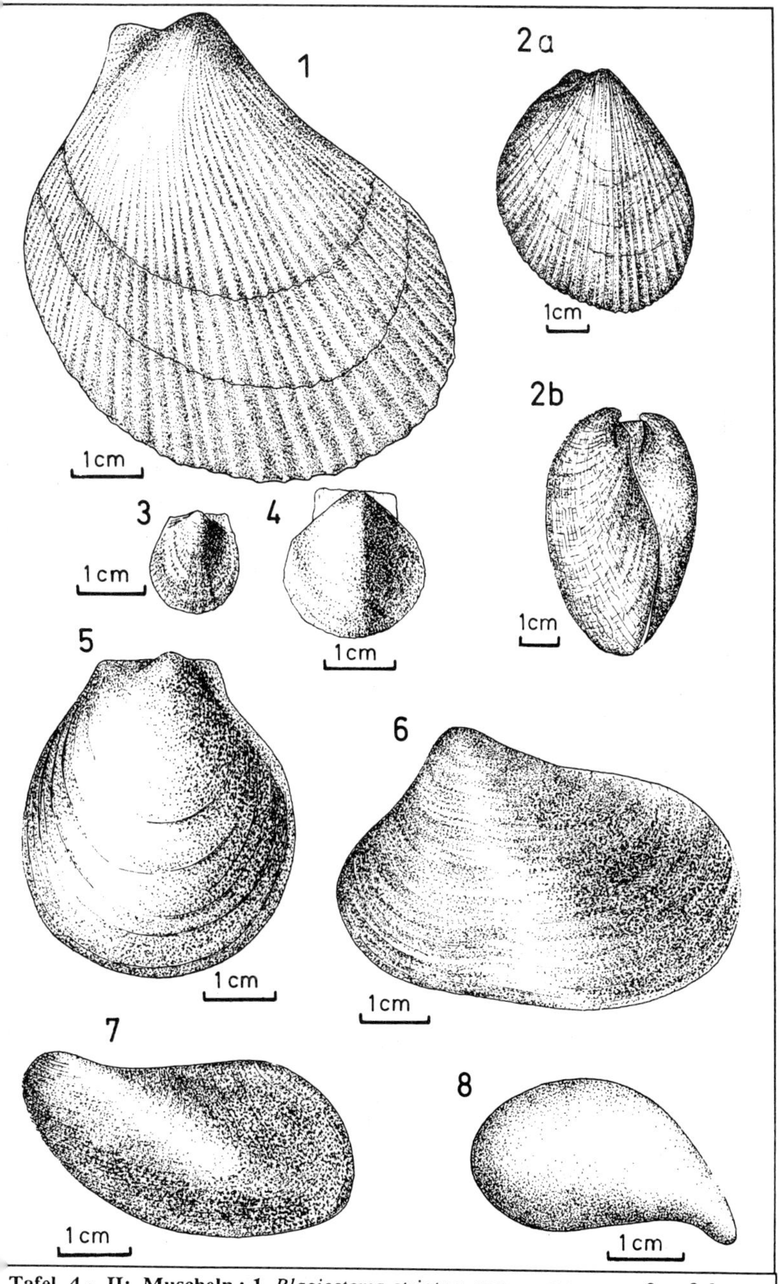

Tafel 4 - II: Muscheln : 1. *Plagiostoma striatum*, m u $_{1\beta}$, m o $_{1\beta}$ **2. a & b.** *Plagiostoma lineatum*, m u $_{1\alpha}$, m u $_{1\beta}$; **3.** *Leptochondria albertii*, s o $_2$ - m o $_2$; **4.** *Entolium discites*, m u $_{1\alpha}$, m u $_{1\beta}$; **5.** *Pleuronectites laevigatus*, m u $_{1\alpha}$, m u $_{1\beta}$, m o $_2$; **6.** *Pleuromya musculoides*, m u $_{1\alpha}$, m u $_{1\beta}$, m o $_{1\beta}$, m o $_2$; **7.** *Hoernesia sociulis*, so $_2$, m u $_{1\alpha}$, m u $_{1\beta}$, m m, m o $_2$; **8.** *Septifer eduliformis*, m u $_{1\alpha}$, mu $_{1\beta}$

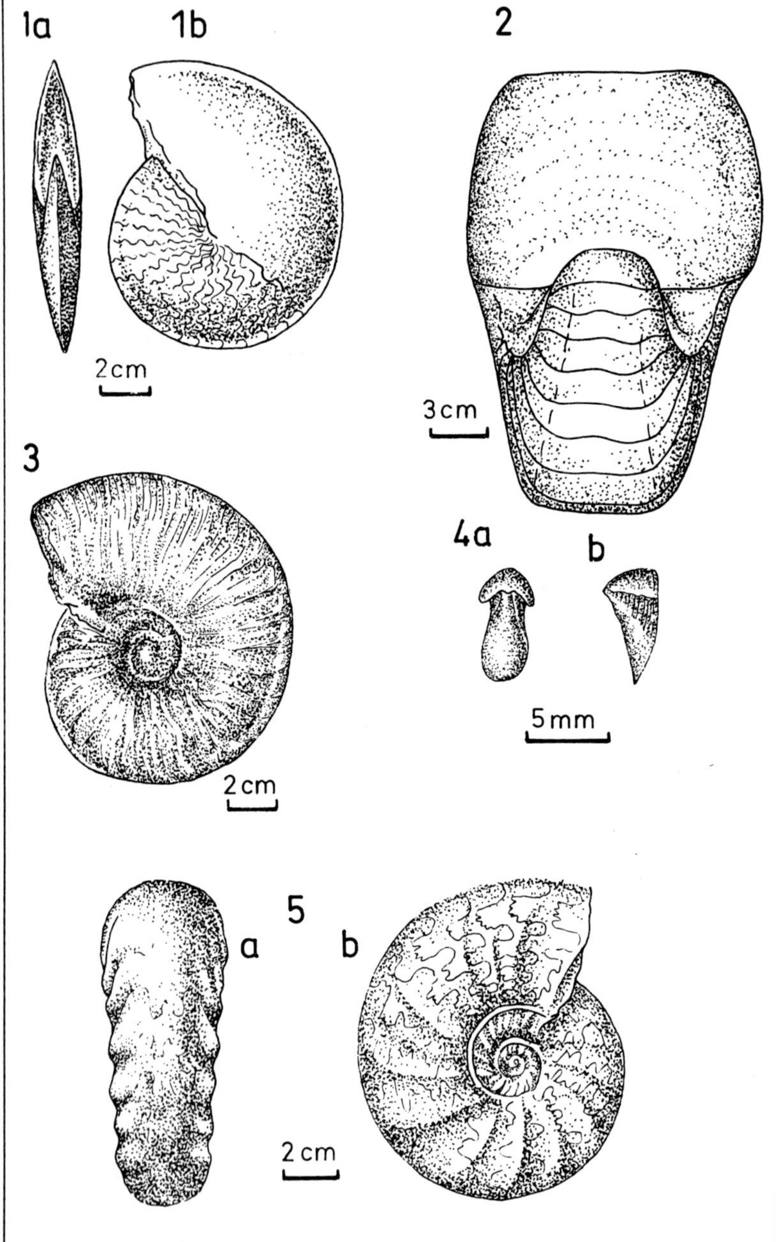

Tafel 4 - III: Kopffüßer: 1. a & b. *Beneckeia buchi*, m u $_{1\alpha}$ - m u $_{1\beta}$; **2.** *Germanonautilus dolomiticus*, m u $_{1\beta}$; **3.** *Serpianites antecedens*, m u $_{1\beta}$; **4. a & b.** *Rhyncholithes hirundo*, m u $_{1\beta}$; **5. a & b.** *Ceratites nodosus*, m o $_{2}$.

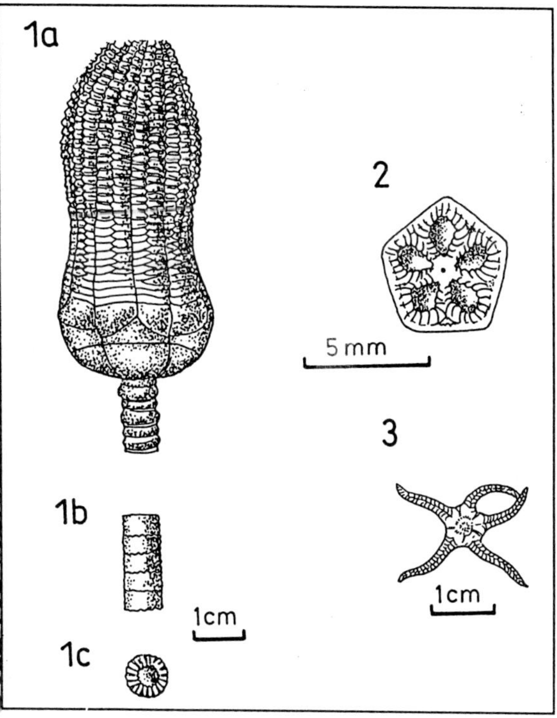

Tafel 4 - IV:

Stachelhäuter:

1 a - c.

Encrinus liliiformis
$mu_{1\alpha}$, mo_1

2. *Holocrinus dubius*
$mu_{1\beta}$

3. *Aspidura ludeni,*
$mu_{1\alpha}$

Tafel 4 - V:

Wirbeltier - Zähne:

1. *Nothosaurus*
$mu_{1\alpha}$ - $mm_{1\alpha}$

2. & 3.
Placodus gigas
$mu_{1\alpha}$, $mu_{1\beta}$
(2. Pflasterzahn; 3. Greifzahn)

4. *Acrodus gaillardoti*
$mu_{1\alpha}$, mm, $mo_{1\beta}$

5. *Hybodus plicatilis*
$mu_{1\beta}$, $mo_{1\beta}$

6. *Hybodus longiconus*
$mu_{1\beta}$, $mo_{1\beta}$

7. *Acrodus lateralis*
mm, $mo_{1\beta}$

8. *Saurichthys mougeoti*
$mu_{1\beta}$, mm, $mo_{1\beta}$

9. *Saurichthys acuminatus*
$mu_{1\beta}$, mm, $mo_{1\beta}$

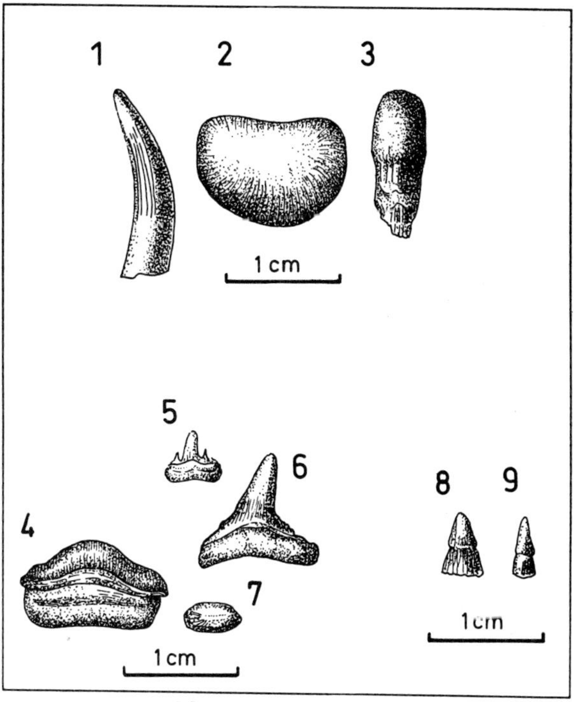

4. 2. Rohstoffcharakteristika der Rüdersdorfer Kalksteine von Reinhard Walter

4. 2. 1. Parameter

Die im Tagebau anstehenden Gesteine des Muschelkalkes mit ihrer Gesamtmächtigkeit von über 250 m sind infolge der nur wenig differenzierten Bildungsbedingungen stofflich relativ homogen .

Im Hinblick auf die Nutzung wird die Muschelkalkabfolge entsprechend der **verschiedenen Gehalte der stofflichen Hauptkomponenten CaO, MgO, Na_2O+K_2O gegliedert.** Darüber hinaus ist jeder Schichtkomplex durch seine petrographisch-lithologischen Merkmale charakterisiert und im Bereich von Rüdersdorf dank geringer lokaler stofflicher Veränderlichkeit und Mächtigkeitsvarianz abgrenzbar.

Die hier vorgestellte weitere Unterteilung der Schichtenkomplexe Wellenkalk, Schaumkalk, Mittlerer und Oberer Muschelkalk in **produktionstechnologisch ausgerichtete Horizonte** (A-T) folgt der Gliederung von Schwahn & Böttcher (1974). Durch Nutzung eines hinreichenden Datenfonds wurde ein für diese Lagerstätte repräsentatives, geophysikalisch und statistisch abgesichertes Normalprofil erstellt (Abb. 4. 2. 1.)

4. 2. 2. Wellenkalk

Der Wellenkalk ist die **Rohstoffbasis für die Zementproduktion** . Er ist durch die Wechsellagerung von Kalkareniten und -ruditen sowie Kalkmergeln und Kalklutiten im Zentimeter- bis Dezimeterbereich und durch ebene, wellige sowie flasrige Schichtflächen gekennzeichnet. Er bildet die Horizonte A - D. Die Untergrenze wird hier - in Abweichung von stratigraphisch/sedimentologischen Bearbeitungen (s. Abschnitt 4. 1.) - unterhalb der sogenannten Basisbank, einer Schillkalksteinbank von 20 - 35 cm Mächtigkeit, gezogen, weil darunter die MgO-Gehalte den technologisch relevanten Wert von 4,0 % deutlich übersteigen. Entsprechend wird die Obergrenze des Wellenkalkes unterhalb der Horizonte E und F gezogen, weil diese aufgrund ihres hohen CaO-Gehaltes bereits dem Schaumkalk entsprechen*. Innerhalb der Wellenkalkfolge ist ein kontinuierliches Ansteigen des CaO-Gehaltes von unten nach oben charakteristisch; allerdings nimmt der Horizont C mit nahezu 50 % CaO durch den Ausfall der Kalkmergelanteile eine Sonderstellung ein. Die Hauptkomponenten-Analyse nach Calcit, Dolomit, Tonmineralen und Quarz (s. Tabelle 4. 2. 1.) bestätigt das Bild eines vertikal wenig differenzierten Schichtenpaketes.

*Anmerkung des Herausgebers zur 2. Auflage: Nach Informationen aus dem Tagebau (Koszinski, Mitteilung Feb. 93) werden zur Zeit die Horizonte E und F wieder dem Wellenkalk zugerechnet; die Gliederung erfolgt hier ausschließlich nach dem Karbonatgehalt.)

4. 2. 3. Schaumkalk

Auch für die überwiegend bankigen hellgrauen bis gelblichbraunen Kalksteine des Schaumkalkes ist die Konstanz der sedimentologischen Bildungsverhältnisse charakteristisch. Mit Ausnahmen des Horizontes H sind alle Horizonte in bezug auf ihre Hauptkomponenten wenig differenziert; die Durchschnittswerte (in Gew. %) sind wie folgt:

CaO	> 50, 0 %
MgO	ca. 1, 0 %
Na_2O+K_2O	ca. 0, 5 %

Für den stratigraphisch höchsten Horizont L, den überwiegend noch karbonatisch ausgebildeten Teil des "Unteren Karbonates" , ist bereits eine erhöhte MgO-Führung bei verminderten CaO-Gehalten festzustellen.

Die Horizonte des Schaumkalkes sind die traditionelle **Rohstoffbasis für die Produktion von gebranntem Kalk und spezielleren Zementsorten sowie auch für Werksteine und verschiedenste Klassierprodukte (Schotter, Splitt, Steinmehl).**

4. 2. 4. Mittlerer Muschelkalk

Für die Horizonte M-Q sind tonig-sulfatische Wechsellagen von Dolomitmergeln, Dolomiten, Schluffen und Schluffsteinen sowie eingelagerte Gipsausfällungen typisch. Der durchschnittliche Stoffbestand (in Gew. %) kann bei einer Mächtigkeit von rund 53 m wie folgt ausgewiesen werden:

CaO	28, 1 %
MgO	11, 4 %
Na_2O+K_2O	1, 4 %

Der Stoffbestand variiert jedoch wegen der lokal unterschiedlich intensiven Auflösung ("Subrosion") der Gipseinschaltungen erheblich. Infolge der Auflösung bleiben körnig-schluffige Dolomitaggregate ("Aschen") zurück.

Erst seit 1985 gelang es, aus den Schichten des Mittleren Muschelkalkes einen **Düngemergel** zu produzieren, so daß diese im Gegensatz zu allen füheren Betriebs-perioden nicht mehr als Abraum gelten. Für die Zukunft wird mit der Nutzung des Mittleren Muschelkalkes die Freilegung weiterer Schaumkalkvorräte im Norden der Lagerstätte wesentlich erleichtert und somit der zugängliche Vorrat von Schaumkalk erheblich erhöht.

Eine Sonderstellung innerhalb des Mittleren Muschelkalkes nimmt die kalkig-dolomitsche Felsmauer (Horizont O) ein; der MgO-Gehalt von 3,8 % weist auf eine Dolomitisierung hin. Diese Schicht wird aus produktionstechnischen Gründen dem Schaumkalk zugeschlagen.

4. 2. 5 . Oberer Muschelkalk

Die anstehenden Gesteine der Horizonte R und S (12,3 m) sowie des Horizontes T (21,1 m, Obergrenze nicht aufgeschlossen) bilden den Abschluß der

Tabelle 4. 2. 1: Vereinfachter Normativmineralbestand von Wellenkalk und Schaumkalk (Horizonte A - L), d. h. aus chemischen Analysen berechneter Gehalt in Gewichts-Prozent an Hauptmineralen nach Thiergärtner (1986)

Horizont	Kalzit	Dolomit	Ton-minerale	Quarz
L	73,0	14,2	5,6	4,5
K	89,3	3,7	2,5	2,5
J	92,0	3,7	2,3	1,6
H	83,9	6,4	4,0	2,4
G	87,9	4,6	2,9	1,6
F	81,2	5,5	6,1	4,0
E	81,9	5,9	5,6	3,6
D3	78,3	6,9	6,8	5,4
D2	75,0	6,4	9,0	6,9
D1	78,6	5,5	7,9	5,3
C	86,0	4,6	4,6	2,8
B	75,4	7,3	9,7	5,5
A	65,7	9,1	14,9	8,2

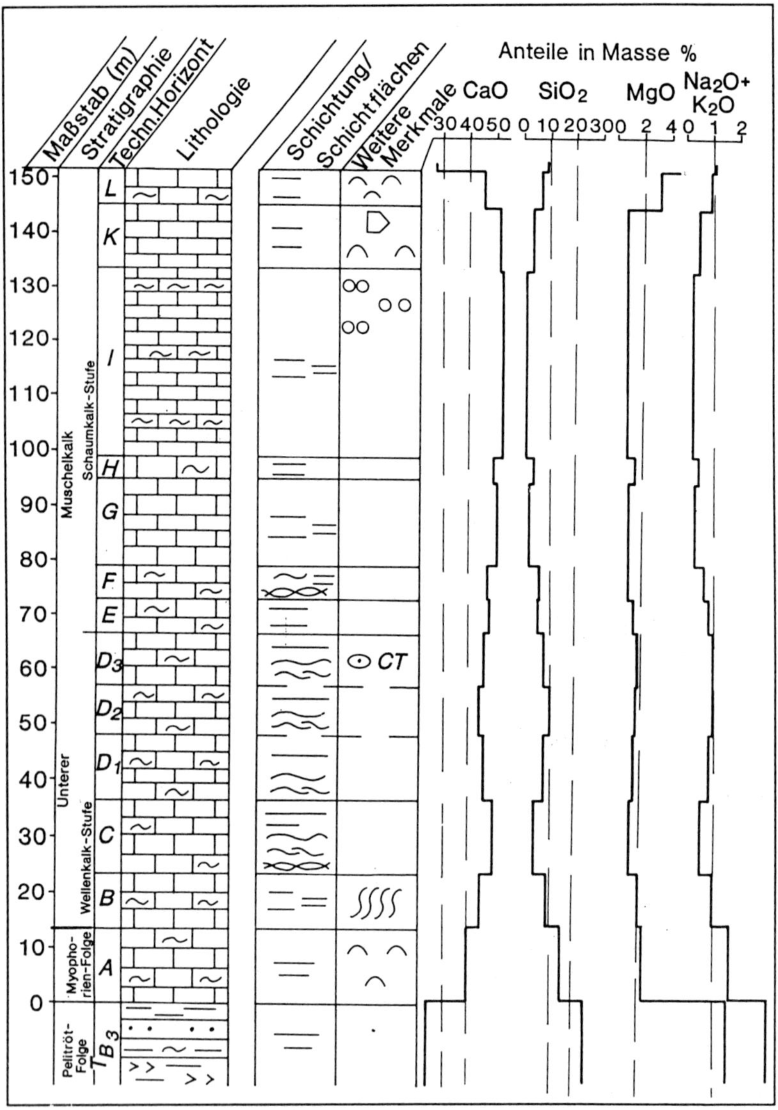

Abb. 4. 2. 1. a. Rohstofftechnologisches Normalprofil von Muschelkalk einschließlich oberem Röt (Unterer Teil ; Beitrag Walter)

Muschelkalkserie.

	B+S	I	
CaO	49,0 %	31,5 %	(Angaben
MgO	1,0 %	1,3 %	in Gewichts-
Na_2O+K_2O	0,5 %	1,3 %	Prozent)

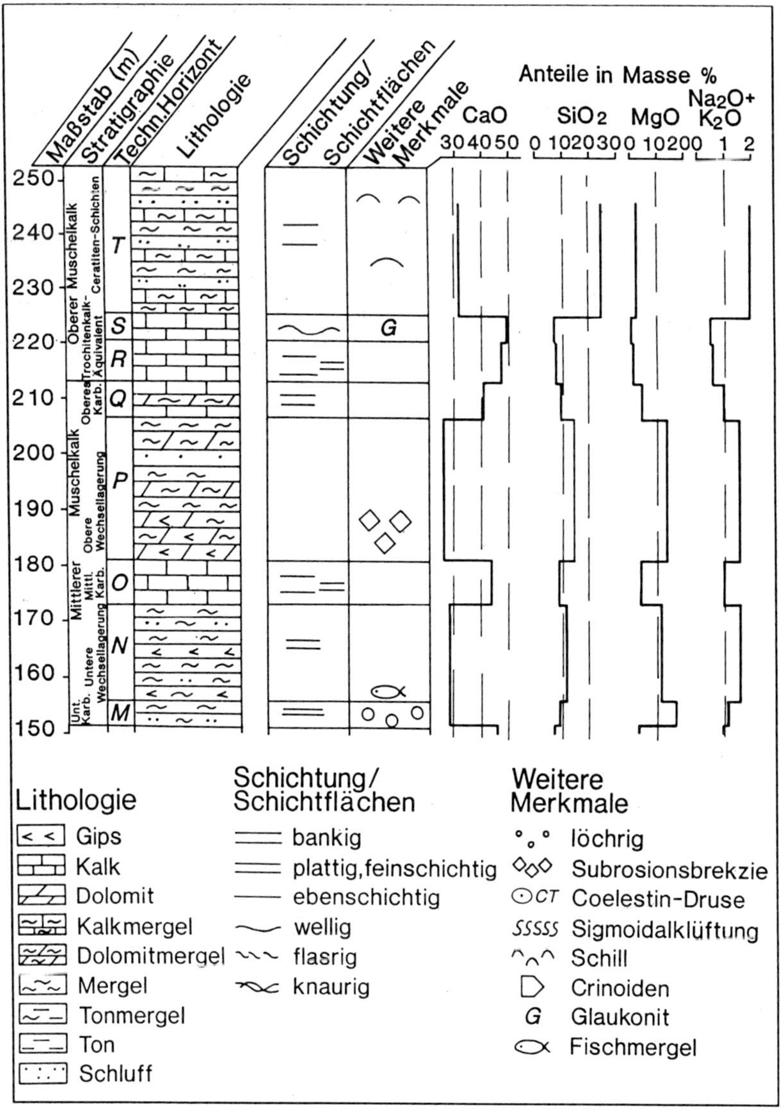

Abb. 4. 2. 1. b. Rohstofftechnologisches Normalprofil von Muschelkalk einschließlich oberem Röt (Oberer Teil ; Beitrag Walter)

Petrographisch sind die Horizonte R und S als bankige Kalksteine mit Einlagerungen von Mergel- und Tonlinsen ausgewiesen, Horizont S ist ein Schillkalk mit Glaukonitführung. Die Kalke des Horizontes T enthalten beachtliche klastische Anteile; sandig-schluffige Einlagerungen dominieren im hangenden Teil. Infolge der begrenzten Aufschlüsse wird der Obere Muschelkalk **heute nicht mehr genutzt.**

4. 3. Information über die wichtigsten Muschelkalk-Aufschlüsse

von K. - B. Jubitz, J. H. Schroeder u. H. - J. Streichan unter Mitwirkung von A. Dualeh und S. Lorenz

Vorbemerkung: Nachdem in Abschnitt 4. 1. die wissenschaftlichen Grundlagen und in Abschnitt 4. 2. die Rohstoffcharakteristika sowie das im Tagebau verwendete rohstoff- technologische Normalprofil geboten sind, sollen nun anhand von Übersichtsfotos und Längsprofilen die wichtigsten Aufschlüsse des Muschelkalks illustriert werden. Es muß allerdings darauf hingewiesen werden, daß sich die Aufschlußbedingungen einerseits infolge des fortschreitenden Abbaus, anderseits durch das Verfallen und Überwachsen von stillgelegten Teilen des Tagebaus zum Teil in relativ kurzer Zeit ändern können. Auskunft wird im Besucherbüro erteilt.

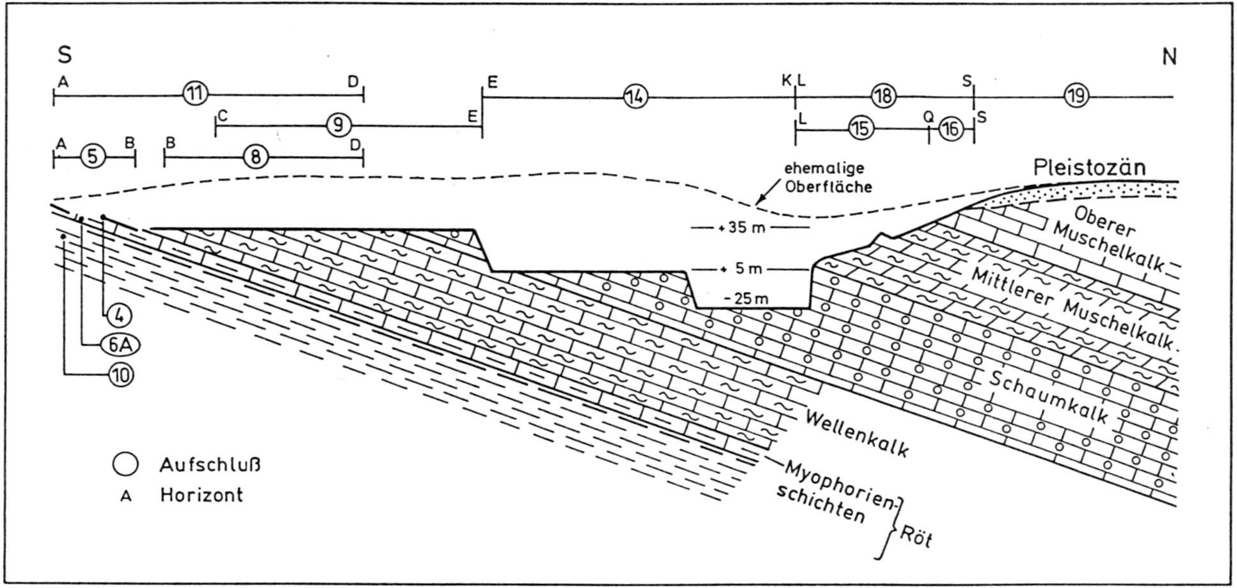

Abb. 4. 3. 1. **Stratigraphische Zuordnung der Trias-Aufschlüsse** anhand eines schematischen N - S - Schnittes durch den Großtagebau; die Aufschlußnummern beziehen sich auf Abb. 2. 3. Die Buchstabenbezeichnung der rohstofftechnologischen Horizonte bezieht sich auf Abb. 4. 2. 1. (Nach Schwahn & Böttcher, 1974, und Streichan, 1990; Beitrag Schroeder)

Abb. 4. 3. 2. Blick von der Südseite des Alvenslebenbruches nach Nordwesten. Man erkennt in der linken Mitte des Bildes die sanft einfallenden Schichten des Wellenkalkes (C - und D - Horizonte); daran schließt sich in der Mitte die geöffnete Kreuzbrückenspalte an, deren nördliche Fortsetzung auch an der gegenüberliegenden Steilwand zu sehen ist (s. auch Abb. 5. 4. c.). Rechts im Bild sieht man den Steilabbruch an der Nordseite des Tagebaus, dessen unterer Teil aus den Schichten des Schaumkalkes besteht (Foto Schroeder, 1992)

Abb. 4. 3. 3. Alvenslebenbruch Südhang; Aufschlüsse 4, 5, & 6 A : Übersicht

Die Hangneigung ist etwas geringer als das Schichtfallen, so daß von oben nach unten hin immer jüngere Schichtflächen anstehen.

Im oberen Teil des Hanges stehen die **Myophorienschichten** (A-Horizont) an, hangabwärts schließen die Schichten des **unteren Wellenkalkes** (B - und z. T. noch C - Horizont) an.

Auf den Schichtflächen findet man diverse Muschelpflaster, Ablagerungs-, Erosions- und Deformationsstrukturen.

(Foto Schroeder, Dez. 1992)

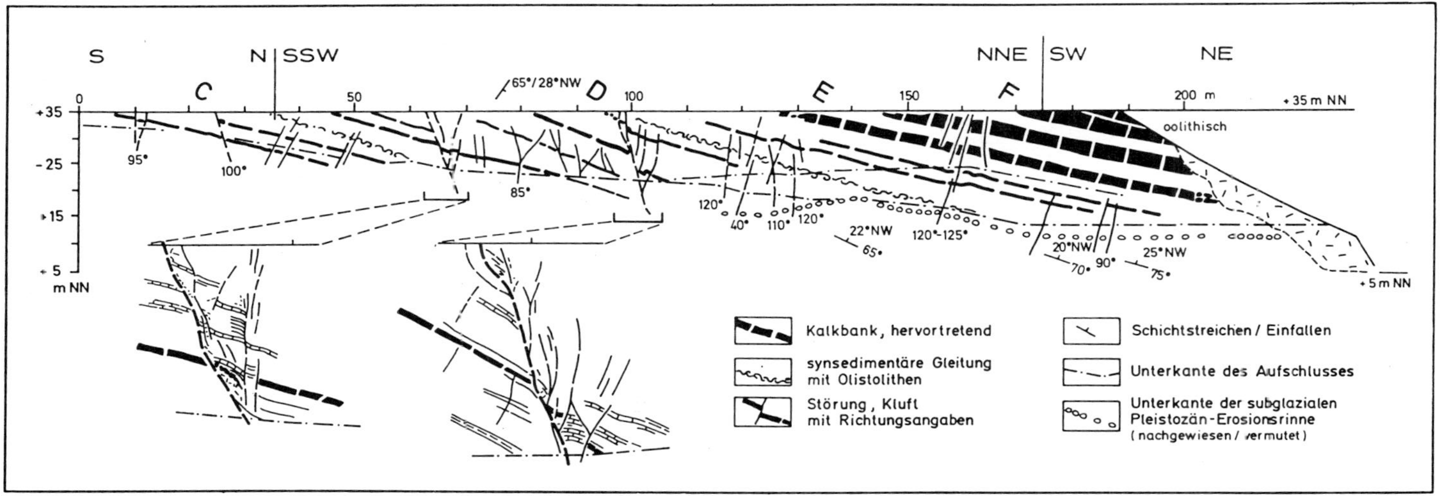

Abb. 4. 3. 4. N - S - Profil durch Wellen- und Schaumkalk entlang der Westseite der Kreuzbrückenspalte (Abb. 2. 3. u. 4. 3. 1. , Punkt 9; Abschnitt 5. 2. 6. mit Abb. 5. 4. a - c.; weiter Abb.. 4. 1. 7., 4.1.9., 4.1.10. b)

Durch die glättende Seitenerosion in einem subglazialen klammartigen Tal sind die Sedimentstrukturen wie Schichtung, Schrägschichtung, Gleitfaltung - z. T. mit abgerutschten Gleitblöcken - , Auflastmarken sowie erosiv eingeschnittene Rinnen deutlich herauspräpariert und bestens zu beobachten.

Tektonisch sind für die innere Nordflanke der Struktur Rüdersdorf Dehnungsbrüche (Abschiebungen, Y- und Staffelbrüche) charakteristisch. Die Hauptklüftungen verlaufen 15°, d. h. etwa in Richtung der Spalte, und 120°. (Profilaufnahme Jubitz u. Dualeh, 1992, ergänzt Feb. 1993)

Abb. 4. 3. 5. a. Schaumkalk - Aufschluß an der Westseite des Heinitzbruches (Erläuterung auf der nächsten Seite)

Abb. 4. 3. 5. Schaumkalk-Aufschluß an der Westseite des Heinitzbruches (Abb. 2. 3. und 4. 3. 1. , Punkt **14**; Texterläuterung Abschnitt 4. 1. 6.)

a. (S. 89) Übersichtsfoto: Man erkennt die mit ca. 15 - 20 ° nach Norden einfallenden Schichten, besonders auf der unteren Sohle (von links nach rechts). Am rechten oberen Rand des Fotos wird mit Pfeilen auf folgende technische Denkmale hingewiesen (s. Abschnitt 7) : **1.** Südausgang des Bülow-Tunnels, **2.** Reste eines abgerissenen Rumford-Ofens und **3.** Südausgang eines Tunnels für Landfahrzeuge (Foto Schroeder, 1992) **b. (S. 90; unten) NW - SE - Profil** mit Angabe der anstehenden Horizonte. Das Profil ist an den eingetragenen Linien zusammengesetzt; SE- und NW - Teile sind jeweils einige Dekameter nach NW versetzt aufgenommen worden. (Beitrag Streichan)

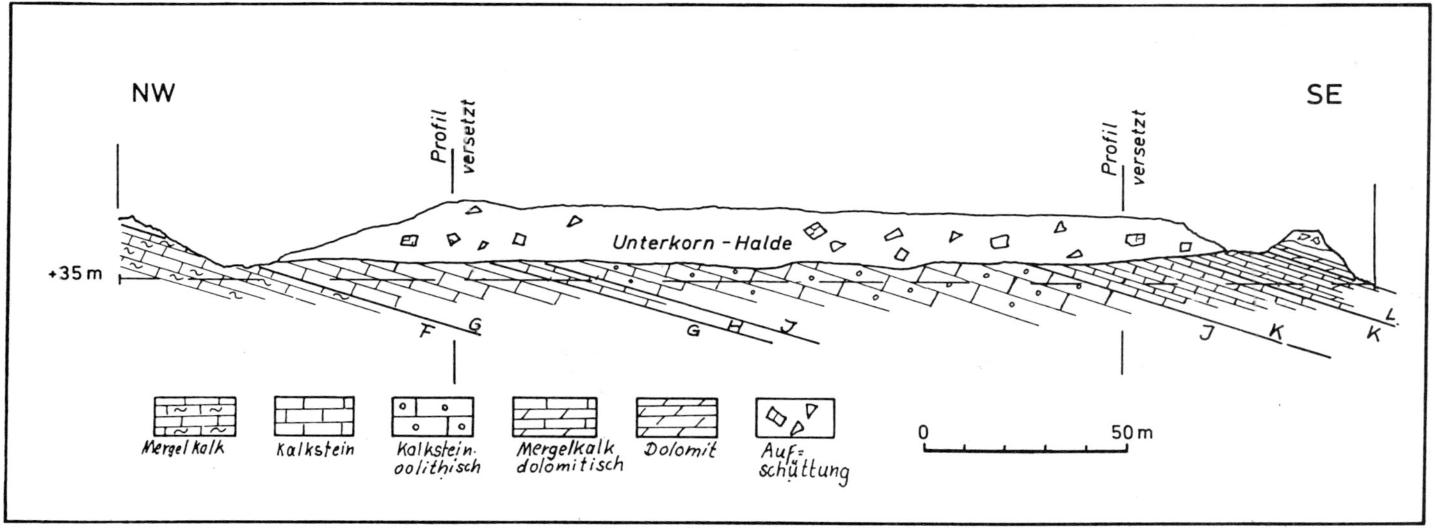

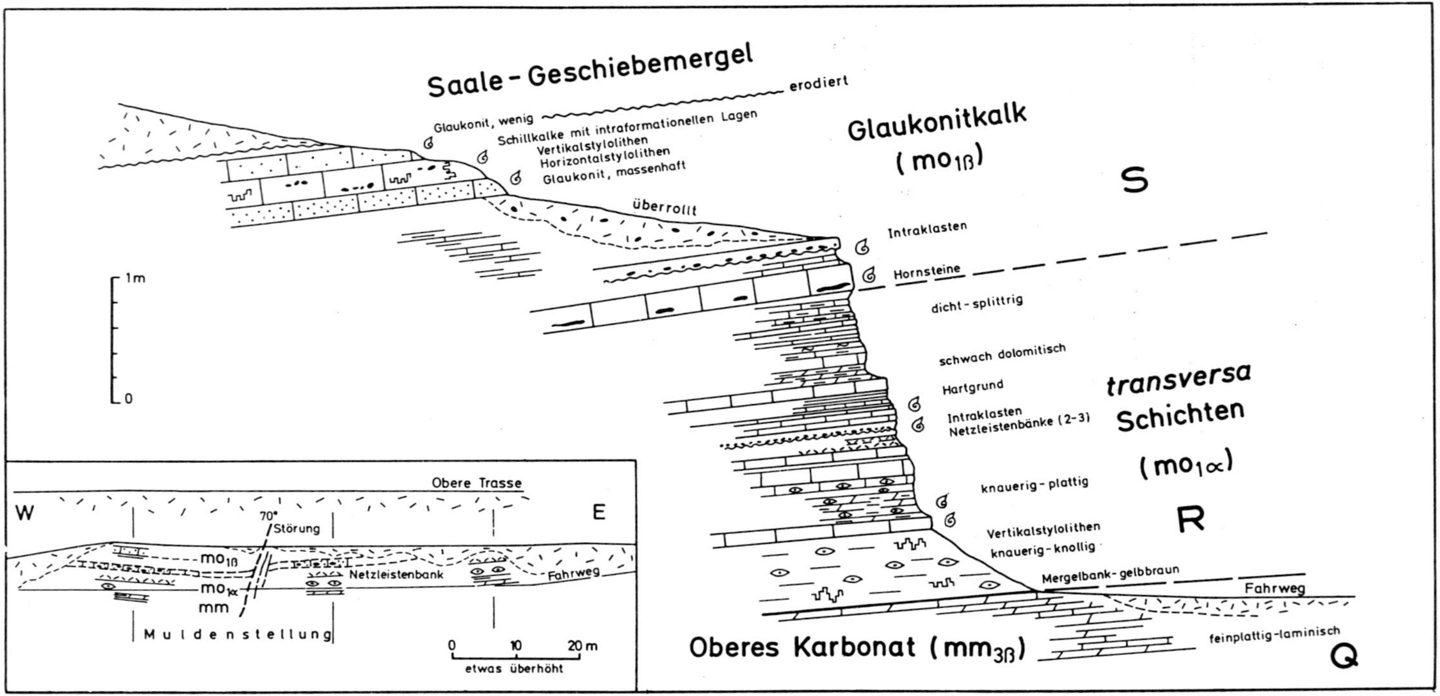

Abb. 4. 3. 6. Aufschluß des Oberen Muschelkalkes an der Nordseite des Heinitzbruches (Abb. 2. 3. und 4. 3. 1, Punkt **16**; Texterläuterung Abschnitt 4. 1. 8.) (Geländeaufnahme Jubitz April 1991)

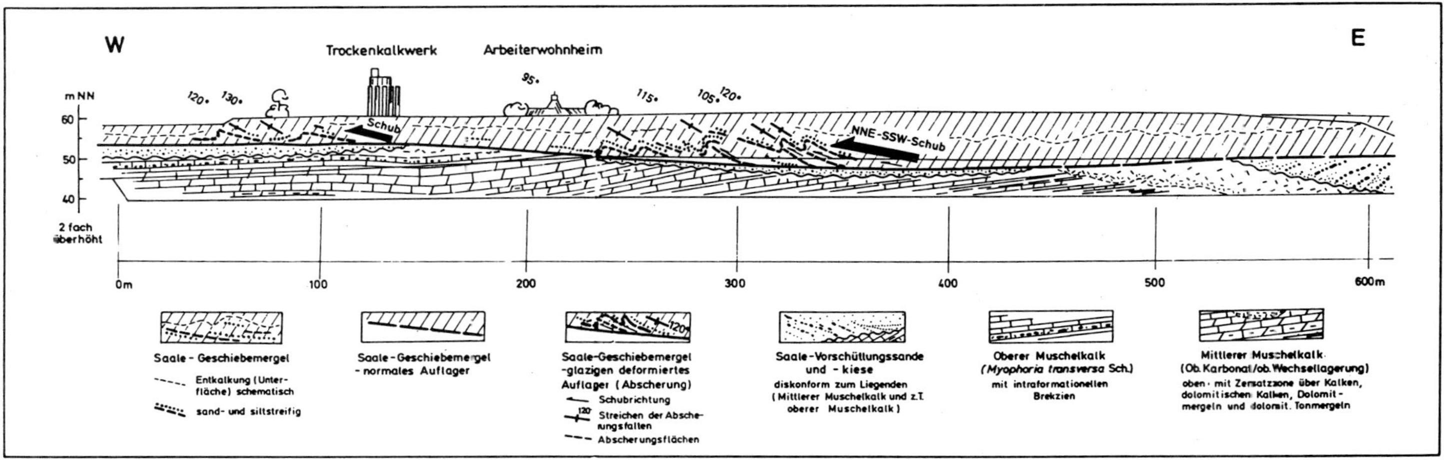

Abb. 4. 3. 7. Pleistozänes Auflager auf dem Muschelkalk an der Nordseite des Alvenslebenbruches (Abb. 2. 3. von Punkt **18** ausgehend entlang einer E - W - Böschung) An einer etwa W - E - streichenden Aufwölbung des Mittleren und Oberen Muschelkalkes ist der **Saalegeschiebemergel glazigen** , d. h. durch Eiseinwirkung **angestaut** worden. Dabei kam es zur **Abscherung des Geschiebemergels** über Sanden oder Bändertonen im Liegenden. Diese Vorgänge führten zu faltenförmigen **Schichtverbiegungen** mit schaufelartigen, durch Harnischspiegel geglätteten **Deformationsflächen.** Die **Fließfalten** verlaufen in 90 - 120° Richtung; daraus rekonstruiert man eine NNE - SSW - Richtung für den Eisschub. Bezüglich der zeitlichen Einordnung der Deformation kann man feststellen, daß sie nach der Ablagerung des Saale II - Geschiebemergels erfolgte. (Profilaufnahme Jubitz, Sept. 1992)

Abb. 5. 3. 8. Aufschluß im Mittleren Muschelkalk an einem neuen N - S - Abbau an der Nordseite des Alvenslebenbruches (Abb. 2. 3., Punkt **18;** Texterläuterung Abschnitt 4. 1. 7.)

a. (S. 92; links) Die **Übersichtsaufnahme** zeigt die Abfolge der Schichten vom Schaumkalk bis hinauf in den Mittleren Muschelkalk sowie die Pleistozänabdeckung; der im Profil (Abb. 4. 3. 8. b.) gezeigte Aufschluß liegt am Top der Abfolge. Die Horizonte gemäß technologischem Profil (Abb. 4. 2. 1.) sind mit Buchstaben markiert. Beim Verfolgen dieser Horizonte ist die Perspektive der verschiedenen senkrecht zueinander verlaufenden Steilwände zu beachten (Foto Jubitz).

b. (S. 93 bzw. unten) Profil entlang der N - S - Abbauwand. In dieser etwas schematisierten Darstellung konnten die zahlreichen kleineren Deformationen der Schichten, die weitgehend auf Subrosion zurückzuführen sind, nicht dargestellt werden. (Aufnahme: Jubitz, Streichan, Lorenz, 1992; lithologische Neubearbeitung u. Darstellung Lorenz)

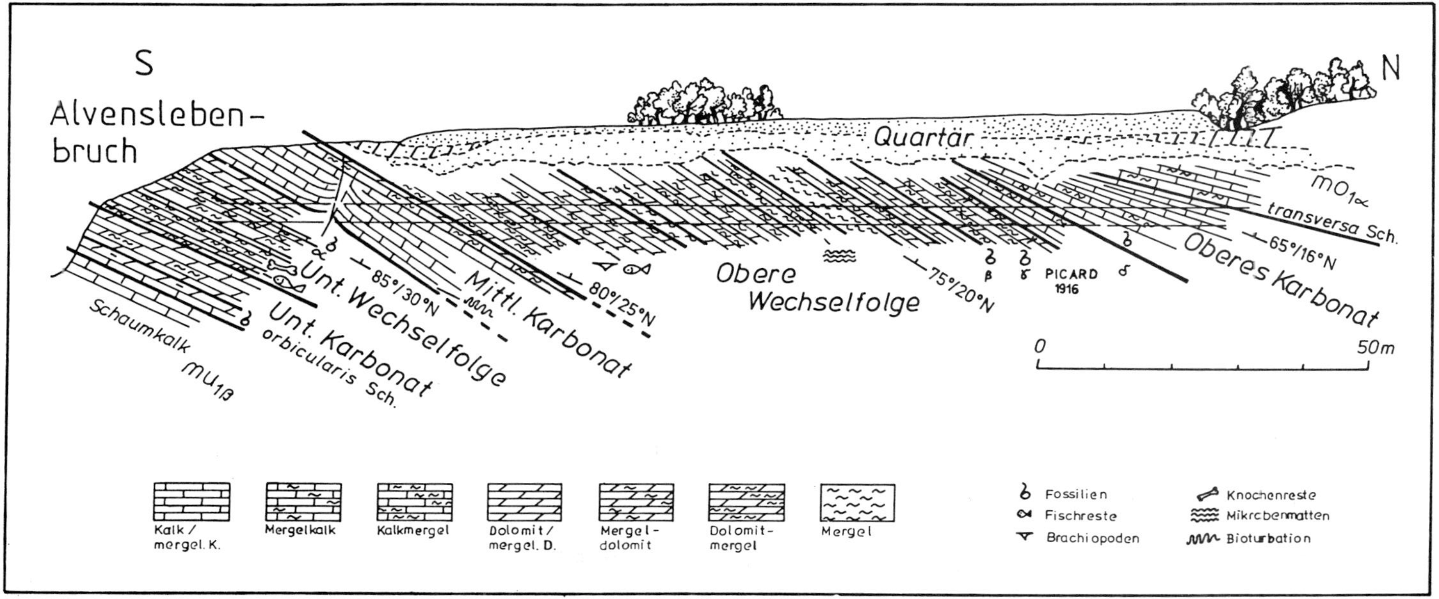

Abb. 4. 3. 8. b. **Profil durch den Mittleren Muschelkalk (Erläuterungen s. S. 92)**

(Erläuterungen s. S. 92)

4. 4. Stylolithen

von Carl-Heinz Friedel

4. 4. 1. Einführung - Begriffsbestimmung

Stylolithen sind **zapfen-, kegel- oder säulenförmige Verzahnungen** im Gestein, die entlang von Schichtfugen, Kluftflächen oder Korngrenzen, aber auch als selbständigen Fugen auftreten.

Der Begriff Stylolith wird sowohl für die einzelnen säulenförmigen Zapfen verwendet, als auch für die mit derartigen Zapfen bestückten Flächen. Wo Mißverständnisse auftreten könnten, werden hier die ersteren als Stylolithen-Säulen oder - zapfen, die letzteren als Stylolithensäume angesprochen.

Im Querschnitt variieren sie zwischen unregelmäßigen vielgipfeligen Zackenlinien und relativ regelmäßigen Wellenlinien. Die Amplitude (Höhe der Zapfen) reicht von 10er Mikrometern (Mikrostylolithen) bis zu mehreren Zentimetern, in Ausnahmefällen bis zu wenigen Dezimetern. Die Wellenlänge (Breite der Zapfen) ist in der Regel geringer als die Amplitude, jedoch gibt es Übergänge zu ganz flachwelligen und schließlich flaserigen Flächen (s. Abb. 4. 1. 8.). In der deutschen Literatur wird zwischen Vertikal- und Horizontalstylolithen unterschieden (Abb. 4. 4. 1.); erstere zeigen senkrecht zu den Schichtflächen, also gewöhnlich **vertikal** orientierte Stylolithensäulen, bei letzteren sind die Säulen **horizontal** ausgerichtet, also mehr oder weniger parallel zur Schichtung.

Stylolithen sind das Resultat von **Drucklösung**: Darunter versteht man die Lösung von Material als Ergebnis erhöhter Löslichkeit bei erhöhtem einseitigen Druck, entweder infolge von Belastung durch die überlagernden Gesteinsschichten oder infolge von tektonischen Spannungen im Gestein. Allerdings wird unter erhöhtem Druck nicht nur gelöst, sondern die gelösten Stoffe werden auch abtransportiert und wieder ausgefällt. Dort wo gelöst wird , bleiben unlösliche Anteile, vor allem Tonminerale, als dunkle Beläge auf den Stylolithen zurück.

Stylolithen kommen nicht nur in Kalksteinen, sondern auch z.B. in Sandsteinen vor. Stylolithensäume **entstehen** allgemein dort, **wo Materialien** mit annähernd gleicher Löslichkeit und geringem Tonanteil **unter Druck gesetzt werden**. In Kalksteinen können durch Drucklösung ganz erhebliche Volumen von Gestein gelöst werden; in der Literatur werden für Kalksteine Verluste zwischen 5 und 80 % angegeben. Maße für den Volumenverlust sind einerseits die Amplituden der Stylolithen, die den minimalen Verlust anzeigen, anderseits die Anreicherung des unlöslichen Rückstandes an Stylolithen, von der man auf das Volumen des aufgelösten Kalksteines durch Vergleich mit dem noch sehr fein verteiltem unlöslichem Anteil im Gestein schließen kann.

4. 4. 2. Historische Aspekte

Die Stylolithen von Rüdersdorf , die besonders in der Schaumkalkzone schon durch ihre Größe von bis zu ca. 10 cm auffallen, fanden sehr frühzeitig Beachtung. Bereits 1751 beschrieb C. Mylius in seiner "6. Nachricht von den Kalkbergen bei Riedersdorf " (so hieß Rüdersdorf damals) derartige Bildungen als "Schwiele" und "Mahle" wie versteinertes Holz . Dies ist eine der ersten Erwähnungen und Deutungen von stylolithischen Formen überhaupt.

Klöden (1828) schrieb, daß diese "runden Zylinder" "animalischen Ursprungs" seien, nämlich die Abdrücke eines "gallert-artigen Thieres" (insbesondere einer Qualle), deren im weichen Kalkschlamm eingebetteter Hautsack als zylinderförmiger Steinkern erhalten geblieben sei. Er gab diesem **vermeintlichen Fossil** den Namen ***Stylolithes sulcatus*** (das bedeutet etwa "gefurchter Säulenstein"). Allerdings schränkte Klöden selbst schon damals ein, er habe diesen Begriff "nur nach der äußeren Form, nicht aber aus einer Hypothese über dieselbe " gewählt. Auch in seinem 1834 erschienenen Werk " Die Versteinerungen der Mark Brandenburg" hielt Klöden die Stylolithen noch für Reste tierischer Körper, ohne - wie er eingestand - eine ausreichende Erklärung geben zu können. Wenn sich auch die Deutung der Stylolithen mittlerweile gewandelt hat, so ist doch der von Klöden im Rüdersdorfer Muschelkalk geprägte Begriff

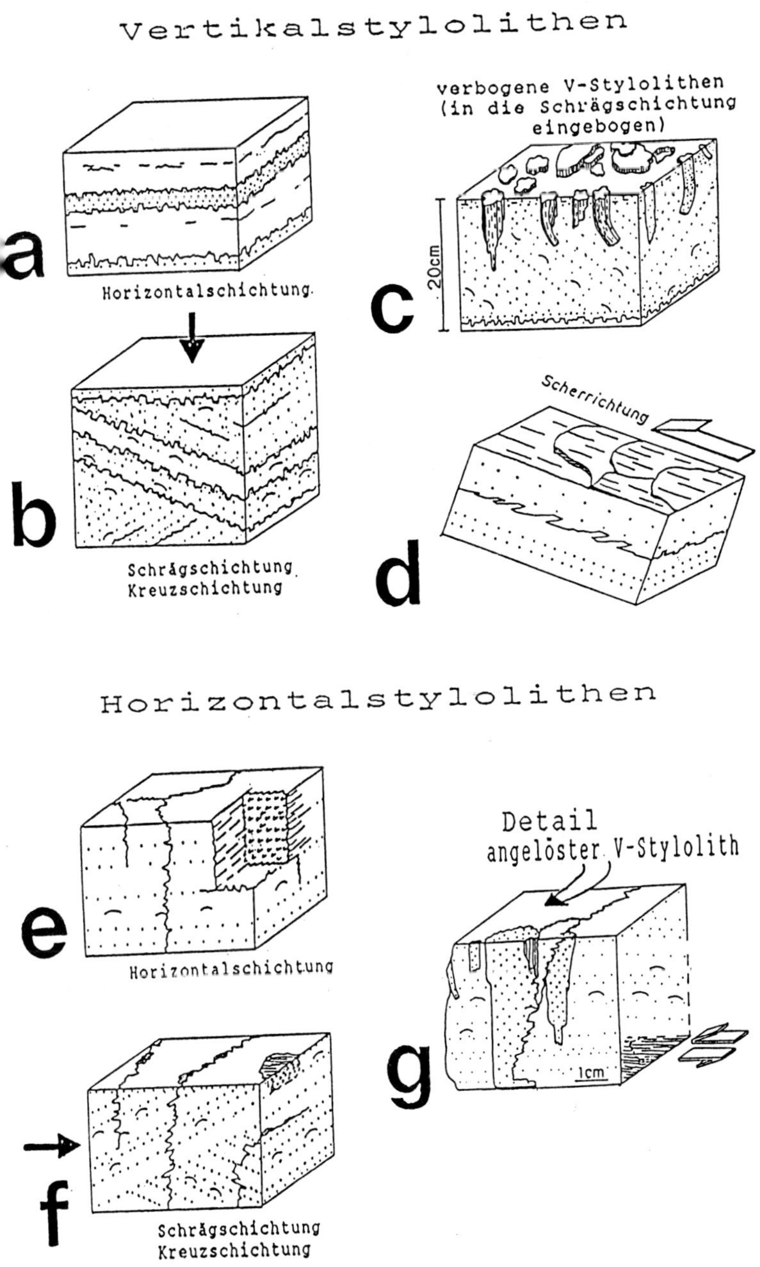

Abb. 4. 4 . 1. Schematische Darstellungen von Vertikal- und Horizontalstylolithen a. An Horizontalschichtung gebundene V-Stylolithen; b. An Schrägschichtung gebundene V-Stylolithen; c. Große V-Stylolithen, teilweise an Schrägschichtung gebogen; d. Durch Scherung entlang von Schichtflächen entstandene schräge V-Stylolithen; e. Horizontalstylolithen, durch tekt. Spannungen induziert. **f.** An Schrägschichtung geneigte H-Stylolithen. g. Anlösung von V-Stylolithen durch spätere H-Stylolithen (Beitrag Friedel)

"Stylolith" erhalten geblieben und wird heute weltweit zur Beschreibung dieser Drucklösungserscheinungen verwendet.

4. 4. 3. Formen, Alter und Genese von Rüdersdorfer Stylolithen

Im Rüdersdorfer Schaumkalk (s. Abschnitt 4. 1. 6.) werden eine Fülle verschiedener Stylolithenformen und mehrere Generationen angetroffen. In einer Reihe von Blockbildern (Abb. 4. 4. 1.) und Fotos (Abb. 4. 4. 2. - 4. 4. 4.) sind verschiedene Formen von Vertikal- und Horizontalstylolithen dargestellt. Die Vertikalstylolithen - durch den Druck der überlagernden Gesteinsschichten verursacht - sind sowohl an horizontalen Schichtflächen als auch an Schrägschichtungslaminen gebunden; besonders bemerkenswert sind gebogene Stylolithensäulen (Abb. 4. 4. 1. c. und Abb. 4. 4. 2.). Sie entstanden durch Veränderung der angreifenden Spannungen, die von der Lage des sedimentären Gefüges beeinflußt werden (s. Abschnitt 4. 4. 4.). Die Horizontalstylolithen sind etwas später als die Vertikalstylolithen entstanden, zumeist erst zu Beginn der flachwelligen, halokinetisch bedingten Auffaltung der Schichten. Auch Stylolithen, die zunächst von horizontalen Schichtflächen ausgehen, aber dann in Richtung von Schrägschichtungen eingebogen sind, treten auf (Abb. 4. 4. 1. c). Demgegenüber sind die Horizontalstylolithen vorwiegend an Klüfte und Harnische gebunden. Abb. 4. 4. 4. zeigt zwei Beispiele für sich kreuzenden Stylolithen-Generationen, je einer von Vertikal- und Horizontalstylolithen. Am Beispiel von Abb. 4. 4. 4. b. wird gezeigt, wie bei der Bildung von Horizontalstylolithen einige Vertikalstylolithen angelöst wurden (siehe auch Abb 4. 4. 1. g); daraus ist zu ersehen, daß in diesem Falle die vertikalen die älteren Stylolithen sind. Allgemein können verschiedene Stylolithen-Generationen anhand ihrer Formen und Dimensionen, anhand von Ausfällungen verschiedener Minerale auf den Stylolithenflächen oder anhand der oben dargestellten Altersbeziehungen zueinander (wie in Abb. 4. 4. 4.) charakterisiert werden.

Stylolithen entstehen hauptsächlich während der Diagenese (=Verfestigung des ursprünglich lockeren Sedimentes) mit zunehmender Versenkung. Deswegen kann man ihre Stellung zu anderen diagenetischen Erscheinungen wie etwa Zementen (= in Poren ausgefällte Kristalle), Dolomit- und Quarzbildung, Lösungsvorgängen, Klufbildungen u. a. zur Charakterisierung der Bedingungen und des Zeitraumes der entsprechenden digenetischen Prozesse nutzen.

Die Größe der Stylolithensäulen, die hier das zweihundertfache der mittleren Korngröße erreichen kann, wird von der Ausgangsmineralogie und der Porosität wesentlich beeinflußt.

Abb. 4. 4. 2. Vertikal-Stylolithen, wie sie nach Form und Größe für den Schaumkalk typisch sind. Die leichte Krümmung (Pfeil) zeigt die im Text angesprochene Auslenkung (s. auch Abb. 4. 4. 1. c); die Krümmung ist kein Anschnitteffekt (Handstück, Bruchfläche; Sammlung & Foto Friedel).

Abb. 4. 4. 3. Ungewöhnlich große Vertikalstylolithen mit deutlichen Furchen auf den Außenseiten. So große Stylolithen treten nur innerhalb einzelner Schaumkalkbänke auf; sie werden auf eine erhöhte Porosität und die mineralogische Beschaffenheit zu Beginn der Drucklösung zurückgeführt (Handstück, Bruchfläche; Sammlung Inst. f. Geologie u. Paläontologie, T U Berlin; Foto Kleeberg).

Die **Stylolithenbildung im Rüdersdorfer Schaumkalk** entstanden nach einer oberflächen-nahen Zementation aus Meerwasser und einer späteren - mit beginnender Versenkung - aus Süßwasser abgeleiteten Zementation.. Das durch Drucklösung freigesetzte Karbonat wurde u. a. in Klüften abgesetzt. Erst während der nachfolgenden, durch Halokinese bedingten allmählichen Hebung und der damit einhergehenden Druckentlastung infolge der oberflächlichen Abtragung kam die Drucklösung zum Erliegen und sekundäre Minerale wie Kalzit, Dolomit, Coelestin und Quarz wurden ausgefällt. Die jetzige Lösungsporosität des Gesteins ist im wesentlichen ebenfalls erst nach Abschluß der Drucklösung entstanden.

4. 4. 4. Stylolithen als Indikatoren für Paläo-Spannungen.

Horizontalstylolithen werden zur Rekonstruktion ehemals wirksamer tektonischer Spannungen eingesetzt (Paläospannungsanalyse). Durch Einmessen der Richtungen der Stylolithenach sen kann man die Richtung der entsprechenden Paläo-Spannungen bestimmen und einen Beanspruchungsplan erstellen. Dabei ist allerdings zu berücksichtigen, daß die Stylolithen durch Sedimentstrukturen und ältere Klüfte abgelenkt werden können, ihre Achsenrichtungen somit nur bedingt verläßlich sind (s. Abb. 4. 4.1. b.,f.).

Abb. 4. 4. 4. Sich kreuzende Vertikal - und Horizontalstylolithensäume im Schaumkalk. a. (oben) Auf der **Fläche eines Quaders an der Kirche von Rüdersdorf** (s. Abb. 4. 6. 2. und Tab. 4. 6. 1.) (Foto Schroeder) **b. (Unten) In einem Handstück** : In der Bildmitte (Pfeil) ist die Anlösung der Vertikal- durch die Horizontalstylolithen zu erkennen. Während die Vertikalstylolithen infolge der Schrägschichtung leicht gegeneinander geneigt sind, werden die Horizontalstylolithen von dieser kaum beeinflußt (Anschliff; Sammlung & Foto Friedel).

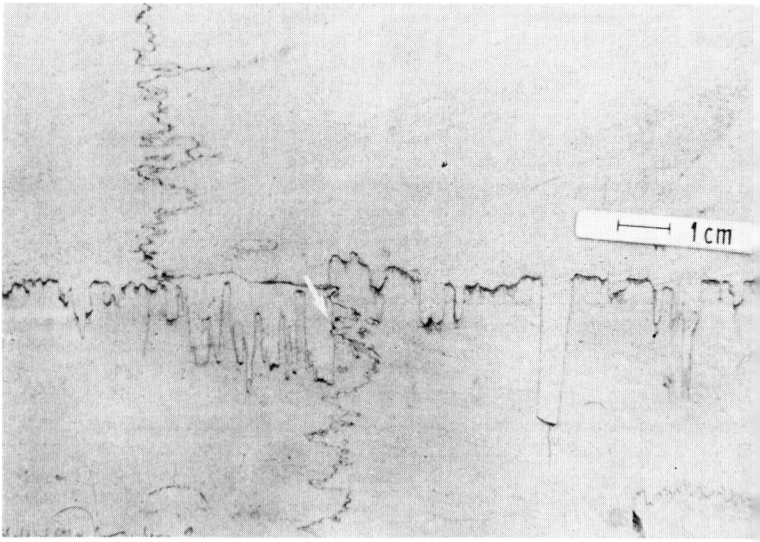

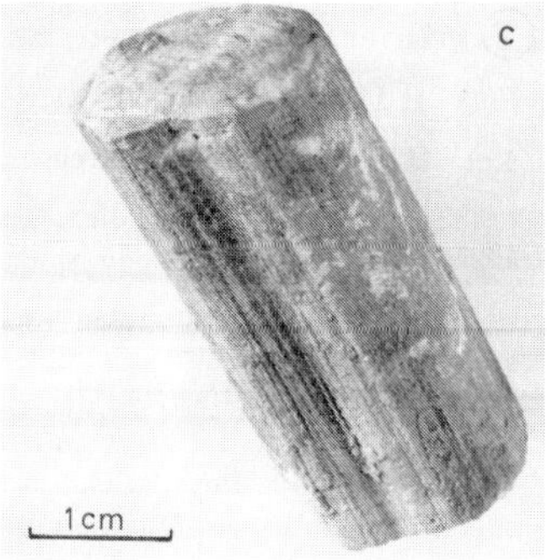

Abb. 4. 4. 5. Formen von Stylolithen-Säulen bestimmt durch die Muschel ***Entolium discites*** (Siehe Tafel 4 - II, 4); die Muschelschale bildet den Abschluß der Säule, deren Form und Kannelierung die Form der Muschel nachzeichnet.

a. u. b. (links) Gruppe von Stylolithensäulen aus dem Schaumkalk (Sammlung Raab im Museum für Naturkunde Berlin; Fotos Kleeberg)

a. Schräg-Aufsicht: Man erkennt die Muscheln und den Ansatz der Kannelierung.

b. Seitenansicht der Stylolithensäulen; man sieht, daß die Formgebung durch die Muschel zwar oben, nicht aber unten gegeben war.

c. (oben) Schrägaufsicht auf einzelne Stylolithensäule: Man erkennt die Muschel mit ihren Öhrchen und an der Seite der Säule die entsprechende Ausbuchtung. (Sammlung Tornow, Foto Kleeberg)

d., e. & f. (unten) Skizzen zur Erläuterung der Entstehung von in a. - c. gezeigten Bildungen (Nach Bathurst, 1975; Beitrag Friedel)

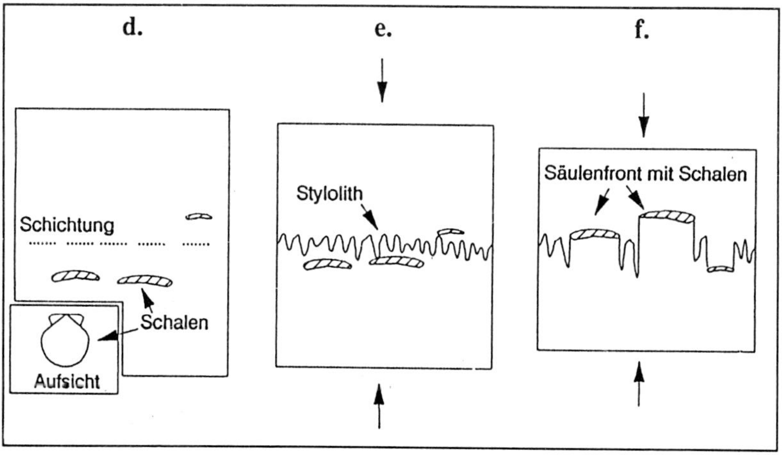

4. 5. Mineralvorkommen im Muschelkalk von Rüdersdorf

von Hans-Joachim Bautsch & Ferdinand Damaschun

4. 5. 1. Historisches zur Untersuchung der Minerale von Rüdersdorf

Einen Überblick über die frühen Bearbeitungen der Minerale von Rüdersdorf gibt Eck in seiner "Geognostischen Monographie: Rüdersdorf und Umgebung" von 1876.

Die erste Erwähnung von Mineralen stammt von Brückmann (1730) in seinem Werk " Magnalia dei in locis subterraneis"; die dort beschriebenen "nebeneinander stehenden eckigen Spitzen" beziehen sich sicher auf Calcit. Das Gleiche gilt auch für die 1751 von Bekmann und Bekmann erwähnten "alkalischen Spatdrüsen". Die ebenfalls 1751 erschienenen "Physikalischen Belustigungen " von Mylius erwähnten ziemlich große weiße Spath- und Quarzdrusen.

Erst 1828 erscheint in K. F. Klöden´s "Beiträgen zur mineralogischen und geognostischen Kenntnis der Mark Brandenburg " eine Mineralliste mit: Geschiebe, Feuerstein, Gyps, Amethystquarz, Kalkspath, Stalaktiten, Bergmilch, Cölestin, Schwefelkies, Brauneisenstein, Eisenocker, Thoneisenstein.

In Eck`s Werk selbst schließlich werden nach stratigraphischen Gesichtspunkten gegliedert folgende Minerale erwähnt:

<u>In den Abteilungen des unteren Muschelkalks:</u>

Unterer Wellenkalk: Kalkspath (mit Flächenangaben für drei verschiedene Rhomboeder, ein Skalenoeder und ein hexagonales Prisma); Coelestin (mit der Angabe von 9 verschiedenen Formen); Eisenkies (Oktaeder und Hexaeder); Binarkies (=Markasit, in Zwillingen); hier auch Angaben über die Reihenfolge der Abscheidungen, die innerhalb des unteren Wellenkalks variiert.

Schaumkalkführende Abteilung: Kalkspath (ähnliche Formen wie im unteren Wellenkalk); Bergmilch (=Pulvriger Calcit); Hornstein; Brauneisenstein (in stalaktitischen und traubigen Massen); Eisenkies; Binarkies; Zinkblende (selten in kleinen blättrigen Massen in Kalkspathdrusen)

Schichten mit *Myophoria orbicularis*: Kalkspat (mit dem Haupt- und einem zweiten Rhomboeder)

<u>In den Abteilungen des mittleren Muschelkalks:</u> Kalkspat

<u>In den Abteilungen des oberen Muschelkalks:</u>

Schichten mit *Myophoria vulgaris*: Hornstein

Glaukonitischer Kalkstein: Kalkspat, Glaukonit

Schichten mit *Ammonites nodosus* : Quarz und Amethyst (in Drusen bzw. in Kammern von *Nautilus bidorsatus*), Kalkspat (weingelb in der Form von "Haüy´s Chaux carbonatée cuboide")

Eine Arbeit von Schulz aus dem Jahre 1928 führt die gleichen Minerale wie Eck auf, zusätzlich werden der von Wahnschaffe u. Zimmermann 1914 beschriebene Millerit (Haarkies; NiS) (ein röntgenographisch bestätigter Nachweis steht jedoch noch aus; alle untersuchten Proben erwiesen sich bis heute als Ni-frei) sowie Chalkopyrit aus dem oberen Muschelkalk (bis zu 2 x 4 mm Größe) und Malachit als Verwitterungsprodukt des Chalkopyrits erwähnt.

4. 5. 2. Coelestin

Name

Die Benennung erfolgte durch Werner (1798) nach der blauen Farbe der zuerst von Klaproth (1797) analysierten Stücke (Lateinisch: Coelestis = himmlisch, himmelblau). Werner´s Schreibweise in seinem letzten System war Cölestin; die Schreibung im Duden ist "Zölestin", die englische Übersetzung "celestite".

Kristallstruktur und Morphologie

Die Kristallstruktur des Caelestins ist isotyp mit der des Barytes. DieKristallklasse ist **rhombisch-dipyramidal** (m m m) mit der Raumgruppe **P n m a** ; das strukturell abgeleitete Achsenverhältnis ist a : b : c = 1,562 : 1 : 1,2829.

Die Morphologie des Coelestins ist recht **formenreich**. Von den weltweit zahlreichen Fundpunkten wurden bisher rund 110 verschiedene Formen beobachtet.

Die Kristallmorphologie des Rüdersdorfer Coelestins ist weniger vielfältig und wurde erstmals von Arzruni (1872) beschrieben. Er veröffentlichte vier Kristallzeichnungen , die von allen späteren Autoren übernommen wurden. Nach unseren Untersuchungen an Material aus der Sammlung des Museums für Naturkunde und aus der Sammlung Thielemann können wir diese Beobachtungen bestätigen und ergänzen. Bei den dreizehn beobachteten Formen handelt es sich um verschiedene Pinakoide (Basis- oder Endflächen), Prismen und rhombische Dipyramiden, die mit variierender Häufigkeit und Flächengröße in einigen Kombinationen auftreten. So kann man einige charakteristische Tracht- und Habitustypen als isometrische, gestreckte und tafelige Kristalle sowie Kristalle mit gebogenen Flächen, darunter wiederum prismatische und tafelige, unterscheiden. Die Abb. 4. 5. 1. zeigt eine Auswahl dieser Tracht- und Habitustypen.

Zusammensetzung

Coelestin besteht aus Strontiumsulfat ($Sr\,SO_4$). Er kann etwas Calcium oder Barium enthalten; Arzruni (1872) gab für den Rüdersdorfer Coelestin einen Gehalt von 0,239 % Ca an.

Farbe

Das namengebende "himmlische" blau ist die charakteristische Farbe des Minerals, daneben kann es gelblich, braun, gelegentlich auch rot oder grün sein.

Die Blaufärbung resultiert von Farbzentren; bei Erwärmung rekombinieren diese und die Färbung verschwindet, ohne daß der Kristall dabei zerstört wird. Die Rotfärbung hat ihre Ursache im Einbau meist submikroskopischer Pigmentkörper von Hämatit. Trübungen und graue Färbungen, meist nicht homogen verteilt und oft zonar wechselnd, können von Flüssigkeitseinschlüssen herrühren. Die gelegentlich in Rüdersdorf zu beobachtende honiggelbe Färbung getrübter Kirstalle ist wohl auf eine Kombination von Flüsigkeitseinschlüssen und Pigmenteinlagerungen zurückzuführen.

Einschlüsse

Die Coelestine enthalten verschiedene Festkörpereinschlüsse: Nichtkarbonat-Minerale, Karbonate und organische Substanzen.

Flüssigkeitseinschlüsse kommen primär in Kristallen oder sekundär auf Brüchen in Kristallen vor. Die Untersuchungen der ersteren ergaben, daß die Coelestin-Kristalle höchstwahrscheinlich aus meerwasser-ähnlichen Lösungen und bei weniger als 50° C ausgeschieden worden sind, also in sehr geringer Versenkungstiefe.

Vorstellungen über die Bildung

Im Meerwaaser ist nur sehr wenig Strontium enthalten, nämlich 8 ppm; eine direkte Ausfällung ist also nur bei stärkeren Anreicherungen unter sehr speziellen Bedingungen zu erwarten. Auf dem Umweg über Organismen kann man jedoch eine Anreicherung erzielen: Es gibt Einzeller, die Acantharia, eine Gruppe der Radiolaria i. w. S., die ihre mikroskopischen Skelette aus $SrS0_4$ bilden; sie sind jedoch fossil unbedeutend. Wichtiger scheint zu sein, daß verschiedene wirbellose Organismen wie Korallen und Muscheln in ihren Aragonit- Skeletten Strontium zu Gehalten von 3. 000 - 10.000 ppm anreichern können; im Zuge von späteren Lösungs- und Umkristallisierungsvorgängen könnte sich Coelestin bilden. Die Untersuchungen der Schwefelisotopen des Coelestins zeigen, daß die Bildung unter reduzierenden Bedingungen erfolgte.

Zu beachten ist allerdings, daß der Coelestin in Rüdersdorf bevorzugt in der Nähe von Störungen auftritt (Streichan, 1987). Diese Beobachtung zeigt, daß das

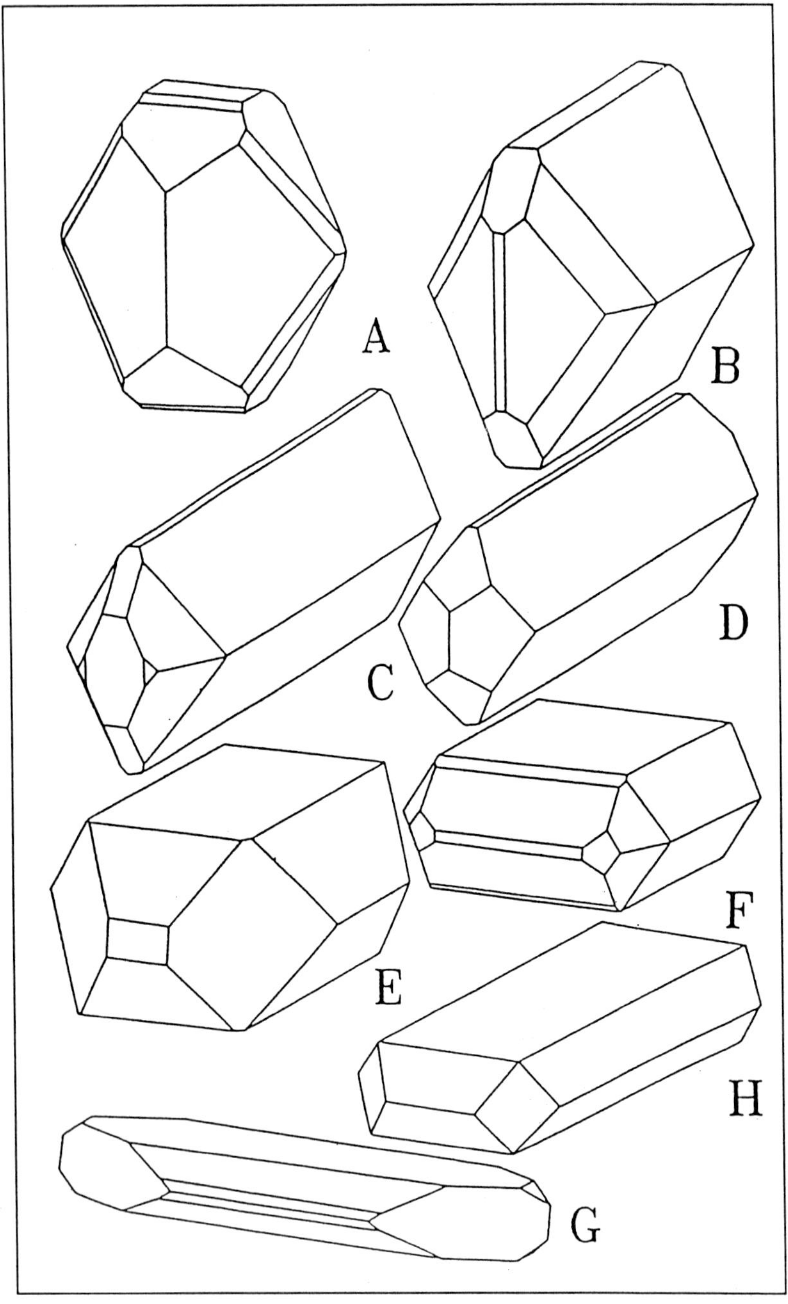

Abb. 4. 5. 1. : Habitus und Tracht der Coelestine: **A** Isometrischer Typ; **B** Übergangstyp von **A** zu nach [100] gestreckten Typen wie **C** und **D**; **E** Übergangstyp zu nach {001} tafeligen Typen wie **F**, **G** und **H** (Beitrag Bautsch & Damaschun)

Abb. 4. 5. 2. Coelestin-Kristall vom isometrischen Typ (s. Abb. 4. 3. 1. A). Gut ausgebildet ist die Fläche (0 0 1) - links im Bild-, gut erkennbar die seltene kantenabstumpfende Fläche (2 2 1) in der Zone [1 1 1] (Sammlung Mineralogisches Museum der Humboldt-Universität Berlin, Foto H. Koppe).

Abb. 4. 5. 3. Coelestin - Kristalle vom prismatischen Typ, gestreckt nach der a-Achse (s. Abb. 4. 3. 1. C) auf einer Kluftfläche (Sammlung Streichan, Foto Kleeberg).

ursprünglich entsprechend den marinen Sedimentationsbedingungen sporadisch verteilte Strontiumsulfat in späteren Phasen mobilisiert und umkristallisiert wurde. Bevorzugte lokale Kristallisationsbedingungen boten die dabei entstandenen Porenräume, Spalten und drusenartigen Hohlräume. Weiterhin tragen viele Coelestinkristalle Ätzungs- und Lösungserscheinungen; auch sie deuten auf eine mehrphasige Bildung hin.

4. 5. 3. Sphalerit (Zinkblende)

Zinkblende wird von Eck (1872) bei der Besprechung der schaumkalkführenden Abteilung als "selten in kleinen blättrigen Massen in Kalkspatdrusen" erwähnt. Ihre morphologische Ausbildung in keilförmigen, flachen Kristallen ist sehr charakteristisch. Dieser Habitus ergibt sich durch die stärkere Ausbildung des positiven Tetraeders und Verzwilligung nach (111), untergeordnet auch nach (211), in feinlamellarer Wiederholung. Die Zwillingslamellen zeigen sich auf einzelnen Flächen oft als Streifung. Durch diese Verzwilligung und Verzerrung ist die Morphologie vielfach nicht leicht zu deuten, zudem kaum Einzelkristalle auftreten sondern meistens Kristallaggregate. Zinkblende kommt fast ausschließlich als Aufwachsung in den Drusen und Klüften mit Calcit des steilrhomboedrischen Typs vor. Einzelkristalle können bis 2 cm Durchmesser erreichen, Kristallaggregate bis etwa 4 cm. Etwas abweichend finden sich kleine isometrische Einzelkristalle (ca. 1 mm) auf dichten Calcitkrusten in brekziierten Partien.

Die Zinkblende ist schwarzbraun diamantglänzend, zuweilen an Kanten und dünnen Tafeln rotbraun durchscheinend, mit Spaltbarkeit nach (110), oft auch Absonderung nach den Verwachsungsebenen. Das von Schulz (1928) bestimmte spezifische Gewicht beträgt 4,104 g / cm^3. Die beiden ebenfalls von Schulz ausgeführten chemischen Analysen ergeben als Mittelwerte Zn = 67,31, Fe = 2,18 und S = 30,42 Masse %.

Rückschlüsse über die Kristallisationsbedingungen lassen sich nicht ableiten, jedoch ist aus den paragenetischen Verhältnissen - neben Calcit gelegentlich Pyrit - eine Mobilisation der geringen Spuren aus der Umgebung und folgende Auskristallisation bei niedrigen Temperaturen und Schwefelpartialdrücken anzunehmen.

4. 5. 4. Chalkopyrit (Kupferkies)

Kupferkies ist noch seltener zu beobachten als Zinkblende und zwar in gleicher Paragenese mit dem steilrhomboedrischen Calcit, jedoch hier etwas früher und gleichzeitig mit dem Calcit kristallisiert, weshalb er von diesem überwachsen ist. Der Kupferkies bildet etwa 1 mm große Kristalle von tetraedrischem Habitus durch Ausbildung des Disphenoids (111), z.T. in Kombination mit einem Skalenoeder. Die Anwesenheit von Kupferkies wird gelegentlich angezeigt durch aufgewachsene oder benachbarte kleine Sphärolithe oder Beläge von Malachit.

4. 5. 5. Pyrit und Markasit

Etwas weiter verbreitet ist der Pyrit. Massiv bildet er gelegentlich cm-starke nierige Krusten, an der Oberfläche mit dodekaedrischen und hexaedrischen Formen, im Inneren in fasrig-schaliger Ausbildung, auf dichtem Kalk. Sonst bildet er feinverteilte kleine Kristalle, oft flächendeckend aufgewachsen auf Calcit und Coelestin sowie neben dem Quarz, mit oktaedrischem und dodekaedrischem Habitus. Auch bei den feinen haarförmigen und wirr zu Büscheln aggregierten Whiskerkristallen an den Nahtstellen von Calcitkristallen sowie bei den im Coelestin eingewachsenen feinen Fasern handelt es sich um Pyrit und nicht, wie früher vermutet, um Millerit. Unter bestimmten Bedingungen neigt Pyrit zum Whiskerwachstum.

Leicht vom Pyrit zu unterscheiden ist der Markasit bei morphologisch guter Ausbildung. Zwei charakteristische Typen wurden beobachtet: 1. Länglich gestreckte Aufwachsungen subparalleler Individuen, gestuft spitz auslaufend mit einer feinschuppigen Oberfläche und 2. Aufliegende und wirr zueinander liegende bis 2 mm lange flachprismatische Kristalle, gestreckt nach der a-Achse und mit dazu paralleler Streifung.

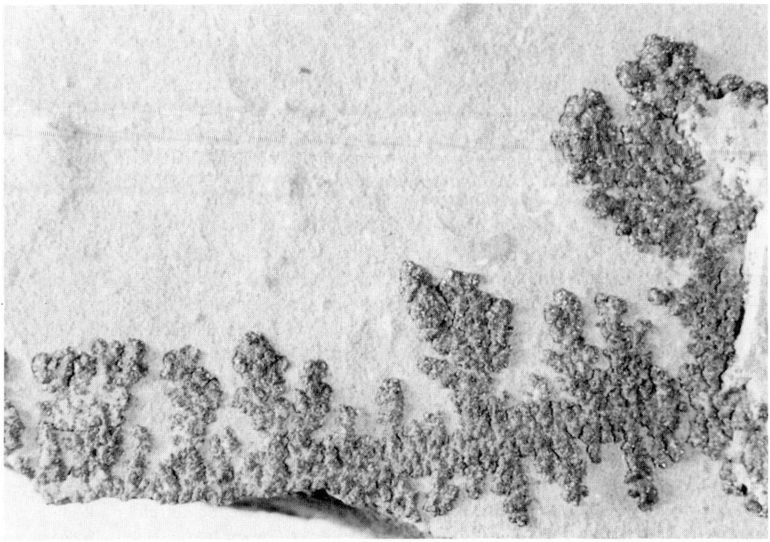

Abb. 4. 5. 4. Markasit in dendritischer Ausbildung; Wellenkalk im Alvenslebenbruch (Sammlung Tornow, Foto Kleeberg)

4. 5. 6. Calcit (Kalkspat)

Wie in einem Kalkstein zu erwarten, ist Calcit gesteinsbildender Hauptgemengteil. Für den Mineralsammler von Interesse sind jedoch die auf Hohlräumen, Klüften und Drusen sekundär auskristallisierten Calcitkristalle und Stufen. Zwei Ausbildungsformen des Calcit sind charakteristisch. Oft in größeren Hohlräumen und auf Klüften finden sich Kristallrasen von bis zu cm-großen Kristallen mit rhomboedrischem Habitus, fast ausschließlich geprägt durch das Rhomboeder $(10\bar{1}1)$, das sich gewöhnlich nur aus reiner $CaCO_3$-Lösung bildet. Entsprechend finden sich hier kaum weitere Minerale. Formenreicher ist der zweite Typ mit verschieden steilen Rhomboedern, Skalenoedern und Prismen in Kombination. Dieser Typ ist auch die paragenetische Matrix für Coelestin und die Sulfide. Gelegentlich sind Wachstumszwillinge nach $(10\bar{1}1)$ zu beobachten. Der zeitliche Wechsel der Wachstums- und Lösungsbedingungen zeigt sich manchmal an Lösungsgrübchen und Vicinalen an den Kristalloberflächen.

4. 5. 7. Quarz

Quarz, häufig blaß amethystfarben, bildet in unregelmäßigen Hohlräumen und Klüften des Oberen Muschelkalks feine Kristallrasen mit kurz-prismatischem Habitus der Einzelkristalle mit meist gleich-, seltener mit ungleichstarker Ausbildung von Haupt- und Nebenrhomboedern als Kopfflächen. Die Kristalle sind gewöhnlich milchig trüb. Sie bilden oft die Unterlage der Paragenese des steilrhomboedrischen Calcittyps.

4. 6. Hydrogeologie und Wasserhaltung der Lagerstätte von Andreas Koszinski

4. 6. 1. Hydrologische Einbindung

Die Kalksteinlagerstätte befindet sich am südlichen Rand der Barnim-Lebuser-Platte, einer pleistozänen Hochfläche, die von mehreren Rinnenzügen zertalt wird. Ein Blick auf eine topographische bzw. hydrographische Karte zeigt, daß das Kalkstein-Vorkommen umgeben ist von Seen und Kanälen, die mit dem Berliner Gewässernetz verkettet sind. Der Grundwasserstrom verläuft, so er nicht der jeweiligen Vorflut zustrebt, analog der Fließrichtung der offenen Gewässer des Rinnenzuges von Nordost nach Südwest zum 4 km südlich gelegenen Warschau-Berliner-Urstromtal. Die gesamte Struktur Rüdersdorf stellt sich als **hydraulische Barriere** dem Anstrom entgegen. Sie wird sowohl von den Fließgewässern als auch vom Grundwasser in westlicher Richtung umflossen. Das gesamte Grundwasser des 180 Quadratkilometer großen Einzugsgebietes des Strausberger Mühlenfließes einschließlich der anfallenden Niederschlags- und Oberflächenwässer tangiert den Triasaufbruch.

Durch das Gewölbe der nach Norden abtauchenden Schichten des Muschelkalkes, besonders aber dadurch, daß die nahezu wasserundurchlässigen mergeligen Schichten des Mittleren Muschelkalks gerade im Kontaktbereich Trias/Pleistozän im Grundwasserniveau anstehen, wird der **Tagebau gegen eindringende Wässer weitgehend geschützt**. Das gesamte nördliche Vorfeld ist so auf natürliche Weise gegenüber dem Grundwasser abgedichtet. Nur in zwei eng begrenzten Bereichen können die produktiven Kalksteinserien vom Hangenden, d.h. von oben her, gespeist werden.

Eine dieser **Schwachstellen** liegt im östlichen Bereich des Tagebaus: Steht man auf der untersten Sohle, befindet man sich bereits 60 m unter dem Grundwasserspiegel. Aus der Ost- und Nordostwand tritt in allen Niveaus Wasser aus, und zwar aus dem **porösen Schaumkalk selbst, vornehmlich aber aus Klüften und kleineren Störungen.** Das Ost-West streichende Kalksteinpaket ist unmittelbar hinter der Tagebaukante abgerissen, d.h. die am Tagebaurand im Niveau +40 m NN anstehenden Kalksteinschichten sind jenseits der Böschung mehr als 60 m tiefer anzutreffen. Das Grundwasser aus dem Pleistozän kann somit den porösen Schaumkalk infiltrieren.

Der zweite Schwachpunkt, die **"Achillesferse" des Tagebaus, ist die Kreuzbrückenspalte** (s. Kap. 5. 2. 6; Abb. 5. 4. a.- c.). Die mehr als 50 m tiefe mit Sanden gefüllte subglaziale Erosionsrinne erforderte schon zu früheren Zeiten große Beachtung seitens der Abbauführung und -gestaltung. Sie hatte bis in die 60er Jahre unseres Jahrhunderts hinein noch Bedeutung für die natürliche Grundwasserströmung von Nord nach Süd. Erst 1981 wurde sie nach komplizierter Vorentwässerung unterhalb des Grundwasserspiegels durchfahren. Infolge des fortschreitenden Abbaus ist diese hydraulische Verbindung nunmehr völlig unterbrochen, und Wasser strömt von Norden wie von Süden durch die mit Sanden verdeckten Trichter der Spalte in den Kalksteinblock hinein: Dieser Zustrom bringt die Hälfte der gesamten Wassermenge, die zur Gewährleistung des Abbaus aus den untertägigen Grubenbauen hinausgepumpt werden muß. Im Großaufschluß Tagebau ist von alledem nichts zu sehen.

Zum Liegenden, d.h. nach unten hin, ist das 160 m starke Kalksteinpaket abgedichtet. Tone und Mergel des Oberen Buntsandsteins und der Untere Wellenkalk selbst sind stauende Schichten. Die im Röt eingelagerten und z.T. ausgelaugten Gipshorizonte führen jedoch gespanntes Grundwasser.

4. 6. 3. Grundwasserstockwerke im Lagerstättenbereich:

Kennzeichnend für das hydrogeologische System der Lagerstätte ist eine strenge **Stockwerksgliederung in grundwasserleitende und -stauende Schichtenglieder** (Abb. 4. 6. 1. u. Tabelle 4. 6. 1.).

Der oberste Wasserstand im Grundwassergebäude des unmittelbaren Tagebauvorfeldes ist durch die **Seespiegel** der Gewässer bestimmt. Deren Pegelstand wird durch die stromab gelegene Woltersdorfer Schleuse konstant bei +34,5 m NN gehalten. Das gleiche Niveau ist auch im **Hauptgrundwasserleiter innerhalb der pleistozänen Sande bzw. Kiese** anzutreffen, was durch eine Vielzahl von Grundwassermeßstellen belegt ist. Nur im engeren Einzugsgebiet der Kreuzbrückenspalte ist bis in Entfernungen von 200 - 300 m (= Einzugstrichter) eine Absenkung des Grundwassers auf +25 m bis +15 m NN zu beobachten.

Das als wasserleitendes Stockwerk einzuordnende Kalksteinpaket des **Oberen Muschelkalks** ist vielfach durch Geschiebemergel oder bindige Halden vergangener Zeiten zum Hangenden, d.h. nach oben hin, abgedichtet, so daß sich ein eigenständiger Grundwasserstand bei +25 m bis +30 m NN einstellen konnte. Teilweise wird dieser Stand durch technisch hergestellte Verbindungen mitbestimmt (z.B. durchschlägige Entwässerungsbohrungen über die Felsmauer nach Untertage).

Das etwa 20 m mächtige tonig-mergelige Paket der Oberen Wechsellagerung des Mittleren Muschelkalkes hat sich als wasserundurchlässig erwiesen. Die **ursprünglich eingelagerten Gipshorizonte** unterschiedlichster Stärke mit einer Gesamtmächtigkeit von bis zu 8 m sind im Gewinnungsbereich sowie bis in Tiefen von 50 m ausgelaugt. Die Folge ist ein unregelmäßiger Mächtigkeitsschwund, der den natürlichen Schichtenaufbau weitgehend zerstört hat. Darüber hinaus führten die Aufpressung des Schichtenpaketes durch das aufsteigende Zechsteinsalz um mehrere 100 m und das Überfahren durch mächtige Gletscher verschiedener Eiszeiten zu plastischer Verformung dieser Schichten, so daß sie nunmehr zum Teil taschenförmig verknetet und ineinander gefaltet sind. Selbst im Bereich von Verwerfungen ist keinerlei Wasserbewegung im Sinne von Grundwasserströmungen möglich.

Die Untere Wechsellagerung ist ein analoger geologischer Körper. Bis in eine Tiefe von 30 m unter Flur und so auch im Tagebaubereich sind die zwischengelagerten Gipse durch unterirdische Auslaugungsvorgänge vollständig entfernt. Im mittleren Teil der **Unteren Wechsellagerung** allerdings ist in den **Bereichen kompakter Gipsführung** eine teufenabhängige laterale Wasserströmung vorhanden. In den tieferen Bereichen bis etwa 30 m unter NN, also in ca. 70 m Teufe, sind die Auslaugungsprozesse (Subrosion) noch aktiv. Ein Teil der Anhydrite bzw. Gipse sind vorhanden und halten somit ein undefinierbares Netz von Schlottenhohlräumen aufrecht.

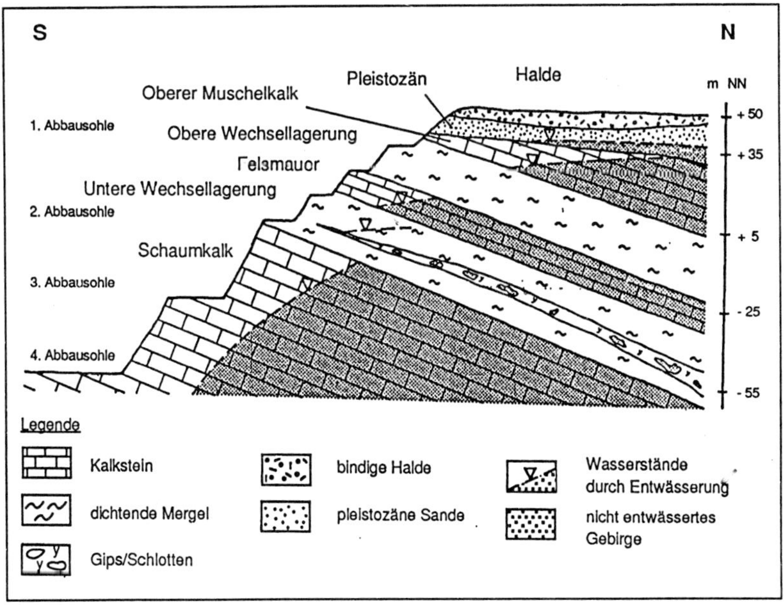

Abb. 4. 6. 1. Hydrogeologie der Tagebau-Nordböschung (Beitrag Koszinski)

Hohlräume mit maximal 1 m Vertikalausdehnung wurden an unterschiedlichen Stellen des nördlichen Tagebauvorfeldes in Bohrungen und im Entwässerungsschacht beobachtet. In größeren Tiefen liegen die beiden Wechsellagerungen des Mittleren Muschelkalks als kompakte, wasserundurchlässige geschichtete Komplexe in ihrer ursprünglichen Mächtigkeit vor.

Das 6 - 8 m mächtige, in die plastisch reagierenden Mergelpakete eingebettete Mittlere Karbonat ist ein vollständig zerklüfteter Kalkstein. Es besteht fast ausschließlich aus dezimeter-großen Kluftkörpern. Diese sogenannte **Felsmauer** hat für einen Festgesteinsverband eine nahezu **ideale hydraulische Leitfähigkeit**. Sie ist ein ausgesprochen gleichmäßiger Kluftwasserleiter und hervorragend entwässerbar.

Der Schaumkalk einschließlich der hangenden Orbicularis-Schichten und die übrigen auflagernden, durch Gipsauslaugung porös gewordenen Schichten des Unteren Karbonates (Mittlerer Muschelkalk) sind im ganzen als wasserleitendes Stockwerk (mit insgesamt 100 m Mächtigkeit) einzustufen. Die Wasserwegsamkeit in den

Tabelle 4. 6. l. Hydrogeologische Stockwerke der Lagerstätte

Quartär	Oberflächenwasser (Seen, Kanäle) (= Vorflut der Grubenwässer)	**1. Wasserleiter**
	Halde: lehmige Sande, Mergel Kalksteinunterkorn	***stauend***
	Holozäne Sedimente (Torf, Mudde)	***stauend***
	Pleistozäne Sande (Hauptgrundwasser)..............	**2. Wasserleiter**
	Geschiebemergelhorizonte	***stauend***
Oberer Muschelkalk	Kalksteinpakete (Kluft- u. Porenwasser)	**3. Wasserleiter**
Mittlerer Muschelkalk	*Obere Wechsellagerung (Ton, Mergel)*	***stauend***
	Felsmauer (Kalkstein mit Kluftwasser)	**4. Wasserleiter**
	Untere Wechsellagerung (Ton, Mergel)	***stauend***
	└ Schlotten im Gips.....................	**5. Wasserleiter**
Unterer Muschelkalk	Schaumkalk (Kluft- und Porenwasser)..........	**6. Wasserleiter**
	Wellenkalk (Kalkmergelstein)	***stauend***
Oberer Buntsandstein	*Röttone (-mergel)*	***stauend***
	└ Schlotten im Gips...................	**7. Wasserleiter**

Porenhohlräumen der Schaumkalk-Stufe bleibt hinter der Wegsamkeit auf Schichtflächen und Klüften zurück. In regelmäßigen Abständen queren Störungen das Kalksteinpaket. Diese wirken als Sammler, die wiederum durch untertägige Strecken oder Bohrungen erschlossen werden können.

Der **Wellenkalk** ist aufgrund des 10 - 20 prozentigen Tonanteils und der unebenen Schichtflächen (s. Abschnitt 4. 1. 5.) ein **Wasserstauer**. Selbst die wenigen reinen Kalksteinbänke sind unergiebig, da sie überwiegend aus feinkörnigem Kalklutit bestehen. Nur an Störungen mit entsprechendem Öffnungsbetrag können in relativ geringem Umfang Wässer aus dem Liegenden durchdrücken.

Das liegende **Röt** - zur Zeit praktisch nur durch Bohrungen aufgeschlossen - **dichtet** die Kalksteinserien und damit **den Tagebau nach Süden hin ab**. Die in die tonigen Gesteine des Röts eingelagerten oberen Gipshorizonte haben ein durch Auslaugung bedingtes eigenes Hydropotential. So konnte beispielsweise beim Anbohren des oberen Gipses von der 3. Tagebausohle aus, im Niveau - 25 m NN, am Bohrlochmund noch ein Wasserdruck von 2,5 at gemessen werden. Das gespannte Liegendwasser strömt ansonsten nur entlang durchschlägiger, geöffneter Klüfte dem Tagebau zu.

Das Fließgeschehen in den entwässerbaren Horizonten der Trias wird durch die Tagebau-Innen-Entwässerung bestimmt.

4. 6. 4. Wasserinhaltsstoffe (Hydrochemie) :

Die im Tagebau bzw. in den dazugehörigen untertägigen Streckensystemen anfallenden ca. **12 Millionen Kubikmeter Wasser im Jahr** zeigen im Vergleich zum Grundwasser des pleistozänen Stockwerks des Umfeldes merkliche **Abweichungen in ihrem Chemismus.**

Das Grubenwasser ist **biologisch unbelastet**, durch den Kalkstein sogar gefiltert und frei von Feststoffen sowie industriell bedingten Verunreinigungen.

Es treten jedoch erhöhte Chloridgehalte auf, die relativ konstant bei 100 - 150 mg/l liegen. In untertägigen Zuflüssen, denen aufsteigendes Tiefenwasser beigemengt ist, wurden Chloridgehalte von 1000 mg/l belegt. Für den Sulfatgehalt kann im Tagebau, dem Pumpensumpf der Wasserhaltung und im südlichen Vorfeld ein Gehalt zwischen 0,7 und 1,3 g/l vermerkt werden. Nördlich des Tagebaus, also in Anströmrichtung und in Richtung der offenen Gewässer, wurden Werte zwischen 200 und 500 mg/l ermittelt. Ein weiterer Negativ-Parameter ist der Kalziumgehalt, der sich zusammen mit dem Magnesiumgehalt in der Wasserhärte niederschlägt. Die **Gesamthärte** liegt in den zu hebenden Wässern **zwischen 40 und 80 Grad deutscher Härte**. Die erhöhten Sulfat- und Kalzium-Gehalte haben ihren Ursprung in der Kalksteindurchströmung und in den im vorangegangenen Abschnitt erwähnten Subrosionsvorgängen in den Wechsellagerungen únd den Rötgipsen. Wegen dieser Inhaltsstoffe kann das Wasser nicht als Trinkwasser oder Brauchwasser verwendet werden.

4. 6. 5. Wasserhaltung:

Um die Kalksteingewinnung zu gewährleisten, ist trotz günstiger geologischer Lagerungsverhältnisse ein erheblicher Aufwand an **Wasserhaltungsmaßnahmen** erforderlich. Die Rohstoffe werden immerhin 60 m unterhalb der Seeoberflächen der umliegenden Gewässer bzw. des Hauptgrundwasserspiegels gewonnen: Ohne Wasserhaltungsmaßnahmen wäre der Tagebau also ein tiefer See.

Schon seit 1870 wird in Rüdersdorf Kalkstein in größerem Umfang unter dem Grundwasserspiegel abgebaut - es mußte also entwässert werden. Die Wässer wurden zunächst über 90 Jahre lang in offenen Gräben im jeweils tiefsten Abbauniveau gesammelt und von entsprechenden Pumpensümpfen aus gehoben. Besondere Bedeutung kam hierbei dem entlang der Nordböschung verlaufenden Sammler zu, der aufgrund der Technologie des Bruchsturzverfahrens in Einfallrichtung (Nord) im Stoß verblieb. Diese sogenannte **offene Wasserhaltung** reichte nach Einführung neuerer Gewinnungs- und Fördertechnologien, speziell der Großbohrlochsprengung in den 1950er Jahren, nicht mehr aus.

Man entwickelte daraufhin eigens **für die Entwässerung ein untertägiges Streckensystem**, anfänglich im Niveau -7 m NN, bald aber auf dem - 41 m Niveau, um den Abbau auf der 3. Tagebausohle (-25 m NN) uneingeschränkt gewährleisten zu können. 1978 waren dann etwa 2/3 des Tagebaus bereits unterfahren und seitdem werden relativ konstant im Jahresdurchschnitt 22 - 23 Kubikmeter Wasser pro Minute gehoben.

Mit der Planung der 4. Abbausohle wird in der Perspektive auf der gesamten Tagebaulänge Kalkstein bis 90 m unter dem Grundwasserspiegel gewonnen werden (= - 55 m NN). Der neue zentrale Wasserhaltungsschacht - der Schacht Heinitz - war 1984 fertiggestellt. Seine Pumpwasserhaltung im - 60 m NN-Niveau bewältigt ab 1992 alle abzupumpenden Wassermassen. Das im - 55 m NN Niveau noch im Bau befindliche Streckennetz wird auf der tiefsten Tagebausohle dann noch zur Grubenentwässerung dienen.

Die **Tagebau-Innen-Entwässerung** wird dann wie folgt funktionieren: In den Grenzen des Tagebaus wird unterhalb der tiefsten Gewinnungsebene (= 4. Sohle) eine Richtstrecke (Stollen) im Streichen der Lagerstätte aufgefahren, d.h. in Längserstreckung des max. 600 m breiten Tagebaus. Je nach Erfordernis werden dann senkrecht dazu in 200 m Abstand zueinander in Nord- bzw. Süd-Richtung weitere Stollen von maximal 100 m Länge angelegt. An deren Ende befinden sich Bohrkammern, von denen je ein Fächer von 6 - 8 flachen, bis 100 m langen Bohrungen nahezu horizontal in das Gebirge getrieben wird.

Die Wasserableitungsstrecken beider "Etagen" und alle bestehenden Altstrecken sind miteinander verbunden. Einschließlich der erforderlichen Flucht- und Wetterschächte ist dann das Grubengebäude komplett. Alle Grubenräume (Strecken usw.) sind so angelegt, daß sie mit einem Gefälle von 1 : 300 auf den zentralen Pumpensumpf zulaufen, sodaß das **Wasser nur von einem Punkt aus herausgepumpt** werden muß.

4. 7. Gewinnung, Förderung und Aufbereitung des Rohkalksteins von Andreas Koszinski

4. 7. 1. Einleitung

Seit fast 40 Jahren findet im Rüdersdorfer Tagebau das Großbohrlochsprengverfahren zur Gewinnung (zum Lösen) des Kalksteins aus dem Gebirgsverband in immer ausgereifterer Form Anwendung. Die Abbau richtung folgt dem Streichen der Schichten. Die in drei Serien (Süd-, Mittel- und Nordbruch) eingeteilten Abbauwände sind 25 - 33 m hoch, so daß mit einer Sprengung durchschnittlich 25.000 t Rohmaterial bereitgestellt werden.

Die eingeleiteten und schon begonnenen umfangreichen Veränderungen der technisch-technologischen Systeme machen auch eine Anpassung der Kalksteingewinnung erforderlich. So werden im Schaumkalk Zwischensohlen aufgefahren mit dem Ziel, ab 1994 generell nur noch 10 m hohe Abbauwände vorzutreiben. Im Wellenkalk werden die Wandhöhen ebenfalls geteilt, um mit praktikableren 15 m - Abbauwänden arbeiten zu können.

Bevor ein Ausblick auf die neu zu installierenden Aufbereitungs- und Fördereinrichtungen gegeben wird, soll der über Jahrzehnte bewährte Weg des Kalksteins vom "Berg" - so nennt der Bergmann den Steinbruch bzw den natürlichen Gesteinsverband - zu den Verarbeitungswerken nachgezeichnet werden.

4. 7. 2. Abbau

Als Hauptaggregate an allen Abbaustellen werden zur Aufnahme und Übergabe des gelösten Materials an die nachgeschalteten Vorzerkleinerungseinrichtungen (Fahrbare Brechanlagen) und Transportbänder elektrische Löffelbagger (6 kV) mit einem Löffelinhalt von 4,6 m^3 eingesetzt, die bis 1994 schrittweise durch mobile Radlager (Schaufelinhalt: 5,4 m^3) ausgetauscht werden. Die flachen Endböschungen werden durch eine schwere Reißraupe gestaltet. An den drei betriebenen Wellenkalkabbaustellen (ein Gewinnungsort auf jeder Sohle) sind fahrbare Brechanlagen vom Typ eines Schlagprallbrechers zur optimalen Vorzerkleinerung des Rohkalksteins in Betrieb. Sie haben eine Durchsatzleistung bis zu 500 t / h. Je nach Bedarf speisen ein oder zwei Anlagen den Förderstrom.

Im Schaumkalk werden zwei fahrbare Brechanlagen betrieben, die mit Backenbrechern (Kurbelschwingbrecher) mit max. 250 t / h bestückt sind. Der Kalkstein soll hier möglichst schonend gebrochen werden, um den Anteil des für das Kalkbrennverfahren nicht verwertbaren Unterkorns (= Feinanteil < 60 mm) gering zu halten.

Die von den einzelnen Abbaustellen kommenden Massenströme werden über rückbare und stationäre Gurtbandförderer (Transportbänder) von insgesamt 11,2 km Länge zu weiteren Aufbereitungs- und Klassiereinrichtungen und schließlich zu den Werken geleitet.

4. 7. 3. Förderung und Aufbereitung des Wellenkalkes

Der noch im Tagebau zusammengeführte Förderstrom aller Wellenkalkabbaustellen verläuft über die sogenannte Ablage am Kriensee, entlang der alten Sieberei, nördlich des Alvenslebenbruches parallel zur Bundesstraße 1 und letztlich über diese hinweg bis in die Nachbrecherei auf dem Gelände des Zementwerkes IV. Dieses Werk ist das einzige von insgesamt vier, das weiter verbleibt. (Werk III wurde 1986 und Werk II 1989 stillgelegt).

In der Nachbrecherei wird der Materialstrom in einer Hosenschurre geteilt. Auf jeder Seite erfolgt eine Abscheidung durch ein Stangenrost. Das Unterkorn (< 40 mm) wird über eine gemeinsame Schurre dem abfördernden Band zugeführt. Das Überkorn gelangt über einen Kettenbeschicker auf parallel arbeitende Schlagprallbrecher. Nach dem Zerkleinerungsvorgang vereinigen sich alle Materialströme wieder und gelangen zur Rohkalksteinhalle bzw. direkt in die Rohmühlen. Hier erfolgt die Aufmahlung und Homogenisierung gemeinsam mit den Zuschlagstoffen. Die Herstellung der Rüdersdor fer Portlandzemente erfolgt nach dem Halbtrockenverfahren mit Drehrohröfen.

4. 7. 4. Förderung und Aufbereitung des Schaumkalkes

Der von den beiden Gewinnungsstellen vereinigte Massenstrom gelangt über Gurtbandförderer zur Schaumkalk-Nachbrecherei innerhalb des Tagebaus. Der Rohkalkstein wird hier über ein Exzenterschwingsieb geführt, das Überkorn (= Grobanteil > 160 mm) im Einschwingenbackenbrecher nachzerkleinert und dem Förderstrom wieder zugegeben. In der Sieberei auf der Ablage wird das Material über eine Verteilerschurre auf zwei parallel angeordnete Siebstraßen geleitet, die mit je einem Exzenterschwingsieb, einer Doppeldecker- und einer Eindeckerkreiswuchtmaschine ausgestattet sind und in folgende Körnungen klassieren: 0 - 30 mm; 30 - 60 mm; 60 - 110 mm; 110 - 160 mm; > 160 mm. Das Unterkorn (= Feinanteil < 30 mm) wird direkt an der Sieberei auf die Wellenkalkbandstraße übergeben und in die Rohstofflagerhalle des Zementwerkes gefahren.

Ein Teil der Fraktion 30 - 60 mm (Schotter) wurde in der Mahlanlage am Kriensee, die 1991 abgerissen wurde, zu Steinmehl weiterverarbeitet. Nach wie vor wird der Schotter als Zuschlagstoff für die metallurgische Industrie, über das Wasserstraßennetz - Krienhafen an der Ablage oder für den Wegebau eingesetzt. Der größere Teil jedoch wird ebenso wie das Überkorn (> 160 mm) den Rohmühlen bzw. den Rohkalksteinhallen des Zementwerkes zugeführt. Lediglich aus den Fraktionen

60 - 110 und 110 - 160 mm wird in den Ring-Schachtöfen des Kalkwerkes Branntkalk und Kalkhydrat hergestellt. Das Ausbringen für das Kalkwerk von der Gesamtschaumkalkförderung liegt bei 30 %.

Der im Kalkwerk eingehende Massenstrom läuft über ein Rost (Stangen-Sizer), um das während des Förder- und Klassierprozesses hinzugekommende und das nicht sauber ausgehaltene Unterkorn der Zementlinie übergeben zu können.

4. 7. 5. Die neue Förder- und Aufbereitungslinie

Die bestehenden Betriebsanlagen innerhalb des Tagebaus, auf der Ablage und nördlich des Alvenslebenbruches werden noch 1993 in ihrer Gesamtheit außer Funktion gehen. Das bedeutet die Stillegung aller Bandanlagen und die Beräumung des Bereiches der Tagesanlagen (Kaue, Werkstätten u.s.w.) in den folgenden Jahren für die Vorbereitung des Kalksteinabbaus. Im Alvenslebenbruch (-25 / -35 m NN) geht im Sommer 1993 die neue zentrale Brecheranlage in Betrieb. Die zweistufige Walzenbrech anlage hat hydraulisch verstellbare Schlitzweiten, um den Brechvorgang zu modifizieren. Die Durchsatzleistung ist mit 1400 t/h konzipiert.

Beide Rohstoffsorten laufen über dieses Hauptaggregat des Tagebaus, so daß alternierend gefahren werden muß. Der Antransport zum Schütttrichter des Brechers erfolgt mit Schwerlastkraftwagen (SLKW´s) mit 50 t Ladevermögen, die an den vier Wellenkalk- bzw. drei Schaumkalkgewinnungsstellen mit Radladern beladen werden.

Der Hinwendung zur mobilen Technik liegen in erster Linie Wirtschaftlichkeitsbetrachtungen zugrunde; zum Beispiel ist der Instandhaltungsaufwand der bisherigen 5 fahrbaren Brechanlagen und 11 km langen Bandstraßen enorm hoch . Außerdem garantiert die Radlader / SLKW-Technologie eine bessere Flexibilität des Systems.

Aufgrund der maximalen Wandhöhen von 15 m sind 3 bis 4 Ladestellen erforderlich, um bei der alternierenden Fahrweise der Rohstoffe die Verarbeitungswerke ausreichend bedienen zu können. Die Vorteile bei niedrigeren Abbauwänden sind insbesondere geringere Sprengerschütterungen, eine erhöhte Arbeitssicherheit (bei Anwendung der mobilen Technik) und größere Flexibilität bezüglich der massen- und qualitätsgerechten Bereitstellung von Rohkalkstein.

Das vorgebrochene Material wird über Transportbänder mit einer Gesamtlänge von 1,6 km zur neuen Sieberei an der Bundesstrasse 1 geleitet. Während der Wellenkalkförderung durchläuft der Förderstrom die Sieberei ohne weitere Aufbereitung und gelangt zum Rundmischbett auf dem Terrain des Zementwerkes. Das Mischbett hat eine Kapazität von ca. 70.000 t (7-tägige Bevorratung) und dient dazu, dieQualitätsparameter des Kalksteins vergleichbar zu halten.

Der geförderte Schaumkalk wird in der Sieberei über 2 parallele Siebstraßen fraktioniert. Das Unterkorn (< 50 mm) - ca. 60 % des Fördergutes - gelangt in die Nachbrecherei des Zementwerkes. Die Fraktion > 50 bis max 120 mm verarbeitet das Kalkwerk in neuen Kalköfen zu den Finalprodukten. Überkorn fällt aufgrund des neuen Brechertyps nicht mehr an.

4. 8. Nutzung des Rüdersdorfer Kalksteins als Werkstein von Reinhard Walter

Mit seiner plattigen bis bankigen Ausbildung, insbesondere im Schaumkalk, stellt der Rüdersdorfer Kalkstein ein **spezifisches Baumaterial für Brandenburg, Berlin und deren weitere Umgebung** dar. Bereits mit der Herstellung von Branntkalk ist die Bruchsteingewinnung für Bauzwecke einhergegangen, jedoch sind Zeugen für eine derartige Nutzung des Kalksteines aus den mittelalterlichen Betriebsperioden selten. Beispiele sind die Stadtkirche Strausberg, von Wendland (1984) dokumentierte Belege aus Fundamenten der Berliner Stadtmauer sowie der Turmaufsatz der Marienkirche am Alexanderplatz.

Bereits damals wurde eine wichtige Eigenschaft dieses Kalksteines erkannt, nämlich daß er infolge von in das Schichtungsgefüge eingelagerten Mergelanteilen in verschiedenen Richtungen unterschiedlich auf Druck bzw. Belastung reagiert; diese Charakteristik nennt man **"Druckfestigkeitsanisotropie".** Deshalb wurde der Stein so verbaut, daß die maximale Druckbelastung senkrecht zur Schichtung wirkt.

Im Verlaufe der Jahrhunderte wurde der Rüdersdorfer Kalkstein **auf verschiedene Art als Werkstein** genutzt, etwa als Bruchsteinmauerwerk, als unregelmäßiges oder regelmäßiges Schichtmauerwerk, im Systemverband oder als Schichtlagenblockmauern. Die Steinmetz-Bearbeitung ist in der Regel gering und beschränkt sich auf Bossen und Keilschlag. Beispiele für die Nutzung des Baumaterials finden sich besonders in den Bauten aus der ersten Hälfte des 19. Jahrhunderts und dann wieder aus der Zeit von 1900 bis 1920.

Einmalig sind die im Ort Rüdersdorf errichteten Gebäude aus **gesägten Schichtlagenquadern,** wie das Portal des Heinitzkanals (1805), das Portal des Bülowkanals (1816), der Uhrturm in der Heinitzstraße (1844) sowie die Kirche von Rüdersdorf (1871). Die hier verarbeiteten Blöcke von maximal 40 x 60 x 30 cm Größe lassen auf mächtige Kalksteinbänke im Tagebauaufschluß schließen, wie sie heute in dieser Art nur selten angetroffen werden. Die genannten Gebäude wurden aus ungleich dicken Steinen erbaut, aber Schichten gleicher Dicke umlaufen das ganze Gebäude. Es war also auch in der Vergangenheit schon wichtig, homogenes Rohmaterial für eine Werksteinverarbeitung bereitzustellen.

Für den Zeitraum von ca. 1880 bis 1920 ist die Verwendung des Rüdersdorfer Kalksteines nahezu ausschließlich auf **Schichtmauerwerk bzw. Systemverband mit Massivbossen** ausgerichtet. Offenbar war dieser Verwendungstyp der Struktur des Kalksteines, seiner Reaktion mit der Atmosphäre und dem optischen Gesamteindruck am besten angepaßt. Häufig wurde der weißgraue bis hellgraue Kalk mit rotbraunen Klinkern kombiniert, was dem Geschmack der Zeit entsprach. Diese Kombination kann man an vielen Beispielen im Stadtgebiet Berlins beobachten, unter anderen auch an größeren öffentlichen Gebäuden wie Schulen und Kirchen (Siehe Tabelle 4. 8. 1.). Während der dreißiger Jahre wurde der Rüdersdorfer Kalkstein beim Städtebau zunehmend von süddeutschen Muschelkalk-Vorkommen, speziell aus dem Würzburger Raum, verdrängt.

In den fünfziger und sechziger Jahren des zwanzigsten Jahrhunderts wurde der Rüdersdorfer Kalkstein als Werkstein vorwiegend im Landschaftsbau sowie in der Parkgestaltung verwendet, dagegen nicht mehr im Städtebau und in der Architektur. Es wurde weiter versucht, auch auf der Basis der **derzeitigen Gewinnungstechnologie** Werksteine bereitzustellen, angefangen von Rohblöcken bis hin zu Siebprodukten für Agglomerat-Marmor. Wegen des hohen manuellen Aufwandes oder auch der unzureichenden Rohmaterialeigenschaften (Homogenität, Druckfestigkeit, Frostbeständigkeit, Farbe) waren diese Versuche nicht erfolgreich. **Der Rüdersdorfer Kalkstein ist und bleibt jedoch ein spezifisches Baumaterial der Region Berlin - Brandenburg,** ein Schmuck zahlreicher Gebäude und Parks: Deswegen wäre es wünschenswert, daß dieser Naturstein auch weiter als Werkstein genutzt wird, bei der Restaurierung und Bausanierung, aber auch bei der Neugestaltung von Bauwerken und Landschaften.

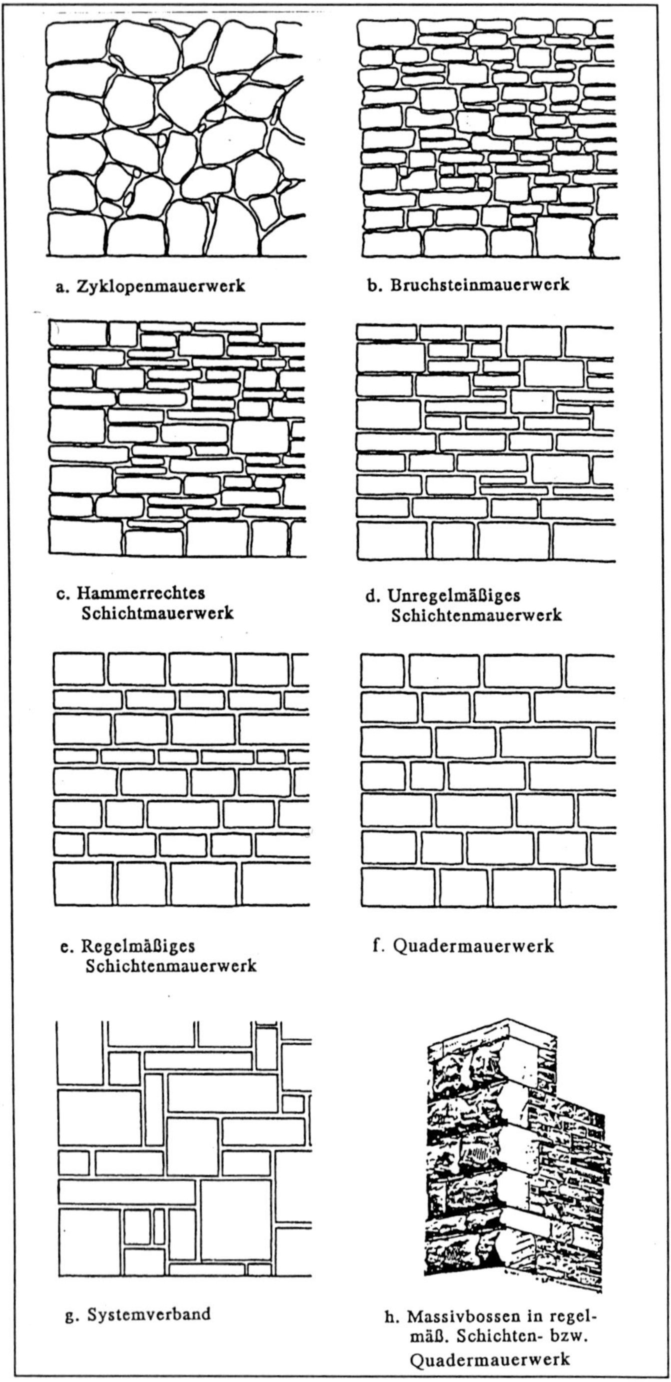

Abb. 4. 8. 1. Typen von Mauerwerk, in denen Rüdersdorfer Kalkstein verbaut wurde (nach Thiele, 1957, und Meisel, 1988; Beitrag Walte r)

Abb. 4. 8. 1.

Marienkirche in Berlin Mitte, spätgotischer Turmaufsatz mit Schichtmauerwerk, erbaut 1418 - 1500

a. Gesamtansicht von WSW

b. Detail zeigt das Einsetzen des hellen Schichtmauerwerkes aus Rüdesdorfer Kalk

(Fotos Schroeder 1992)

Tabelle 4. 8. 1. Rüdersdorfer Kalkstein als Werkstein: Beispiele in und um Rüdersdorf sowie in Berliner Stadtbezirken

Ort	Objekt	Kalkstein*	Charakteristik	Baujahr
Rüdersdorf	Alte Kalköfen Heinitzstraße	G-L	Schichtmauerwerk, unregelmäßig	1802
	Mauer Heinitzstraße 10	G-L	Bruchsteinmauerwerk	ca.1850
	Portal Heinitzkanal	I,K	Schichtlagenquader, umlaufend	1805
	Portal Bülowkanal	I	Schichtlagenquader, umlaufend	1816
	Uhrturm Heinitzstraße		Schichtlagenquader, umlaufend	1844
	Kirche	I	Schichtlagenquader, umlaufend	1871
	Seilscheiben-pfeiler	I	gespitzte Bossen	1870
Strausberg	Stadtkirche	I	Schichtmauerwerk	13.Jhdt.
Berlin-Mitte	Fundamente der Stadtmauer am Gasthof "Zur letzten Instanz"		großformatige Bruchsteine	ca.1300
	Marienkirche spätgotischer Turmaufsatz		Schichtmauerwerk, verfugt	1418 - 1500
	Stadion d.Weltjugend Chausseestraße	G-I	Schichtmauerwerk Systemverband	1950
Berlin-Biesdorf	Dorfkirche	I,K	Quadersteine verfugt	um 1900
Berlin-Friedrichshain	Wohnviertel "Helenenhof" Gryphius-Sonntag-Simplonstraße	I,G	Sockelbossen als Einheitsbausteine z.T. Systemverband	1904/ 1906
	Volkspark Friedrichshain Stützmauern zur Parkgestaltung	I,G,S,T	Massivbossen Schichtmauerwerk	Ende der 1950er
Berlin-Köpenick	Freizeitpark Wuhlheide Freilichtbühne	G,K,L	Schichtmauerwerk	1960er
	S-Bahnhof Wuhlheide	I,K,G	Schichtmauerwerk, unregelmäßig	1935
Berlin-Lankwitz	Kirche Kaiser Wilhelm Paul-Schindler-Str.	K, I	Massivquader im Systemverband	um 1900
Berlin-Lichtenberg	Wohnhaus Weitling-straße 50	I,G	Schichtmauerwerk z.T. Systemverband	
	Schulgebäude Karl-Lade-Straße/ Ho-Chi-Minh-Straße	I,G	Schichtmauerwerk Massivbossen	ca. 1920
Berlin-Oberschöneweide	Christuskirche Firlstraße Turmsockel	I,K,G	Massivquader im Systemverband	ca. 1900
	Schulkomplex Firl-/ Kottmeierstraße/ Plönzeile	I	Massivbossen bis 70 cm	1910
Berlin-Pankow	Ev.Kirche Romain-Rollandstr./ Berliner Straße	G,I	Zyklopenmauer	

* Horizonteinstufung nach rohstofftechnologischem Normalprofil (Abb. 4. 2. 1.)

Abb. 4. 8. 2.

Kirche von Rüdersdorf, erbaut 1871 as Schaumkalk

a. Links

Gesamtansicht von Westen aus der Straße der Jugend.

b. Unten

Einzelner Quader aus Schaumkalk mit Sedimentstrukturen: Schrägschichtungen mit Ersosionsflächen (zur Verdeutlichung teilweise gestrichelt).

Die Strukturen deuten auf ein System von flachen Rinnen/Prielen, die sich ständig neu eingeschnitten haben und wieder in mehreren Stadien - daher die Schichten - verfüllt wurden, sich wieder verlegten und neu einschnitten.

An verschiedenen Quadern dieser Kirche ist ein ganzes Bilderbuch von Sedimentstrukturen (bei jedem Wetter !) zu besichtigen, insbesondere nach der gerade erfolgten Reinigung (Weiteres Beispiel Abb. 4. 4. 4. a.)

(Fotos Schroeder, 1992)

5. Die Schichtenfolge: Pleistozän Ablagerungen und Erosionserscheinungen

von Alexander G. Cepek
mit einem Beitrag zur Glazialmorphologie von L. Behrendt

5. 1. Einleitung

Im Steinbruchbereich und Umgebung können sowohl Ablagerungen verschiedenaltriger Inlandvereisungen und ihrer Schmelzwässer sowie deren Einwirkungen auf die anstehenden Röt-Muschelkalk-Festgesteine beobachtet werden. Als ***glaziale Sedimente*** finden sich Grundmoränen (Geschiebemergel bzw. -lehme, Lokalmoränen), Schmelzwassersande und -kiese, gelegentlich auch Schluffe (z.T. mit Warven). In der SE-Ecke des Alvenslebenbruches waren bis 1987 Flußsande und eine Torflage aus der Eem-Warmzeit aufgeschlossen (Cepek, 1986, und Abb. 5. 2.).

Grundmoränen entstehen im basalen Bereich des Inlandeises aus exariertem und während des Eistransportes zerkleinertem und vermischtem Gesteinsschutt. Mit dem Abschmelzen und Verdunsten der Eismassen wird die Grundmoräne abgelagert, vor allem unter Wirkung der Schwerkraft. Die Ablagerung enthält alle Korngrößen von Ton über Sand, Kies bis zu Blöcken ("Findlingen"): Sie ist unsortiert und ungeschichtet. Ihre Zusammensetzung richtet sich nach den vom jeweiligen Inlandeisstrom überfahrenen Gesteinsausstrichen. Das so entstandene Gestein wird als *Geschiebemergel* oder, wenn es verwittert und entkalkt ist, als *Geschiebelehm* bezeichnet, zusammenfassend auch als *Till* (aus dem Englischen). Man bezeichnet eine Grundmoräne als *Lokalmoräne*, wenn sie überwiegend lokalen prä-quartären Schutt enthält. Solche Lokalmoränen gibt es in Rüdersdorf im basalen Teil von Grundmoränen (Elster II, Saale I u. II), die mit den Triasgesteinen unmittelbar Kontakt hatten.

Primär aus der Grundmoräne stammendes Material kann durch *Wasser und Schwerkraft umgelagert* werden; die dabei entstehenden Ablagerungen sind zwar dem Geschiebelehm ähnlich, aber an ihren Gefügemerkmalen wie Fließ- und Rutschfalten, Korngrößensortierung, undeutlicher Schichtung als Umlagerungen zu erkennen; man spricht dann von *Fließ-, Ablations-, Ausschmelz- oder subaquatischen Moränen.*

Die *Grundmoränenstratigraphie,* d.h. die Zuordnung von Geschiebemergeln zu bestimmten Vereisungen, erfolgt aufgrund von Kleingeschiebe-Spektren (4 - 10 mm Größe), die man nicht nur aus Aufschlüssen, sondern auch aus Bohrungen ermitteln kann (Cepek, 1969, 1975). Die Elster-Geschiebemergel zeichnen sich durch höhere Feuersteingehalte aus, die des Saale-Komplexes durch dominierende Gehalte an paläozoischen Kalksteinen. Der mittlere Saale-Geschiebemergel (S II) ist zusätzlich charakterisiert durch höhere Dolomitsteingehalte aus dem baltischen Old Red sowie durch extrem geringe Sandstein- und Quarzitanteile des skandinavischen Kambriums und Präkambriums. Die Weichsel-Geschiebemergel führen deutlich höhere Anteile an paläozoischen Schiefertonen aus Südschweden. Diese Zusammensetzungen sind an biostratigraphisch gesicherten Profilen geeicht (Bohrungen Strausberg, Erkner, südwestlich Kagel, s. Abb. 5. 1.). Rüdersdorfer Lokalgeschiebe kann man an petrographischen Besonderheiten wie Schaumkalken, Glaukonitkalken, roten und grünen Tonsteinen u. a. erkennen, außerdem an der fehlenden oder sehr geringen Zurundung als Folge des sehr kurzen Transportes.

Schmelzwasserablagerungen sind in Abhängigkeit von der Transportkraft der Wässer als verschiedenkörnige Sande bis zu steinigen Kiessanden (glazifluviale Fazies) oder als fein- und relativ gleichkörnige Beckensande bis -schluffe bekannt (selten Tone; häufig cm - bis mm - Warven: Glazilimnische Fazies). Sie sind vor dem Inlandeis als Vorschüttbildungen (bei generell vorstoßendem Eis) oder als Nachschüttbildungen (bei generell abschmelzenden Eismassen) subaerisch oder in Tunneln im Eis (inglazial) oder unter dem Eis (subglazial, Rinnen) abgelagert worden.

Zu den ***erosiven Glazialerscheinungen*** zählen die plateauartige, diskordante Abhobelung und flächenhafte Abschleifung der Triasoberfläche durch das Inlandeis, die Gletscherschrammen, die subglazialen Erosionsschluchten, die Strudellöcher ("Gletschertöpfe"); ferner sind glazigene und kryogene Lagerungsstörungen (Wahnschaffe, 1883, 1914) zu beachten.

Die vielseitigen Erkenntnisse über den Ablauf des Eiszeitalters im Gebiet Rüdersdorf wurden nicht nur aus den Steinbruch- oder Kiesgruben Aufschlüssen, sondern auch aus zahlreichen Flach- und Tiefbohrungen gewonnen. Eine Übersicht über den zeitlichen Ablauf der Sedimentbildung und der anderen geologischen Vorgänge

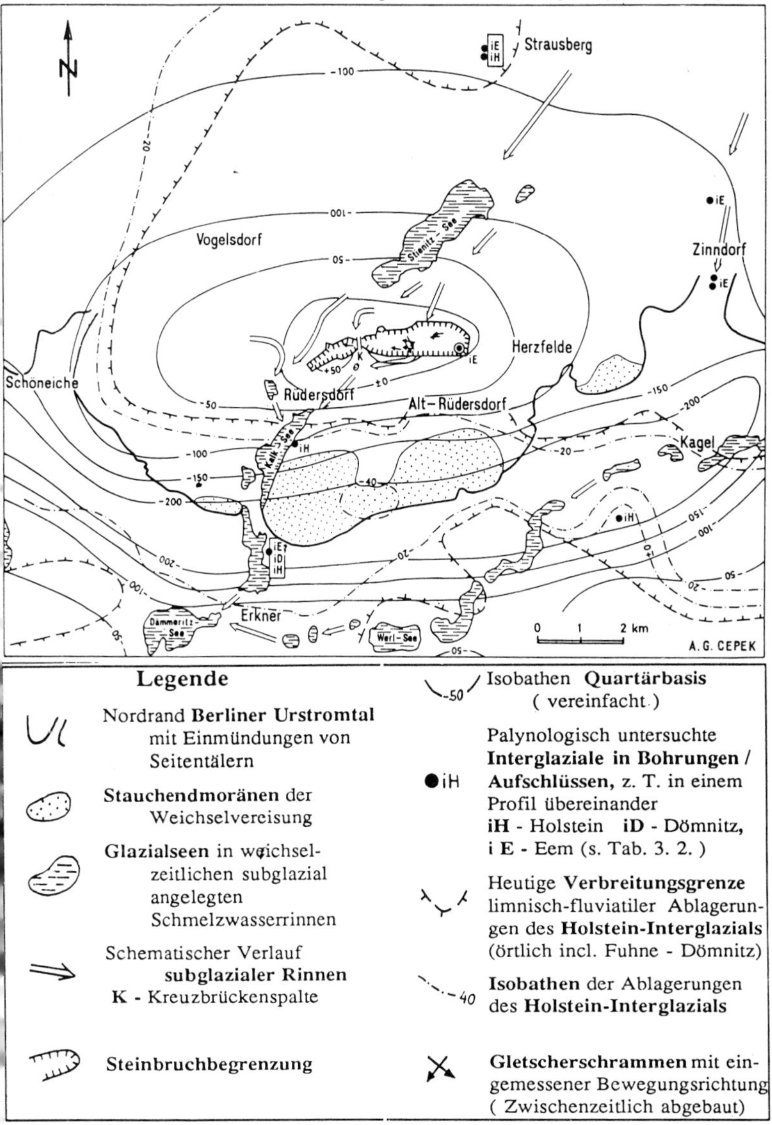

Abb. 5. 1 Übersicht über die Basis des Quartärs, die Position des Holstein-Interglazials und andere Elemente des Quartärs in der Umgebung von Rüdersdorf.

während des Quartärs im Raum Rüdersdorf gibt die stratigraphische Tabelle 3. 2..

5. 2. Exkursionspunkte

5. 2. 1. Überblicke vom Weinberg (Abb. 2. 3. Punkt 11) und von der Höhe 77.5 (Abb. 2. 3. Punkt 7)

Im Weinberg (+75,3 m NN, früher Arnimsberg) und in der unbenannten Höhe am Südrand des Alvensleben-Bruches (77,5 m über NN, südlich der Tiefbauauffahrt, inzwischen auf 80,0 m aufgehaldet) erreicht die Trias mit den harten Kalksteinen des Wellenkalkes ihre höchsten Aufragungen (bei ca.74 bzw. 76 m über NN). Wie Rundblicke von dieser Härtlingsstufe zeigen, fällt die Oberfläche der Triasgesteine in alle Himmelsrichtungen ab: Nur allmählich im Streichen nach SW bzw. nach Osten, sehr deutlich nach Norden zum Ausstrich der weicheren Gesteine des Mittleren und Oberen Muschelkalkes (ca. 30 bis 40 m über NN) und sehr schroff über frühere Weinbergshänge nach Südost in die weichen Gesteine des Röts (vorwiegend Mergel und Tonsteine; s. Abschnitt 4. 1. 4.). Die letzteren sind hier zusätzlich kräftig erodiert durch die subglazialen Schmelzwässer im ehemaligen Tunneltal "Kriensee - Kreuzbrückenspalte - Kesselsee - Kalkgraben - Kalksee" (Seespiegel ca. 35 - 34 m über NN, vgl. Abb. 5. 1. , 5. 6. und 2. 2.).

Von der Höhe 77,5 am Südrand des Alvensleben-Bruches ist besonders eindrucksvoll das Abtauchen der Kalksteinoberfläche zur Ostwand des Steinbruches von ca.76 m +NN auf ca. 25 m + NN sowie der Erosionseinschnitt des "Tiefen Tals" am Nordstoß (über der +35 m-Sohle) zu beobachten.

5. 2. 2. Südost-Ecke des Alvenslebenbruches (Abb. 2. 3. Punkt 2)

In diesem Bereich war bis vor kurzem eine recht vollständige Schichtenfolge vom Geschiebemergel der letzten Vereisung (Weichsel) bis hinunter zur Grundmoräne der Elster-Vereisung aufgeschlossen: Sie fand national und international Beachtung und wird in Abb. 5. 2. wiedergegeben, obwohl heute der obere Teil bis hinunter zur Saale II-Grundmoräne durch eine Deponie verdeckt ist. Mit Unterbrechungen durch überwachsene Bereiche sind jedoch noch wesentliche Teile des Profiles zu erkennen, insbesondere die Elster II-Grundmoräne, die glazilimnischen Elster II-Nachschüttbildungen und die Saale I-Grundmoräne.

Von besonderem Interesse sind die glazilimnischen Nachschüttbildungen der Elster II-Vereisung, deren Oberkante hier bei ca. + 40 m NN liegt und die sich auch in der Ausbildung als Warvenschluffe weiter westlich am Südstoß bis zu + 50 m NN verfolgen ließen. Außerhalb der Rüdersdorfer Struktur in autochthoner, glazigen ungestörter Position erreichen die gleichen Bildungen nur Oberkantenwerte von ca. ± 0 bis + 20 m NN. Diese Niveau-Unterschiede belegen somit eine ca. 30 m betragende postelsterglaziale Hebung der Struktur Rüdersdorf. Eine Ablagerung dieser Elster II-Nachschüttbildungen auf der Struktur (in der genannten NN-Höhe) zwischen Toteisblöcken wäre zwar denkbar, ist aber wegen des Fehlens der für weggetautes Toteis so charakteristischen Störungen (Abschiebungen) im Sediment unwahrscheinlich.

5. 2. 3. Am ehemaligen Weinberg, Südstoß Heinitzbruch (Abb. 2. 3. Punkt 12)

Auf dem Weg über die freigelegte Muschelkalkoberfläche kann man ca. 1 - 2 m tiefe Strudellöcher betrachten, die mit steinigen Kiessanden gefüllt sind; z.T. liegen diese überwiegend nordisches Material führenden Kiessande dem Muschelkalk flächig auf. Am Steinbruch-Südrand sind gelegentlich Grundmoränenreste der Saale I-Vereisung unter den glazifluviatilen Kiessanden erhalten, vor allem sind aber jüngere Schmelzwassersande (gf S IIv) und die Saale II-Grundmoräne (Geschiebemergel) verbreitet.

5. 2. 4. Fahrweg an der Südkante des Heinitzbruches (Abb. 2. 3. Punkt 13)

An der südlichen Abraumkante in Richtung Westen steigt die Mächtigkeit der kompakten Saale II-Grundmoräne auf 3-4 m; sie wird von ca. 2-3 m mächtigen, groben Schmelzwassersanden und -kiesen unterlagert (Saale I-Nachschütt- oder Saale II-Vor-

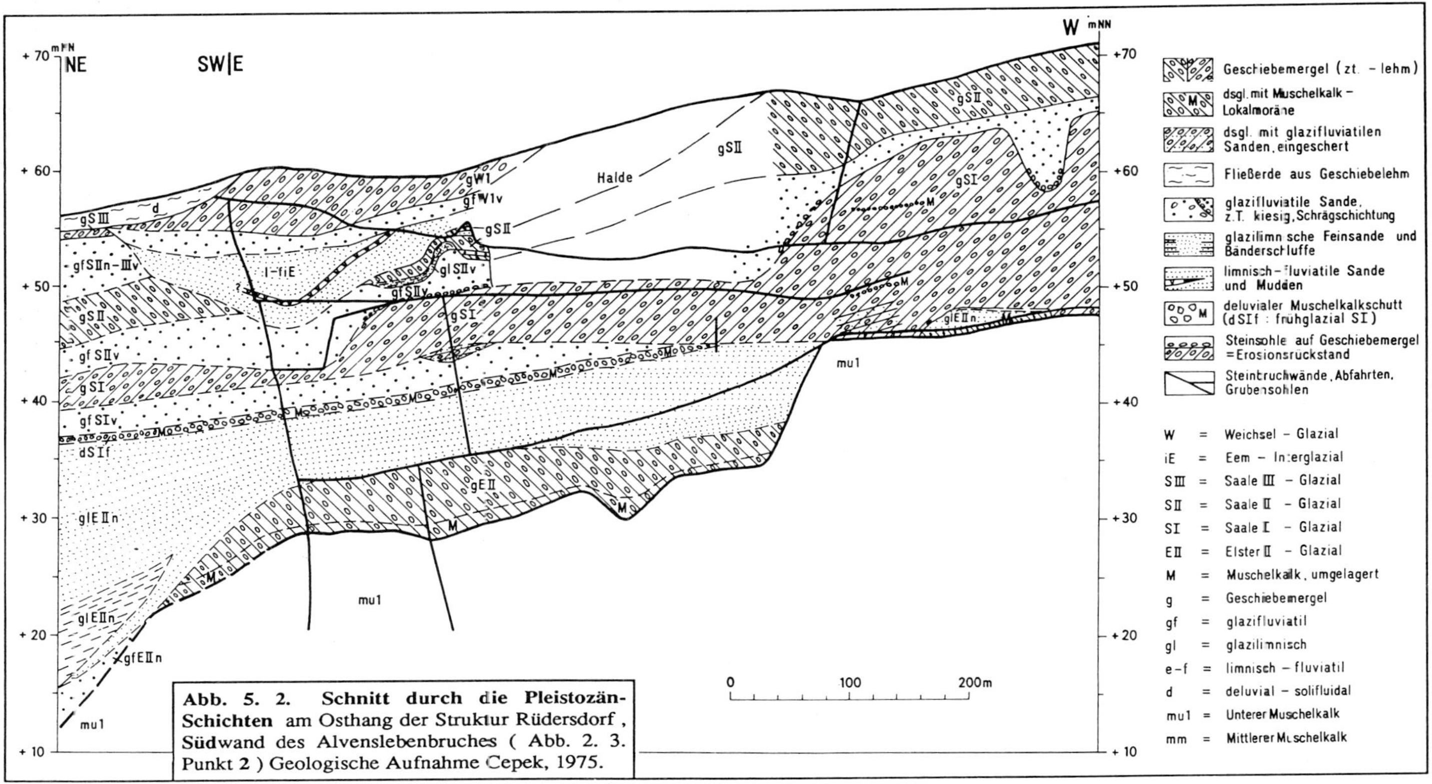

Abb. 5. 2. Schnitt durch die Pleistozän-Schichten am Osthang der Struktur Rüdersdorf, **Süd**wand des Alvenslebenbruches (Abb. 2. 3. Punkt **2**) Geologische Aufnahme Cepek, 1975.

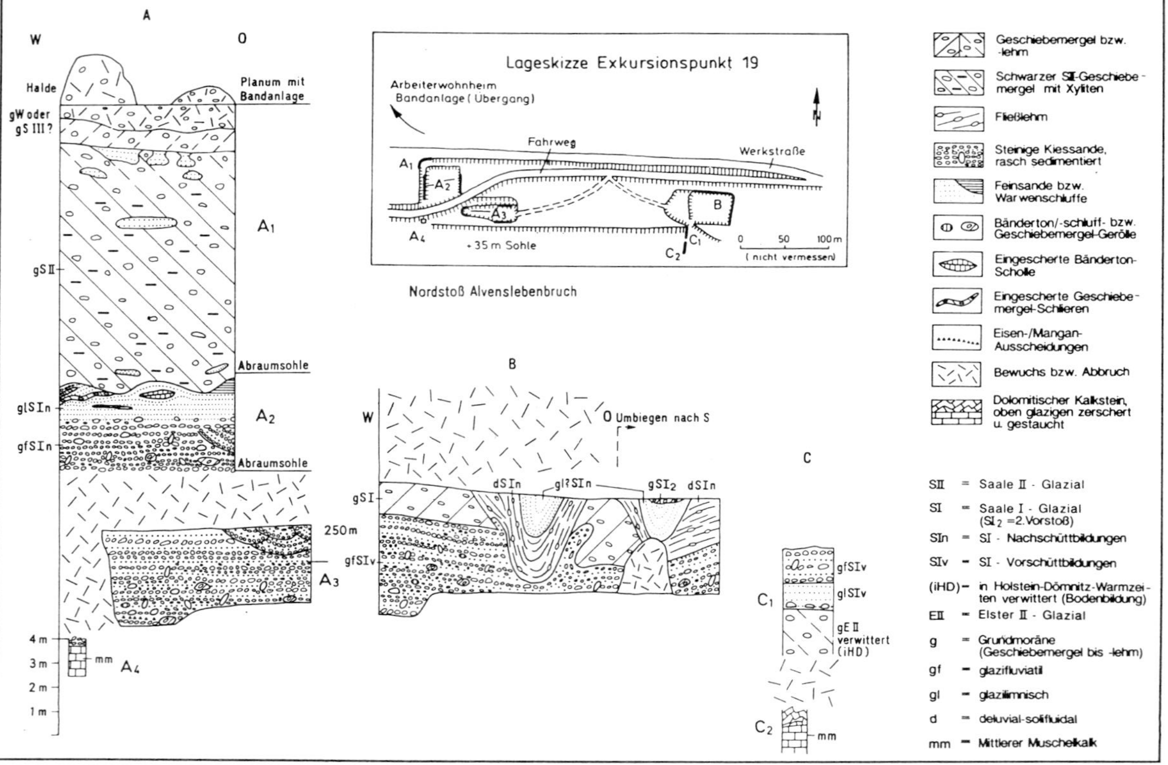

Abb. 5. 3.

Pleistozän - Folgen am Nordstoß des Alvenslebenbruches unterhalb des Arbeiterwohnheimes (Abb. 2. 3. Punkt **19**)
A. Westliche Baggerstelle,
B. Östliche Baggerstelle,
C. Östliche Baggerstelle, SW-Ecke.
Überhöhung innerhalb der Einzelprofile ca. 5 : 1 ; Längen nicht ganz maßstabsgetreu.
Geologische Aufnahme Cepek, 1991.

schüttbildungen); die Saale I-Grundmoräne taucht unter die Abraumsohle ab. Auch am NW-Stoß des Heinitz-Bruches ist der Saale II-Geschiebemergel über dem Mittleren bzw. Oberen Muschelkalk aufgeschlossen.

5. 2. 5. Nordstoß des Alvenslebenbruches (Abb. 2. 3. Punkt **19**)

An den ehemaligen Abraumsohlen unterhalb des früheren Krankenhauses Rüdersdorf (jetzt Arbeiterwohnheim) ist das Pleistozän im Westteil der subglazialen Rinne des "Tiefen Tals", eines bis ca. 16 m tiefen Trockentals, aufgeschlossen. Die drei in Abb. 5. 3. dargestellten Profile an den beiden ca. 250 m von einander entfernten Baggerstellen können wie folgt zusammengefaßt werden:

gW, gSIII (?): bis 1,6 m Geschiebelehm, bräunlich, (Einstufung wegen Verwitterung problematisch) scharfe Erosionsdiskordanz an der Basis

gSII: bis ca. 8 m Geschiebemergel, schwarzgrau, Sandlinsen, aufgearbeitetes Miozän, oben verlehmt, z.T. mit fossilem Pseudogley (Eem ??); stratigraphischer Leithorizont nach der Geschiebeanalyse (4 - 10 mm); auffallende Farbe durch eine beträchtliche Aufarbeitung miozäner Braunkohlenschluffe und Braunkohlenflöze (häufig Xylith-Geschiebe) die vom Saale II-Inlandeis auf seinem Weg über die Tertiärhochlagen im Nordosten (Raum Strausberg - Bad Freienwalde - Wriezen) exariert wurden.

glSIn: bis ca. 2 m Feinsande und Bänderschluffe (mm-Warven), hell- bis dunkelgrau, kalkhaltig, z. T. wechsellagernd, obere ca. 1 m glazigen zerschert und gestaucht:
Nach N einfallende Geschiebemergel - Sand - Verschuppungen, wenige cm-mächtiges Geschiebemergelmaterial auf Scherfugen in den Feinsanden, geringmächtige Warvenschluff-Lagen mit N-vergenter Zickzack-Fältelung in diesen Sanden sowie von Scherfugen begrenzte Warvenschluff-Linsen mit senkrecht stehender Schichtung; Warvenschluffe z.T. brekziös oder mit zahlreichen Harnischen. Die primär glazilimnischen Ablagerungen sind in ihrem oberen Teil offensichtlich in die Fließ- und Scherbewegungen der Grundmoräne S II einbezogen.

gfSIn: 3 - 4 m Steinige Kiessande, graubunt, schräggeschichtet, kalkhaltig, nordische Komponenten, häufig steil eingebettete Gerölle (= rasche Sedimentation; keine Kryoturbation), Bänderton- u. Geschiebemergelgerölle, eisrandnahe Ablagerung.
Die auffälligen, bis ca. 0,5 x 0,4 x 0,3 m erreichenden Geschiebemergel-Gerölle haben die gleiche Kleingeschiebezusammensetzung (4 - 10 mm) wie der hellbraune S I-Geschiebemergel und sind wahrscheinlich von den turbulenten Schmelzwässern am Rand des Saale I-Inlandeises erodiert worden.

dSIn: bis 1,6 m Fließlehm, hell- bis gelbbraun, Sandlagen, kalkfrei.
Der Fließlehm (Flow Till), der den S I-Geschiebemergel diskordant überlagert, hat sich aus diesem Geschiebemergel unter periglazialen Verhältnissen entwickelt; seiner Ablagerung muß eine (Schmelzwasser-) Erosion vorausgegangen sein, da der S I-Geschiebemergel stellenweise vollständig fehlt. Die in Abb. 5. 5. dargestellten injektiven Kiesfalten können durch Druck der einfließenden Lehmmassen auf die wassergesättigten Kiessande im Bereich eines periglazialen Wiederauftaubodens entstanden sein.

gSI: bis 1,5 m Geschiebemergel, hellbraun. In der Ostgrube (Abb. 5.3.: C): 0,3 m - Lage gleichartigen Geschiebemergels über glSIn deutet auf eine Oszillation (gSI_2)

gfSIv: bis 3,5 m Steinige Kiessande wie gfSIn; weitere Kornvergröberung zum Liegenden

glSIv: ca. 1 m Feinsand, hellgrau, gleichkörnig, kalkhaltig

0,1 - 0,3 m Steinsohle, nordisches Kristallin, Erosionsrest von gEII

gEII: > 2 m Lehmiger Sand, graugelb, vereinzelte Kiese und Steine, nach unten bindiger (Tonanreicherung = Geschiebelehm) = Grundmoräne mit holstein-zeitlicher Bodenbildung

mm Liegendes Kalkstein, dünnbankig, dolomitisch. Obere 0,5 m vom Inlandeis zerschert und gestaucht (Lokalmoräne im Sinne von Wahnschaffe)

Unter dem "Tiefen Tal" war um 1900 im inzwischen abgebauten Ausstrichbereich des höher aufragenden Unteren Muschelkalkes nach dem Foto in Wahnschaffe (1901) eine schmale, mit der derzeit sichtbaren Kreuzbrückenspalte (siehe 5. 2. 6.) vergleichbare subglaziale Erosionsschlucht aufgeschlossen.

Durch den Nachweis verschiedener glazialer Ablagerungen des Saale-Komplexes sowohl am Nordstoß (vgl. Abb. 5. 3.) als auch am Südstoß des Alvenslebenbruches (Cepek, im Druck) über einer unter dem "Tiefen Tal" eingetieften Quartärbasisfläche sind sowohl deren ältere Anlage (Elster II ?) wie der mehrfache Wechsel von Akkumulation und Erosion erwiesen. Wie die morphologischen Kontakte der Erosionsschluchten "Kreuzbrückenspalte" und "Tiefes Tal" zu den mit ihnen verbundenen Trockentälern und Seenrinnen zeigen, ist deren letzte Überprägung im Zuge der Entstehung subglazialer Tunneltäler der letzten Vereisung (Weichsel-Glazial, Brandenburger Stadium) aber eindeutig.

5. 2. 6. Die Kreuzbrückenspalte (Abb. 2. 3. Punkt 9)

Wo früher die Kreuzbrücke eine Straße zwischen Alvensleben- und Heinitzbruch trug, war bis 1993 eine sandgefüllte Erosionsschlucht (Abb. 5. 4.) aufgeschlossen. (Im Herbst 1992 u. Frühjahr 1993 fielen weite Teile dieses einmaligen Naturdenkmales dem Abbau zum Opfer: Zunächst wurde der Sand ausgeräumt, dann näherte sich die Abbaufront des Kalksteines unerbittlich. Zur Zeit der Drucklegung besteht Hoffnung, daß jedenfalls noch Reste zu sehen sind, daher wird die Beschreibung dieses Punktes auch in der zweiten Auflage beibehalten)

Diese Schlucht wurde ursprünglich unter dem Inlandeis der letzten Vereisung von dessen Schmelzwässern durchflossen. Das auf der Inlandeisoberfläche aufgetaute Schmelzwasser stürzte in Eisspalten z.T. bis zur Eisunterfläche, konnte dort zunächst Strudellöcher ("Gletschertöpfe") auswaschen und diese zu Erosionstunneln erweitern. In diesen Tunneln flossen dann die Schmelzwässer - auch solche von der Eisunterfläche - zu den Gletschertoren am Außenrand des Inlandeises ab.

Die Kreuzbrücken-Erosionsschlucht durchzieht bei leicht um die N-S-Richtung gewundenem Verlauf Muschelkalk und Röt mit wechselnder Tiefe (ca. 50 m von Triasoberfläche, bis 6 m unter NN) und mit einem von Härte und Festigkeit der Gesteine abhängigen Querschnitt: während in den harten Kalksteinen des Unteren Muschelkalkes nur ca. 35 m Breite (in 30 m über NN) mit klammartigen Verengungen insbesondere im Wellenkalk (bis auf 5 m in 20 m über NN) erreicht werden, verbreitert sich die Schlucht in den weicheren Mergel/Kalkstein-Wechsellagerungen sowohl nach N zum Mittleren Muschelkalk (auf über 80 m) wie nach S im Röt (auf ca. 160 m, siehe Abb. 5. 4.). Der zur Basis der Erosionsschlucht sich keilförmig verengende Querschnitt ist beim Blick auf die Steinbruch-Nordwand sichtbar.

Der Südteil der Klamm kann im Niveau von ca. 20 bis 35 m +NN durchwandert werden. Die steilen Kalksteinwände lassen deutlich die Wirkung des fließenden Wassers erkennen: Sie sind gut gerundet und geglättet, entgegen dem nach N gerichteten Einfallen der Kalksteinbänke ist auf einigen ihrer Seitenwände eine cm-tiefe nach S geneigte Rillung sichtbar, ferner treten halbbogenförmige Einbuchtungen auf (ca. 2 - 5 m Ø), die senkrecht nach unten ziehen und Reste von Strudellöchern darstellen. (Früher konnten an einer - jetzt abgebauten - Nebenschlucht 4 - 7 m tiefe Strudellöcher beobachtet werden.) Die Glättung der Kalksteinbänke durch die Erosion hat deren Sedimentstrukturen besonders gut sichtbar gemacht (Siehe Abschnitte 4. 1. 5. u. 4. 1. 6).

Die Erosionsschlucht ist vorwiegend mit Fein- bis Mittelsanden gefüllt. Im Verlaufe des Abbaus der Füllung wurden dunkelgraubraune, kalkhaltige Schlufflinsen (bis 0,7 m mächtig; feinstgeschichtet) beobachtet, die auf Stillwasserbereiche selbst in diesen engen Schmelzwasserkanälen hinweisen (Derartige Schluffe waren zuvor bereits aus Bohrungen bekannt.) Im tieferen Teil und nahe den Seitenwänden treten auch kies-streifige bis steinige Grobsandlagen aus gut gerundetem nordischen Material sowie zumeist nur kantengerundeten Muschelkalkstücken auf. Letztere bestehen au

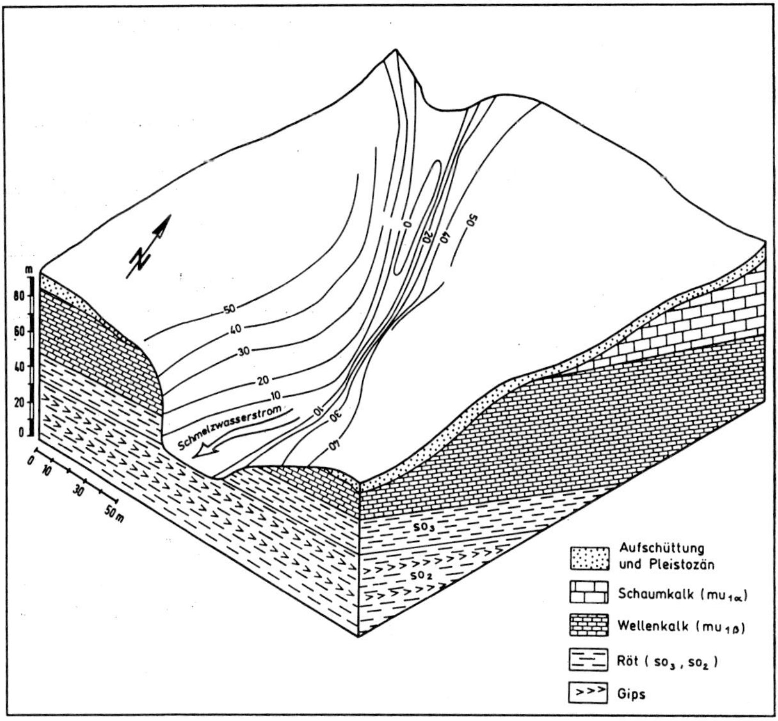

Abb. 5. 4. a. & b. Die Kreuzbrückenspalte, eine subglaziale Erosionsschlucht (Abb. 2. 3. Punkt 9) **a. (oben)** Blockbild modifiziert nach Putscher et al., 1975 **b. (unten)** Blick von Süden her in die Kreuzbrückenspalte, die hier in die nach Norden hin einfallenden Schichten des Wellenkalkes eingeschnitten ist. Foto Kleeberg, 1991.

Abb. 5. 4. c. Fortsetzung der Kreuzbrückenspalte an der Nord-Steilwand des Großtagebaus (Foto Schroeder, Dez. 92)

Kalksteinen des Unteren, Mittleren (hieraus auch Dolomite) und Oberen Muschelkalkes (Glaukonitkalke), sind also auch in der Horizontalen transportiert. In den Sanden wurden Linsen mit umgelagerten Tertiär-Xyliten und Braunkohlegeröllen gefunden, auch umgelagerter Bernstein (Streichan, mdl. Mitteilung).

Die Sande weisen eine deutliche, nach Süden gerichtete Schrägschichtung auf, die auch in einigen Sandresten an den Kalksteinwänden erhalten ist und - wie die o.g. südgeneigte Rillung der Kalksteinwände - eine Schmelzwasserströmung von Nord nach Süd durch die Erosionsschlucht überliefert hat. Im oberen Teil der Sande fand man umgelagerte Schalen der Schnecke *Viviparus diluvianus* Kunth, einer im Holstein-Interglazial des Berlin-Brandenburgischen Raumes häufigen Sumpfdeckelschneckenart der limnisch-fluvialen Fazies (früher *Paludina* genannt). Diese Schalen belegen die Aufarbeitung von Schichten des Holstein-Interglazials im Zuge des subglazialen Schmelzwasserabflusses; allerdings können die Schalen auch mehrfach umgelagert sein.

Die Erosionsschlucht der Kreuzbrückenspalte liegt in einem System subglazialer Tunneltäler der letzten Vereisung (Siehe Abb. 5. 1.): Es bestimmt heute als Netz von Flußtälern, Trockentälern und Seenketten das Bild der näheren und weiteren Umgebung von Rüdersdorf. Ein weiteres Tunneltal, das sogenannte "Tiefe Tal", quert den Alvenslebenbruch wie die Kreuzbrückenspalte in N - S - Richtung und läßt sich nach N bis zum Stienitzseee, nach SW bis zum Kesselsee verfolgen (Siehe Abschnitt 5. 2. 5.).

Bei der Überwindung des Rüdersdorfer Muschelkalk-Härtlings (bis ca. 76 m über NN) durch das Inlandeis ist hier in jeder der die Aufragung überfahrenden Inlandeisdecken mit einer verstärkten Spaltenbildung im Eis über dem Top-Bereich zu rechnen, was die Häufigkeit der in den letzten 120 Jahren beschriebenen Gletschertöpfe auf dem Rüdersdorfer Muschelkalk erklärt. Die seltener auftretenden Erosionsschluchten haben wohl ihre Ursache in einer stärkeren Häufung von Eisspalten an bestimmten Stellen: 1. Im Scheitelbereich der Struktur Rüdersdorf ("Kreuzbrückenspalte" nach Cepek), und 2. Über einem Bereich stärkerer prä-pleistozäner Zerrüttung und Mineralisation auf Klüften und Hohlräumen des Muschelkalkes ("Tiefes Tal" nach Streichan).

5. 3. Gletscherschrammen

Bei der Durchsetzung der Theorie von der Inlandvereisung Nordmitteleuropas spielten die Gletscherschrammen von Rüdersdorf eine besondere Rolle (Torell, 1875; siehe auch Abschnitt 7). Um die letzte Jahrhundertwende, als die pleistozänen Deckschichten noch von Hand abgetragen wurden, konnten im östlichen Teil des Alvenslebenbruches stellenweise sogar **zwei Schrammensysteme** auf der vom Inlandeis geglätteten Schaumkalkoberfläche vermessen werden (Wahnschaffe 1914; Abb. 5. 5.): Ein jüngeres System aus deutlichen, bis zu zwanzig Meter langen Schrammen in E - W - bis NE - SW - Richtungen und ein älteres aus kurzen, fast ausgeschliffenen Kratzern in NNW - SSE - Richtung. Cepek (1975) konnte aufgrund früherer Dokumentationen und eigener Beobachtungen die Schrammensysteme zu bestimmten Geschiebemergeln in Beziehung setzen. Mit Hilfe der Kleingeschiebezählung hat er die Geschiebemergel zeitlich eingeordnet und konnte somit auch die jüngeren Schrammen der

Abb. 5. 5. Gletscherschrammen auf einer Schichtoberfläche des Schaumkalkes aus dem Alvenslebenbruch. Orientierte Aufsicht (N ist oben) mit Gletscherschrammen, die um eine Hauptrichtung (ca. NE - SW) spitzwinklig streichen und sich von der primären Eindruckstelle des Geschiebes nach SW öffnen. Ausstellungsstück aus der ehemaligen Preußischen Geologischen Landesanstalt, Berlin, heute Zentrales Proben- und Kernarchiv Bernau (Foto I. Schmidt und K.-B. Jubitz)

Saale II-Vereisung, die älteren der Saale I-Vereisung zuordnen. Die Einregelungsrichtung von Geschiebelängsachsen in den entsprechenden Moränen stimmt mit der jeweiligen Richtung der Schrammen überein: Beide zeigen die Bewegungsrichtung des Inlandeises an.

Die von den jüngeren Schrammen angezeigte E - W - Bewegung wird auch durch das Vorkommen entsprechender ost-fennoskandischer Leitgeschiebe in der Saale II-Grundmoräne belegt. Bei Schöneiche, d.h. mehrere Kilometer westlich von Rüdersdorf, findet man außerdem westwärts transportierte Muschelkalkgeschiebe in dieser Moräne. Infolge der maschinellen Abraumbeseitigung sind heutzutage Gletscherschrammen kaum noch zu beobachten.

5.4. Das quartäre Relief im Umland von Rüdersdorf

von Lothar Behrendt

Das durch das Inlandeis geprägte Relief lernt man gut auf einer Fahrt mit der Straßenbahn von Friedrichshagen nach Rüdersdorf kennen. Den Streckenverlauf zeigt Abb. 5. 6. , ein Profil entlang der Strecke Abb. 5. 7.. Vom o.g. Ausgangspunkt über die "Brösener Str." und "Waldstr." (Hier wie im folgenden bezeichnen die Anführungsstriche - "xxx" - Haltestellen) verläuft die Strecke auf nahezu tischebener Trasse im Bereich des **Berliner Urstromtals.** Bis zum "Goethepark" zeigt die Strecke eine leichte Wellung, die durch die terrassenartige Oberfläche eines **Schwemmfächers** am Südausgang eines subglazial angelegten **glazifluviatilen Tales,** in dem heute das Fredersdorfer Mühlenfließ läuft, verursacht wird. Hier kreuzt man auch den SW-Rand der Barnim-Hochfläche, in die dieses Tal eingeschnitten ist. Bis zur "Rahnsdorfer Str." steigt das Gelände leicht an. An dieser Stelle befindet sich die **Wurzelzone des Schwemmfächers** (flach gelagerte, ebenschichtige, schluffige Fein- und Mittelsande).

Nach Passieren eines tischebenen Abschnittes, vorbei am Depot, wird dieses Tal nach dem "Thälmannpark" verlassen, und die eigentliche Barnim-Hochfläche ist erreicht. Bis zur Haltestelle "Kalkberger Straße" folgt eine ebene **Grundmoränenlandschaft** der Weichsel-Kaltzeit (Siedlungsgebiet mit Feldfluren), die auch sandige Abschnitte (Waldbestand) aufweist. Danach ist im Bereich der Schönebecker Heide

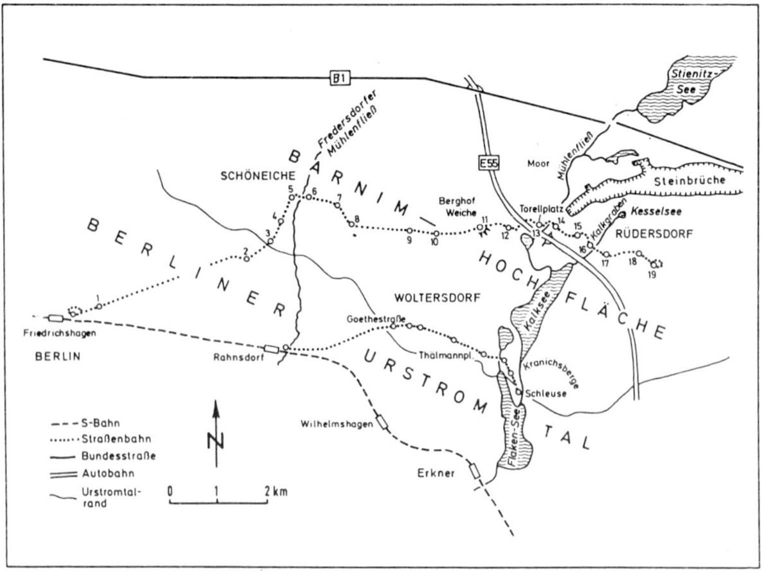

Abb. 5. 6. Verlauf der Fahrstrecke der Rüdersdorfer Straßenbahn GmbH von Friedrichshagen nach Rüdersdorf (Beitrag Behrendt).

ein unruhiges Relief festzustellen, es handelt sich um eine **kuppige Schmelzwasserlandschaft** mit teilweise subglazialen Sanden in osartigen Rücken der Weichsel-Kaltzeit (Siehe Abb. 30 in Behrendt, 1990).

Am Waldausgang hat die Bahn den ersten Streckenkulminationspunkt an der "Berghof-Weiche" erreicht (s. Abb. 5. 7.). Etwa 100 m weiter wird das Gelände wieder ebener. Uns bietet sich von hier aus ein guter Überblick über die Landschaftselemente im Raum Rüdersdorf. Das Martin-Andersen-Nexö-Kulturhaus, die "Akropolis" von Rüdersdorf, befindet sich auf einem Rücken, der sich im südwestlichen Fortstreichen des Muschelkalkvorkommens erstreckt. Ganz im Hintergrund ist auf noch höherem Geländeniveau der Mühlenturm von Alt-Rüdersdorf wahrzunehmen. Rechter Hand (im SE) beobachten wir in der Ferne den weichselkaltzeitlichen **Stauchendmoränenzug** der Kranichsberge bei Woltersdorf (106 m NN; vom Aussichtsturm aus gute Übersicht über die Rüdersdorfer Landschaft).

In Höhe des "Berghofes" befindet sich ein 1911 angelegter Einschnitt. Der dort vorkommende Geschiebemergel enthält geschrammte Geschiebe mit maximal 0,5 m Durchmesser, nach Feststellungen des Autors Glaukonitkalk des Oberen Muschelkalks. Die Eisbewegung muß an dieser Stelle ENE-WSW erfolgt sein (nach Cepek Saale-II-Vorstoß). Von dieser Stelle ab wird das Gebiet nach Cepek et al. (1971) von Saale-II- und Saale-III-Bildungen eingenommen. Zunächst werden zwei **glazifluviatile, NNE-SSW verlaufende Täler** durchquert. Das erste befindet sich in gleicher Höhe wie die Anfangshaltestelle der Strecke (Abb. 5. 7.). Dann folgt am Ortseingang von Rüdersdorf die Haltestelle "Torellplatz", kurz danach rechter Hand der Gedenkstein für den schwedischen Geologen Torell, dahinter das Tal des Mühlenfließes.

Hinter der "Heinitzstraße" wird ein Einschnitt mit steilem Anstieg passiert, wo zeitweilig die **Saale-II-Moräne** aufgeschlossen ist. Linker Hand befand sich das Gelände des ehemaligen (Schaumkalk-) Magistratsbruches, rechter Hand liegt das bereits erwähnte Kulturhaus.

Nach Passieren des Depots und des "Busbahnhof" ist an der evangelischen Kir-

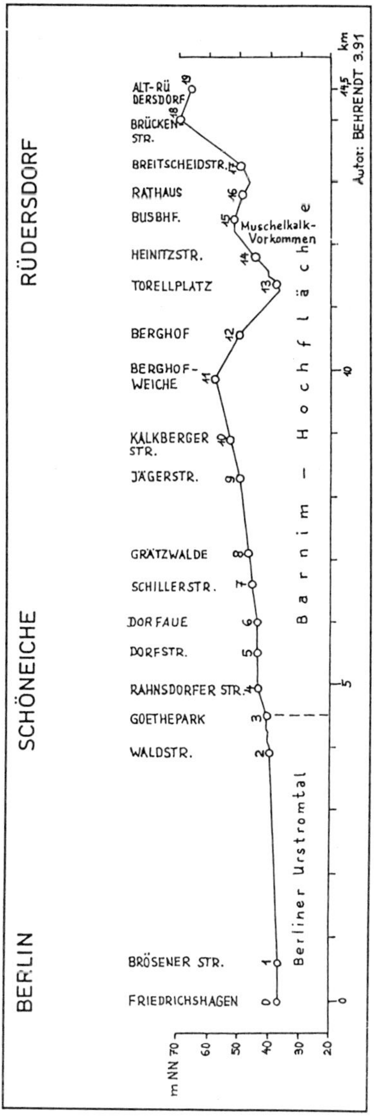

Abb. 5. 7.
Profil der Straßenbahnstrecke Friedrichshagen - Rüdersdorf
in Bezug zur Pleistozän - Relief
(Beitrag Behrendt)

che das Ende der alten Stammstrecke erreicht. Bis 1977 verlief diese geradeaus durch die Straße der Jugend und die Redenstraße (am SE-Fuß des Weinberges) bis zum Kesselsee.

In der Strigelski-Straße ist bald das "Rathaus" erreicht. Danach wird das Kalkgrabental überquert. Es handelt sich dabei um das vierte von der Bahn passierte subglazial angelegte **Schmelzwassertal,** die südwestliche Fortsetzung der Kreuzbrückenspalte. Von der "Breitscheidstraße" aus steigt das Gelände wieder an. Auf einem Steilweg und am anschließenden Hang hinter der im S befindlichen Apotheke kommen in **glazifluvialen Sanden** wiederum Muschelkalkgerölle vor (im Liegenden davon nach Cepek Saale-II-Moräne). Von dieser Haltestelle aus an der Apotheke und vor der alten Peter-Lübke-Brücke vorbei führt ein Wanderweg nach Woltersdorf an der Ostseite des Kalksees entlang zu den 3,5 km entfernten Kranichsbergen. (Von dort ist eine Rückfahrt mit der Woltersdorfer Straßenbahn nach Berlin-Rahnsdorf möglich).

Nach dem Anstieg auf den Osthang der Kalkgrabenniederung mit glazifluviatilen Bildungen (hier ohne Muschelkalk-Gerölle) ist nach 0,5 km an der "Brückenstraße" der Kulminationspunkt der Strecke erreicht. Von hier aus bis zur 0,5 km entfernten Endhaltestelle "Alt-Rüdersdorf" erstreckt sich das ebene Verbreitungsgebiet der **Saale II- und Saale III-Grundmoränen** (Cepek et al., 1971). Von einem Hügel nordöstlich der Gaststätte "Bergblick" oder auch vom nahegelegenen Hang aus hat man einen guten Überblick über die Kalkgrabenniederung und Rüdersdort mit dem Weinberg (Wellenkalk).

Abb. 5. 8. Os in der Schönebecker Heide - eine morphologische Kostbarkeit, die seit einiger Zeit leider überwuchert und deshalb nur schwer zu erkennen ist (Foto L. Behrendt, 1983)

6. Umfeld und Umwelt

6. 1. Vegetation im Einflußbereich des Rüdersdorfer Kalksteinabbaues

von Rainer Ziebarth

Aufgrund der für das nordostdeutsche Tiefland einzigartigen geologischen Situation im Raum Rüdersdorf hatte sich dort auch eine besondere Vegetation ausgebildet. Sie findet ihre Entsprechungen erst wieder im Mitteldeutschen Trockengebiet und an den Oderhängen. Die Rüdersdorfer Kalkberge als Fundort von Pflanzen thermophiler Steppenvegetation auf Standorten kalk- und basenreicher Böden läßt sich bis in die Florenwerke der ersten Hälfte des vorigen Jahrhunderts zurückverfolgen (Ruthe, 1834; Baumgardt, 1856). Diese noch von Ebers, Hinzpeter und Nägle (1933) beschriebenen Kalksteppenrasen sind aber inzwischen völlig dem Kalkabbau und der zunehmenden Ruderalisierung der Reststandorte zum Opfer gefallen (Haldemann, 1987).

Trotzdem hat sich im Raum Rüdersdorf im weiteren Sinne noch **eine erstaunliche Anzahl** an sonst in unserer Region **seltener Pflanzenarten** gehalten, oft auch in größerer Menge. Hierbei handelt es sich meist um Arten thermophiler Standorte mit einer mehr oder weniger engen Bindung an kalkhaltiges oder zumindest basenreiches Bodensubstrat.

Auffallend ist hierbei eine deutliche Häufung der Fundpunkte dieser Arten in der **Hauptwindrichtung** von Rüdersdorf aus **nach Südosten**. Hamel & Rahn (1975) haben für die letzten vierzig Jahre eine starke Ausbreitung bzw. Neuansiedlung in dem Gebiet zwischen Rüdersdorf und Alt-Buchhorst für die vier **Orchideenarten** Rotes Waldvöglein (*Cephalanthera rubra*), Weiße Waldhyazinthe (*Platanthera bifolia*), Breitblättriger Sitter (*Epipactis helleborine*) und Rotbrauner Sitter (*E. atrorubens*) belegt. Diese Autoren zeigten deutlich den Zusammenhang mit der Kalkstaub-Immission von Rüdersdorf aus auf, die in dieser Zeit den pH-Wert von 3 bis 4 auf bis zu 6,3 ansteigen ließ; sie hielten eine Förderung dieser kalkliebenden Orchideenarten für wahrscheinlich. Ähnliche Arten-Kombinationen finden wir z.B. auch in den echten Kalkbuchenwäldern (*Cephalanthero-Fagion*) Rügens und der Mittelgebirge.

Hierher gehört auch die starke Häufung fast aller **Wintergrünarten** im Gebiet. Sehr häufig sind Birngrün (*Orthilia secunda*) sowie Grünliches Wintergrün (*Pyrola chlorantha*). Außerdem kommt mehrfach das Dolden-Winterlieb (*Chimaphila umbellata*), das Moosauge (*Moneses uniflora*), das Rundblättrige Wintergrün (*Pyrola rotundifolia*) und das Kleine Wintergrün (*P. minor*) vor. Zusammen mit Mondrautenfarn (*Botrychium lunaria*), Tüpfelfarn (*Polypodium vulgare*) und Fichtenspargel (*Monotropa hypopytis*) bilden diese Arten einen moosreichen Kiefernwald, der dem natürlichen kontinentalen Kiefernwald basenreicher Standorte (*Pyrolo-Pinetum*) sehr nahe kommt.

Von Arten der **echten kontinentalen kalkreichen Steppengesellschaften** (Festuco - Brometea) haben sich noch vier im Gebiet an thermisch begünstigten Böschungen und Hängen, sowie in Waldrand-Saumgesellschaften halten können. Nur von drei Standorten an Waldrändern ist noch das Große Windröschen (*Anemona sylvestris*) bekannt. Diese Art kam früher zu zehntausenden auf den Kalkbergen vor, so daß sie von den Berliner Botanikern des vorigen Jahrhunderts auch "Rüdersdorfer Anemone" genannt wurde. Diese Standorte sind jedoch vollständig vernichtet. Von der Wiesenkuhschelle (*Pulsatilla pratensis*) ist noch ein Fundort bekannt. Einmal wurde an den Barnim - Hängen zur Autobahn hin auch das Gemeine Sonnenröschen (*Helianthemum nummularium*) gefunden. Eine große Besonderheit stellen die etwa ein Dutzend Standorte des Dänischen Tragants (*Astragalus danicus*) dar, die einmalig im nordostdeutschen Tiefland sein dürften.

Bemerkenswert ist auch der Reichtum an **Arten thermophiler Waldsäume**

besserer Böden (*Origanietalia*), ergänzt durch einige Arten der Eichen-Trocken wälder (*Quercetalia pubescentis*). Hierher gehören solche Arten wie Weißer Schwalbenwurz (*Cynanchum vincetoxicum*), Pfirsichblättrige Glockenblume (*Campanula persicifolia*), Wald-Klee (*Trifolium alpestre*), Zickzack-Klee (*T. medium*), Blutstorchschnabel (*Geranium sanguineum*), Färber-Meier (*Asperula tinctoria*), Wiesen-Schlüsselblume (*Primula veris*), Astlose Graslilie (*Anthericum liliago*), Ästige Graslilie (*A. ramosum*), Wirbeldost (*Clinopodium vulgare*), Heil-Betonie (*Betonica officinalis*), Kleine Wiesenraute (*Thalictrum minus*), Wiesen-Salbei (*Salvia pratensis*), Bunte Kronwicke (*Coronilla varia*) und Kassuben-Wicke (*Wicia cassubica*). Damit ist diese lange Liste bestimmt noch nicht vollzählig.

Auf basisch beeinflußten **Sandtrockenrasen** sowie insbesondere auf der Kalkabraumhalde zwischen Alt-Rüdersdorf und Herzfelde sind noch folgende bemerkenswerte Arten zu finden: Wundklee (*Anthyllis vulneraria*), Knack-Erdbeere (*Fragaria viridis*), Sand-Fingerkraut (*Potentilla arenaria*), Knollen-Platterbse (*Lathyrus tuberosus*) sowie gemeiner Hornklee (*Lotus coniculatus*). Als Besonderheit kommt auf der Kalkabraumhalde das Florentiner Habichtskraut (*Hieracium piloselloides*), eine Art der Blockhalden süddeutscher Gebirge, vor.

Trotz der vollständigen Zerstörung der ursprünglichen Steppenvegetation auf den Rüdersdorfer Kalkbergen hat sich also noch ein beachtlicher Reichtum kalk- und wärmeliebender, sonst im Gebiet **seltener oder bedrohter Pflanzenarten** in der Umgebung halten oder sogar ausbreiten können. Diese Bestände verdienen weiterhin **unsere Aufmerksamkeit wie auch unseren Schutz.**

6. 2. Schnecken im Bereich des Tagebaus von Robert Haldemann

6. 2. 1. Historische Anmerkungen

Daß die **Schnecken der Rüdersdorfer Kalkberge** schon früh die Aufmerksamkeit erregt haben, geht bereits aus der "Beschreibung der Kalkbrüche bey Rüdersdorf,..." durch v. d. Hagen im Jahre 1785 hervor. Aber auch das umliegende Terrain wurde als "lohnendes Ziel" von Malakologen sporadisch immer wieder besucht, bietet es doch in einer Vielzahl differenzierter Habitate Mollusken mit unterschiedlichen Ansprüchen Existenzmöglichkeiten.

Insbesondere vom nahe liegenden Berlin aus haben Kenner dieser Tiergruppe dazu beigetragen, daß der Ort traditionell als malakologisch gut bekannt gelten kann.

F. Stein erwähnt 1850 in seinem Büchlein "Die lebenden Schnecken und Muscheln der Umgebung Berlins" für Rüdersdorf bereits zehn Arten. Eine weitere sprunghafte Zunahme des Kenntnisstandes erfolgte durch die Tätigkeit von O. Reinhardt, der in seinem "Verzeichnis der Weichtiere der Provinz Brandenburg" eine Vielzahl neuer Formen aufführt, so daß im Jahre 1899 für den Ort das Vorkommen von 32 Molluskenarten bekannt ist.

6. 2. 2. Gegenwärtiger Kenntnisstand

Sowohl verbesserte taxonomische Kenntnisse als auch die den Zeitraum der zurückliegenden 15 Jahre umfassende Beobachtung und lokale Erfassung der Molluskenfauna des Ortes durch den Autor hinzugenommen, ergeben neben der großen Anzahl von Altdaten eine Fülle neueren Datenmaterials, und die **Zahl der für Rüdersdorf bis heute bekannten Schnecken- und Muschelarten ist auf 104** angewachsen.

6. 2. 3. Lebensbedingungen

Der besondere chemische und physikalische Zustand des hier inselhaft in der Glaziallandschaft zutage tretenden Kalkgesteins schafft in Zusammenhang mit dessen Morphologie und den sich etablierenden charakteristischen Pflanzengemeinschaften für Mollusken spezielle Bedingungen. Er begründet die besondere malakofaunistische Bedeutung des Geländes, das von einer **Gastropodenfauna** besiedelt wird, die sich zu einem hohen Prozentsatz aus **mehr oder minder kalkliebenden bzw. basiphilen und thermophilen, als auch Trockenheit ertragenden Arten** rekrutiert.

Eine **besondere Dynamik bringen der beständig voranschreitende Kalkabbau** sowie die Bau- und Siedlungstätigkeit des Menschen und die in der Folge sich fortwährend verändernde Vegetation und Bodenstruktur in die zeitliche und räumliche Verteilung der Mollusken. Zwar können ein Teil konkurrenzstarker und wenig anspruchsvoller Arten als Pioniersiedler sich auf Sekundärflächen recht schnell etablieren, werden aber durch erneute menschliche Eingriffe nicht selten wieder vernichtet oder beeinträchtigt. Dies hat eine ständige Verschiebung der Populationsareale zur Folge. Andererseits werden dadurch auch Gastropoden mit enger ökologischer Bindung und mangelnder Fähigkeit, sekundär auf nicht gefährdete Biotope auszuweichen, vernichtet oder deren Lebensräume so stark eingeengt, daß ihre weitere Existenz erheblich bedroht wird.

6. 2. 4. Bemerkungen zu einzelnen Arten

Dem Kalkabbau zum Opfer gefallen ist die **Weiße Turmschnecke** - *Zebrina detrita* (Müller 1774). Diese in SW- und Mitteldeutschland auf kalkhaltigem Untergrund vorkommende Schnecke wurde 1890 hier festgestellt und kam um die Jahrhundertwende in der Gegend des Kriensees vor.

Im Jahre 1933 wurde am Heinitzsee erstmalig Dunkers **Bernsteinschnecke** - *Oxyloma dunkeri* (Pfeiffer 1865) nachgewiesen. Es ist dies der einzige der fünf Belege aus Brandenburg, der bis in die neueste Zeit hinein verfolgt werden konnte. Tiere dieser Art - ihr taxonomischer Status ist bis heute nicht eindeutig geklärt - lebten bis 1986 in den Schilfbeständen des Heinitzseegrundes, mit dessen Beräumung das Vorkommen für immer vernichtet wurde.

Die vom ursprünglichen Gelände der Rüdersdorfer Kalkberge verbliebenen Überreste beherbergen noch die **Wulstige Zylinderwindelschnecke** - *Truncatellina costulata* (Nillson 1823), die in Brandenburg nur an wenigen Stellen vorkommt und gefährdet ist (Rote Liste Brandenburg Kategorie 3a). Sie besiedelte die Robinienforste der nach der Redenstraße hin abfallenden Südosthänge des Arnimsberges, in deren Fragmenten sie heute noch auftritt. Stark zurückgedrängt wurde auch die vor allem an trockenen, offenen, meist kurzrasigen Stellen lebende **Quendelschnecke** -*Candidula unifasciata* (Poiret 1801). Sie ist in Brandenburg von drei isolierten Standorten (Rüdersdorf, Wriezen, Mallnow) bekannt. Ihre Bestände sind in ganz Deutschland durch menschliche Eingriffe ernsthaft bedroht und vielerorts durch langanhaltenden starken Rückgang bis zu kritischen Größen zusammengeschmolzen (Rote Liste Brandenburg Kategorie 1a = vom Aussterben bedroht). Das gleiche Bild ergibt sich auch für den Ort Rüdersdorf. Von einer Anzahl, zum Teil auch kleinerer Vorkommen, werden sich aus heutiger Sicht nur zwei überlebensfähige Gemeinschaften erhalten können, eine davon in unmittelbarer Nähe des Tagebaues .

Menschliche Aktivitäten haben einerseits durch Zerstörung der Lebensräume das Verschwinden so mancher Art verursacht, andererseits aber auch eine Reihe fremder Mollusken in die heimische Fauna verschleppt, die sich teilweise integriert haben. Das im August 1991 am Ostrand der Kalkbrüche festgestellte Vorkommen der mediterranen und osteuropäischen **Kartäuserschnecke** - *Monacha cartusiana* (Müller 1774) belegt die Aktualität dieser Vorgänge. Ebenfalls hier ursprünglich nicht heimisch war die **Große Glanzschnecke** - *Oxychilus draparnaudi* (Beck 1837). Sie ist heute als Kulturfolger über ganz Mitteleuropa verbreitet und in Rüdersdorf an geschützten Stellen nicht selten. Ein ähnliches Schicksal widerfuhr der **Weinbergschnecke** - *Helix pomatia*

Linnaeus 1758. Diese, besonders durch ihre Größe recht augenscheinlichen Tiere, sind in weiten Teilen ihres Verbreitungsgebietes als Kulturfolger anzusehen. Sie dienten den Mönchen als Fastenspeise, und ihr Vorkommen in den Kalkbergen ist vermutlich ihnen zuzuschreiben. In gedecktem Gelände (lichte Wälder, Gebüsche)sind sie heute im gesamten Ort anzutreffen .

Dem malakologisch unkundigen Besucher der Kalkbrüche und ihrer unmittelbaren Umgebung fallen von den Gehäuseschnecken vorrangig solche Arten auf, die sowohl durch Größe beeindrucken als auch durch ihre Anspruchslosigkeit im Gebiet zu "Allerweltsarten" wurden und dadurch weit verbreitet und häufig sind. Hierzu gehören die in den unterschiedlichsten Habitaten sehr zahlreich auftretende **Schwarzmündige Bänderschnecke** - *Cepaea nemoralis* (Linnaeus 1785), die mehr an Wälder und Gebüsche gebundene **Weißmündige Bänderschnecke** - *Cepaea hortensis* (Müller 1774) und die **Große Laubschnecke** - *Euomphalia strigella* (Draparnaup 1801). Malakologisch von besonderer Bedeutung sind die gleichfalls nicht seltenen, aber an lichtoffene, trocken-warme Standorte gebundenen Heideschnecken. Das lokale Vorkommen der **Gemeinen Heideschnecke** - *Helicella itala* (Linnaeus 1785) *in* Rüdersdorf ist seit 1887 bekannt und war bis 1982 einziger Nachweis dieser westeuropäischen Art für Brandenburg. Erst in den vergangenen zehn Jahren konnten weitere versprengte Fundorte ermittelt werden. Der Originalfundort in den Kalkbergen ist vernichtet. Die Tiere finden aber auf vielen Folgestandorten günstige Bedingungen und treten im Umland der Kalkbrüche häufig in Erscheinung.

Weniger häufig als die Gemeine Heideschnecke trifft man auf xerothermen Standorten die südosteuropäische **Weiße Heideschnecke** - *Helicelld obvia* (Menke 1828), die im Raum Rüdersdorf mit östlichen Vorposten der vorigen Art zusammentrifft. In den noch verbliebenen Laubwaldstandorten der Kalkberge lebt, vorwiegend als Bodenwühler, **die Kleine Vielfraßschnecke** - *Ena obscura* (Müller 1774). Ihr spitzkegeliges Gehäuse ist oft mit einer durch getrockneten Schleim verfestigten Erdkruste versehen und erschwert das Erkennen der Tiere. Weit häufiger begegnet man der **Gefleckten Schüsselschnecke** - *Discus rotundatus* (Müller 1774). Sie besitzt ein bis zu 7 mm breites Gehäuse und zählt im Gebiet an feuchten und geschützten Standorten unterschiedlichen Charakters zu den gemeinsten Arten.

Der skelettreiche, kalkhaltige Boden bietet mit seinem Lückensystem gute Existenzmöglichkeiten für die **Gemeine Blindschnecke** - *Cecilioides acicula* (Müller 1774). Die unterirdische Lebensweise bedingt, daß sie trotz ihres regelmäßigen Auftretens nur selten beobachtet wird.Von den Nacktschnecken ist die **Genetzte Ackerschnecke** - *Deroceras reticulatum* (Müller 1774) die häufigste und in allen terrestrischen Lebensräumen zu finden. Nicht selten, aber mehr an geschützteren Stellen, kommt auch die **Gemeine Gartenwegschnecke** - *Arion distinctus* (Mabille 1863) vor.

6. 2. 5. Gefährdung

Die Binnenmollusken sind in der deutschen Fauna mit rund 310 Arten vertreten, von denen in Rüdersdorf nach heutigem Kenntnisstand 104 nachgewiesen sind. 27 Wasserschnecken, 65 Landgastropoden und 12 Muschelarten. 22 Arten (21%) davon kann nach der Roten Liste (Regionalliste Brandenburg) ein Gefährdungsstatus zugeordnet werden.

Durch Gewässerverschmutzung, Bautätigkeit und vor allem den Kalkabbau sind große Teile der Rüdersdorfer Weichtierfauna seit langer Zeit ganz besonderen Belastungen ausgesetzt, und bei einer nicht unerheblichen Anzahl von Arten, insbesondere solcher, die trocken-warme Standorte besiedeln, stellt sich die Gefährdungssituation wesentlich kritischer dar. Mindestens sechs sind als verschollen bzw. ihr Vorkommen als vernichtet zu betrachten, vier Arten sind vom Aussterben bedroht, vierzehn weitere unterliegen einer mehr oder minder starken Gefährdung.

Anmerkung: Vorlagen für die Tafeln dieses Beitrages wurden Janus (1958) sowie Kerney, Cameron u. Jungbluth (1983) entnommen.

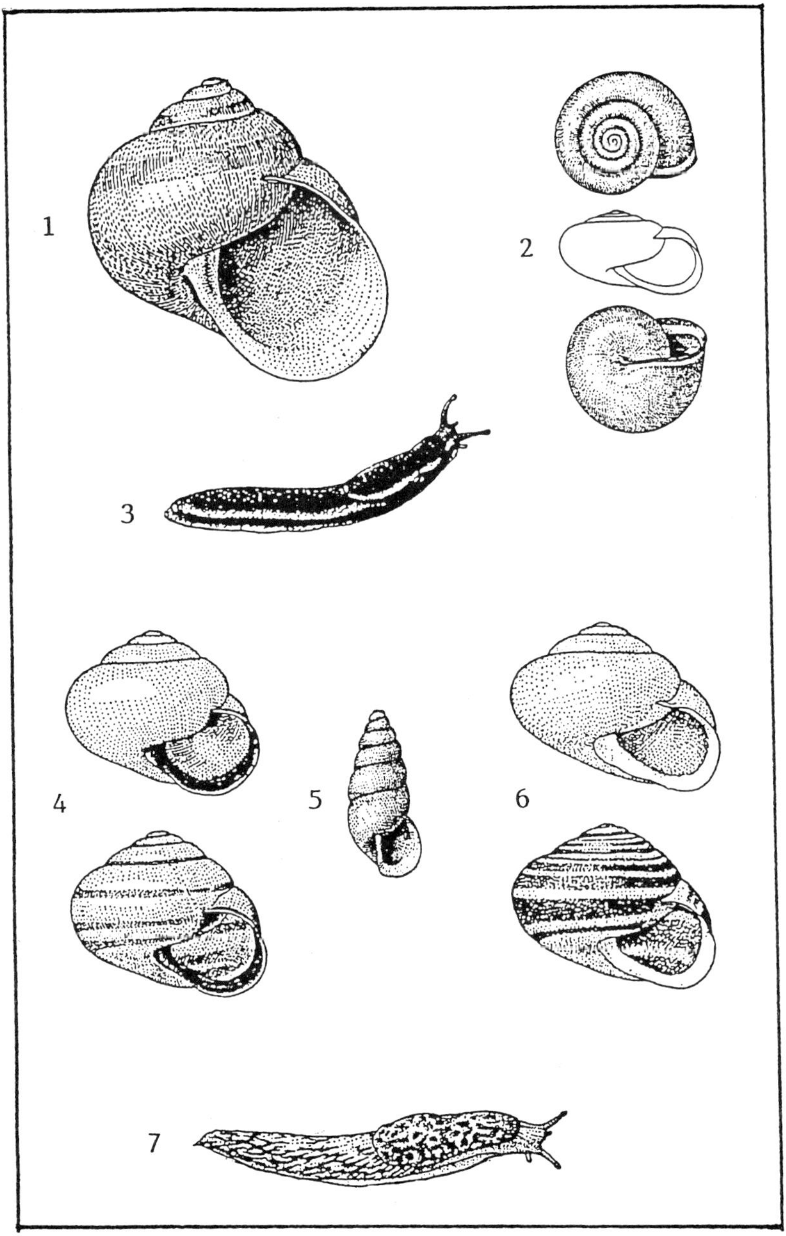

Tafel 6. - I. : **1. Weinbergschnecke** - *Helix pomatia* (30 - 50 mm breit) 2. **Kartäuserschnecke** - *Monacha cartusiana* (9 - 17 mm breit) **3. Gemeine Gartenwegschnecke** - *Arion distinctus* (25 - 30 mm lang) **4. Schwarzmündige Bänderschnecke** - *Cepaea nemoralis* (18 - 25 mm breit) **5. Kleine Vielfraßschnecke** - *Ena obscura* (8,5 - 9 mm hoch) **6. Weißmündige Bänderschnecke** - *Cepaea hortensis* (14 - 20 mm breit) **7. Genetzte Ackerschnecke** - *Deroceras reticulatum* (35 - 50 mm lang) (Beitrag Haldemann)

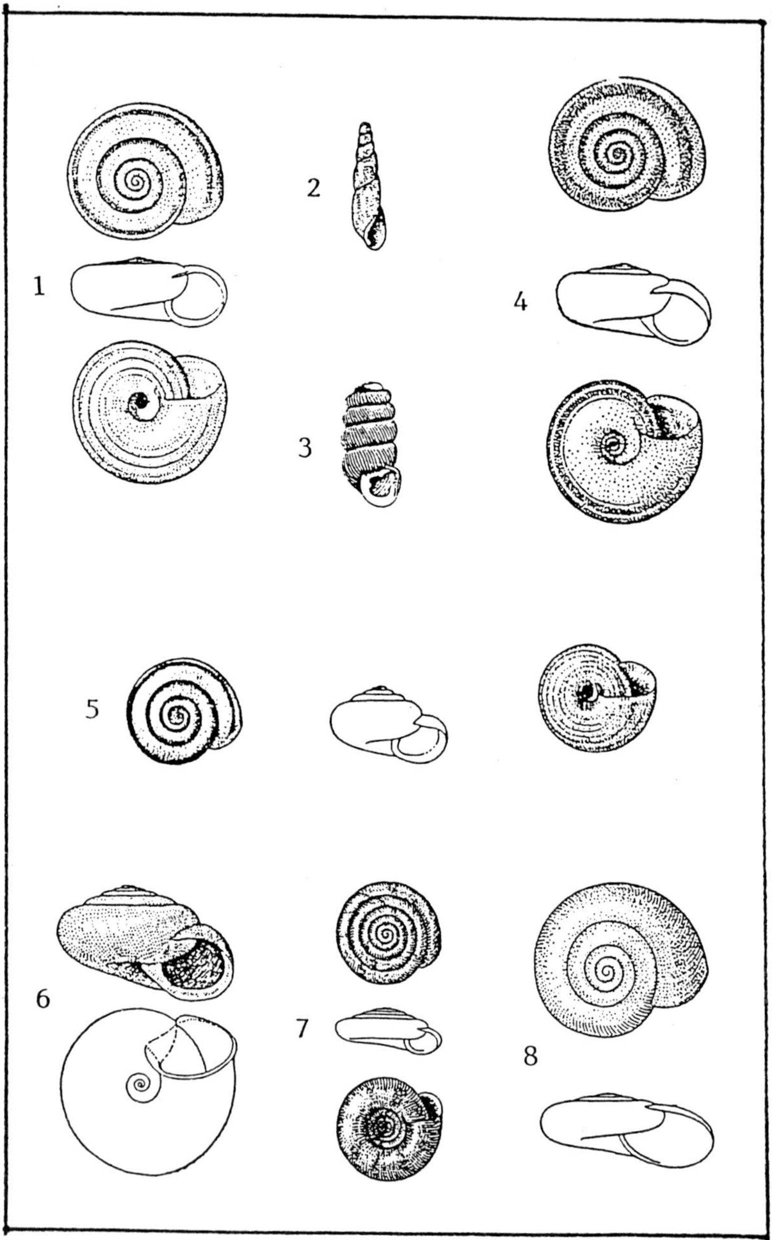

Tafel 6. - II.: 1. Weiße Heideschnecke - *Helicella obvia* (14 - 20 mm breit) **2. Gemeine Blindschnecke** - *Cecilioides acicula* (4,5 - 5,5 mm hoch) 3. **Wulstige Zylinderwindelschnecke** - *Truncatellina costulata* (1,7 - 2 mm hoch) **4. Gemeine Heideschnecke** - *Helicella itala* (10 - 25 mm breit) **5. Quendelschnecke** - *Candidula unifasciata* (5 - 9 mm breit) **6. Große Laubschnecke** - *Euomphalia strigella* (12 - 18 mm breit) **7. Gefleckte Schüsselschnecke** - Discus rotundatus (5,5 - 7 mm breit) **8. Große Glanzschnecke** - Oxychilus draparnaudi (11 - 16 mm breit) (Beitrag Haldemann)

6. 3. Die Vogelwelt im Rüdersdorfer Tagebau

von Andreas Koszinski

6. 3. 1. Einleitung

Der Großsteinbruch bedingt durch seine extremen Standortfaktoren in den verschiedenen Teilbiotopen eine **für Ostbrandenburg geradezu einmalige Floren- und Faunenzusammensetzung.** Auch für die Vogelwelt - als mobilste Tiergruppe - hat er eine besondere Bedeutung. Wenngleich die Artenvielfalt und die Individuenzahlen nicht überdurchschnittlich groß sind, so besitzt der Tagebau doch **für einige Arten einen ausgeprägten Refugialcharakter.**

Die Darstellung ist keine vollständige Artenauflistung. Sie soll vielmehr auf die spezifischen Biotopbesonderheiten hinweisen und den Besucher auf die Ornis des Tagebaus aufmerksam machen.

6. 3. 2. Kriensee

Aufgrund der Wasserhaltung für den Tagebau werden täglich (während des ganzen Jahres!) ca. 32 000 m^3 klares, durch den Kalkstein gefiltertes Wasser mit einer konstanten Temperatur von 12° C in den relativ kleinen, anthropogen überformten Kriensee im nördlichen Tagebauvorfeld geleitet. Dadurch bleibt dieser auch bei strengsten Wintern großflächig offen, wodurch er seine Bedeutung für die rastenden und überwinternden Wasservögel bekommt; da auch die Nahrungsquellen in ausreichendem Maße vorhanden sind (Mollusken, Algen, Plankton......).

Für die alljährliche Winteransammlungen kann etwa folgende Artenzusammensetzung angegeben werden:

Stockente:	20...80 Exemplare, stark wechselnde Zahlen
Tafelente:	bis 25 Exemplare, besonders von Feb. bis April
Reiherente:	bis 15 Exemplare, Tendenz bis 1991 steigend
Bleßralle:	ca. 10-15 Exemplare, in strengen Wintern bis 45 Exemplare
Haubentaucher:	2 ... 4 Exemplare, nur selten auf dem Durchzug
Graureiher:	2 ... 5 Exemplare, auch im Sommer und Herbst

Bei Extremwetterlagen, wenn alle umliegenden Seen und selbst der Stienitzsee sowie das Kanalsytem zu den Berliner Gewässern zugefroren sind, gewinnt der Kriensee "über Nacht" regionale Bedeutung. So konnten beispielsweise am 04. 01. 1993 mehr als 700 Wasservögel gezählt werden: ca. 300 Bleßrallen, ca. 220 Stockenten, 62 Reiherenten, 35 Tafelenten, 12 Höckerenten und sogar 10 Gänsesäger, die als gelegentliche Überwinterer normalerweise nur große Seen frequentieren.

6. 3. 3. Sanddornbestände

Das zweite hervorzuhebende Randbiotop sind die ausgedehnten Sanddornbestände im SE und E des Bruches sowie in weiten Bereichen der Außenhalden. Die ursprünglichen Anpflanzungen haben sich stark vermehrt; die Bestände zählen heute (neben denen der Braunkohlenlandschaften und Küstengebiete) zu den bedeutendsten in Ostdeutschland.

Während des Herbstzuges bis in den Winter hinein dienen die Beeren als Nahrung für durchziehende Vogelschwärme, die sich gerade bei geschlossener Schneedecke an diesen Plätzen konzentrieren. So finden sich hier natürlich auch die **Sperber** und andere Prädatorn ein. Besonders **Rot- und Wacholderdrosseln** - Schwärme mit 200 bis 280 Ex. sind nicht selten - Singdrosseln, Amseln sowie Kleinvogelschwärme (Meisen, Buch- und Bergfinken, Gimpel und kleine Trupps des nordischen Seidenschwanzes) konnten registriert werden.

6. 3. 4 Offene Areale mit Pioniergesellschaften

An die Rand- und Außenbiotope (Sanddornbestände, Robinienbestockung,Feldhecken u. ä.) schließen sich tagebauseitig, entlang der Südböschung vom Niveau +80 bis +5 m NN, die aus natürlichen Sukzessionsstadien hervorgegangenen offenen Areale mit typischen Pioniergesellschaften an (Salweide, Birke, Heckenrose...). Charaktervogel ist hier der **Neuntöter** mit ca. 6 Brutpaaren, bei fallender Tendenz.

Die **Dorngrasmücke** hat mit mehr als 20 Brutpaare über viele Jahre ihren stabilen Bestand halten können. Gelegentlich ist die Goldammer und nur selten der Hänfling als Brutvogel anzutreffen.

6. 3. 5. Tagebau

In den **offenen**, nur teilweise begrünten **Bereichen des Tagebaus**, an Wegrändern und im Vorfeld der Gewinnungsstellen kann man regelmäßig, einen durch seinen weißen Bürzel auffallenden Erdsänger, den **Steinschmätzer** beobachten, der mit 6-8 Brutpaare eine stabile Population aufweist. Die Brutplätze (Steinhaufen und kleine Nischen am Boden) fehlen allerdings in fortgeschrittenen Sukzessionsstadien oder werden nicht mehr genutzt. (Die Art ist in Brandenburg ein seltener Brutvogel auf großen Kahlschlägen, die zunehmend - aus ökologisch-ganzheitlichen Betrachtungsgründen - verschwinden werden .)

Selten brütet die **Feldlerche** und nur ausnahmsweise der **Wiesenpieper** (in der Nähe kleiner Feuchtstellen) auf den Trockenrasenbiotopen der vorübergehend nicht bewirtschafteten Tagebausohlen.

Entsprechend der Witterungslage im Frühjahr halten sich kleine, teils bis 0,5 ha große **offene Feuchtstellen** bis weit in den Sommer. Dies ist der Habitat des **Flußregenpfeifers**, der somit nicht alljährlich anzutreffen ist; in wenigen Jahren wurden sogar 2 Brutpaare nachgewiesen. Der **Kiebitz** konnte im zurückliegenden Jahrzehnt nur 1987 erfolgreich Nachwuchs erbrüten. Es wäre noch die **Bachstelze** zu erwähnen - mit mindestens 3 Paaren, wenngleich sie nicht auf Feuchtstellen angewiesen ist und sich auch Brutplätze im Bereich der Tagesanlagen (+5 m - Sohle) sucht. Hier brüten auch die **Mehlschwalben**, namentlich an den Bandbrücken. Einschließlich der Schwalben auf der Ablage am Kriensee hat die Mehlschwalbe mit 40 - 45 Brutpaaren einen stabilen Bestand.

Bruten der **Rauch- und Uferschwalbe** sind aus jüngerer Zeit nicht bekannt. Bis Anfang der 1970 er Jahre gab es im östlichen Abbaufeld zeitweise kleine Uferschwalbenkolonien.

Mauersegler sind während des Sommers, von Mitte Juli bis Anfang August sogar in Trupps bis 15 Exemplare, regelmäßig auf der Hauptsohle (Tagesanlagen) und entlang der Nordwand zu sehen. Direkte Bruten sind nicht belegt, aber sehr wahrscheinlich.

6. 3. 6. Steilwände

In den markanten Steilwänden sind besonders zwei Vogelarten heimisch, die hier ihren ursprünglichen Lebensraum vorfinden. Der **Turmfalke** nistet auf unzugänglichen Felsvorsprüngen. Es sind 3 Paare die sich ihre Reviere an der Nordwand gegeneinander abgrenzen und jährlich ihre Jungen großziehen. Da außerdem im Zementwerk 2 Paare brüten, ist die Art mit insgesamt 5 Brutpaaren sehr gut repräsentiert. Deutlich unscheinbarer ist der **Hausrotschwanz**, der in kleinen Felsnischen und -höhlungen mit mehr als 12 Paaren brütet und nur im Frühjahr durch seinen markanten Gesang auf sich aufmerksam macht.

Entlang der Steilwände kann man vor allem im August und September Greifvögel beobachten, die die Thermik ausnutzend allmählich westwärts ziehen; zu nennen sind hier: **Rot- und Schwarzmilane sowie Sperber, Habichte und häufiger Mäusebussarde**.

Als **Brutvogel ist lediglich der Mäusebussard** anwesend. Der Rotmilan und der Habicht brüten schon mehr als 5 Jahre nicht mehr und der Schwarzmilan horstete letztmalig 1991, jedoch erfolglos. Durch die fortgeschrittene Abraumberäumung und Abholzung am Tagebaurand fehlt das notwendige Brutareal (beruhigte Zonen, alte

Bäume und Sichtschutz), weshalb auch der Waldkauz und der Kolkrabe nach 1989 nicht mehr zu den Brutvögeln gezählt werden können.

6. 3. 7. Tagebaukanten

Ein für die Kleinvogelwelt sehr wichtiger ebenfalls sehr "schmal" gewordener Lebensraum sind die **Walddickichte an den Tagebaukanten**. Aufgrund des Kalk- und Mergelbodens (historische Unterkornhalden, Lokalmoräne und teilweise Geschiebemergel und Mergel des Mittleren Muschelkalkes) sind auch die verbliebenen Waldstandorte sehr spezifisch geprägt. Brombeergestrüpp, Hopfen und vor allem die alles überwuchernde Waldrebe, dichtes Unterholz und hohe Bäume haben einen optimalen Lebensraum für ein breites Singvogelartenspektrum geschaffen, besonders für **Gelbspötter, Garten- und Mönchsgrasmücke sowie Nachtigall, Rotkehlchen, Singdrossel und Amsel.** Zum anderen brüten hier der Bunt- und Grünspecht, Ringeltauben, Elstern und Nebelkrähen.

6. 3. 8. Durchzügler und Nahrungsgäste

Der Tagebau scheint aus der Vogelperspektive für durchziehende Vogelschwärme eine gewisse Leitfunktion - ähnlich den Seenketten, Flüssen, Luchen unter anderen räumlichen Strukturen mittlerer Ordnung - zu haben. Sowohl Kleinvögel, wie **Lerchen, Pieper, Hänflinge, Stieglitze und andere Finkenvögel,** die gern die Hochstaudenfluren an den Böschungsrändern frequentieren, als auch Großvogelschwärme wie **Kraniche, Gänse und Möwen** rasten im Terrain bzw. überfliegen das Gebiet.

Bis Anfang der 1970er Jahre gab es an geeigneten Stellen im Tagebau (offene, schnell fließende Gewässer) einzelne Beobachtungen der in unserer Region überwinternden **Wasseramsel**, die in Skandinavien ihre Brutheimat hat.

Es soll nicht unerwähnt bleiben, daß außergewöhnliche Raritäten, deren ursprünglicher Lebensraum den Rüdersdorfer Kalkfelsen entspricht, beobachtet wurden. So konnte am 11. 9. 1992 ein ausgewachsener **Uhu** (*Bubo bubo*) im Bruch aufgefunden werden. Leider verstarb das kranke Tier 2 Tage später. Zum anderen wurde am 24. 10. 1992 ein umherstreifender **Steinadler** festgestellt, der den gesamten Tagebau beflog und wieder nach Osten abstrich.

6. 4. Fledermäuse in Rüdersdorf

von K.-B. Jubitz

(Vorbemerkung des Herausgebers: Der Fledermaus - Spezialist hatte zur Freude aller Beteiligten seine Mitarbeit zugesagt, war aber schließlich wegen dringender Verpflichtungen verhindert. Um nun den Besuchern hier jedenfalls einen Hinweis zu geben, erbot sich K.-B. Jubitz aus verschiedenen, wenn auch älteren Quellen zu schöpfen, und trug Text und Foto bei! Danke, Herr Kollege!)

Fledermäuse (Ordnung Chiroptera) - einzige zum aktiven Flug befähigte Säugetiere - bevorzugen die Muschelkalkfelsen von Rüdersdorf als **Winterquartier**, insbesondere **die weitgefächerten Stollensysteme** auf der + 5m NN - Sohle des Alvenslebenbruches. Hier sind die Bedingungen für eine konstant hohe Luftfeuchtigkeit und zugleich geringe Luftbewegung (Zugfreiheit) gegeben; die Temperatur sinkt nicht unter den Gefrierpunkt.

Die Tiere **krallen sich mit den fünf-zehigen Hinterfüßen an Felsvorsprüngen, bevorzugt des Schaumkalkes,** fest; dabei ummanteln sie sich teilweise mit ihrer eingefalteten Flughaut, die sich zwischen dem anatomisch stark verlängerten Unterarm, den verlängerten Mittelhandknochen sowie den Fingern und kurzen Hinterfüßen ausspannt. Der nicht verlängerte Daumen dient als krallenförmiges Kletterinstrument. - Die Überwinterung erfolgt aus Wärmeschutzgründen bevorzugt in kleinen oder größeren Gruppen; mitunter hängen mehrere hundert Tiere neben- und z. T. übereinander an der Stollenfirste. Die Körpertemperatur der Tiere, im Sommer 38°, paßt sich beim Winterschlaf dem Umfeld an und sinkt auf 10° - 0° C ab.

Abb. 6. 4. 1. Fledermäuse in den Stollen von Rüdersdorf a. (links) Einzeltier, b. (rechts) Gruppenbild (Fotos Jubitz)

In Rüdersdorf wurden während der 60er Jahre noch **sieben Fledermausarten** ermittelt, darunter Vertreter der Gattung der Mausohrfledermäuse (*Myotis*). -
Für Beobachtung, Beringung (zwecks Ermittlung der z. T. weit entfernt gelegenen Sommerquartiere) und vor allem für den Schutz der Rüdersdorfer Fledermäuse hat sich frühzeitig der Tierpark Berlin (Prof. Dathe†, Dr. J. Haensel) eingesetzt, unterstützt durch die Rüdersdorfer Kalk- und Zementindustrie.

Auch als einzigartiges Biotop für diese Kleinsäugetiere erweist sich die Struktur Rüdersdorf als Besonderheit in der Region Berlin und Brandenburg.

6. 5. Umweltgeochemische Aspekte
von Johannes Rentzsch

Früher war die Umgebung von Zementwerken von dreckigem grauem Staub bedeckt - dank moderner Filter-Technik gehören diese Stäube in steigendem Maße der Vergangenheit an - auch in Rüdersdorf. In den vergangenen Jahren hat man sich jedoch über die **chemische Belastung in der Umgebung von Zement- und Chemiewerken** Gedanken gemacht, zumal in einem vielfältig genutzten Raum wie dem von Rüdersdorf: Außer durch Industrie wird der Raum Rüdersdorf durch Siedlungen, Land- und Forstwirtschaft und Naherholung genutzt und durch diese Nutzungen belastet. Die in den vorhergehenden Kapiteln behandelte geologische Situation, die Vorkommen von Kalksteinen des Muschelkalkes und verschiedenen Lockersedimenten des Pleistozäns erhöhen die Komplexität - und somit die Schwierigkeit der umwelt-geochemischen Erfassung.

Von 1985 - 87 wurde ein 360 km^2 großes Gebiet um Rüdersdorf (siehe Abb. 6. 5. 1. a. u. b) von dem damaligen Zentralen Geologischen Institut zum **Testgebiet umweltgeochemischer Analytik und Kartierung** ausgewählt: Proben aus verschiedenen Bodenhorizonten und Proben aus Gewässern und vom Boden der Gewässer wurden auf ihre Gehalte von 23 potentiell gefährlichen Elementen genau analysiert. Es wurde festgestellt, ob und vor allem wo sich diese Elemente angereichert hatten. Aus dem umfangreichen Karten- und Zahlenwerk der Auswertung werden hier eine Tabelle und zwei Karten wiedergegeben. Insgesamt kann festgestellt werden, daß **selbst die Maximalgehalte der meisten Elemente** auch nach dem international anerkannten niederländischen Standard unterhalb oder wenig oberhalb der Richtwerte liegen, also **keinen Anlaß zur Besorgnis** geben (Tabelle 6. 5. 1.). Zu den **Ausnahmen** von diesem Befund gehören Barium, Fluor, Kadmium und Zink; hier sind weitere Untersuchungen und Verhütungsmaßnahmen angezeigt.

Wo die Element-Gehalte oberhalb der Normalwerte lagen, konnten aufgrund der geographischen Verteilung die Anreicherungen bestimmten Ursachen zugeordnet werden, wobei natürliche wie auch anthropogene Prozesse eine Rolle spielen. So konnten Anreicherungen von Mangan, Titan und Zirkon auf die speziellen **geologischen Verhältnisse** und das sich daraus ergebende Element-Angebot zurückgeführt werden. **Siedlung, Verkehr und Landwirtschaft** einschließlich der Rieselfelder sind für Anreicherungen von Blei, Kadmium, Kupfer, Quecksilber und Zink verantwortlich zu machen. Abbildung 6. 5. 1. a. zeigt beispielsweise, daß die höchsten Bleigehalte jeweils an die Ortschaften gebunden sind.

Im Bereich industrieller Immissionen vom **Chemiewerk und vom Zementwerk** 2 sind vor allem Fluor und Kadmium, in geringerem Umfang auch Barium, Bor, Chrom, Rubidium, Strontium und Vanadium angereichert worden. Abbildung 6. 5. 1. b zeigt die Fluor- Anreicherung, deren deutliches Maximum ausschließlich im Bereich von Rüdersdorf liegt; erhöhte Werte, wie sie auf der Karte zu erkennen sind, werden auf Phosphat-Düngung mit Apatit-, also Fluor-haltigen Mineraldüngern zurückgeführt. Demgegenüber weisen im Nahbereich des Zementwerkes 4, des einzigen zur Zeit noch produzierenden Werkes, die umwelt-relevanten Elemente Blei, Fluor, Kadmium, Kupfer, Mangan, Quecksilber, Vanadium und Zink sogar Minima auf, was zu der Hoffnung berechtigt, daß die **angelaufenen technischen Maßnahmen zur Reinhaltung der Umwelt im Falle Rüdersdorf** zu greifen beginnen.

Tabelle 6. 5. 1. Gehalte von umwelt-relevanten Elementen in der obersten Bodenschicht (A_p- bzw. A_h-Horizont) im Raum Rüdersdorf in mg / kg

Element		arithm. Mittel	NL Kategorie	Variationsbreite	NL Kategorie d.Max.Wertes	Modalwert (Untergr.)
B	Bor	26	*	15 - 47	*	25
Ba	Barium	243	A	129 - 607	B	217
Cd	Kadmium	0,32	-	0,03 - 3,72	A	0,12
Co	Kobalt	3,6	-	0,5 - 6	-	4
Cr	Chrom	22	-	3,5 - 85	-	19
Cu	Kupfer	14	-	3,5 - 81	A	8
F	Fluor	150	-	50 - 900	B	50
Hg	Quecksilber	0,06	-	0,008-0,48	-	0,03
Ni	Nickel	3,7	-	0,5 - 19	-	4
Pb	Blei	34	-	2 - 141	A	21
Rb	Rubidium	40	*	8 - 95	*	34
Sn	Zinn	3,2	*	1 - 21	*	3
Sr	Strontium	123	*	34 -3863	*	53
V	Vanadium	15	*	6 - 54	*	11
Zn	Zink	48	-	1 - 488	A	22

Kategorien der "Niederländischen Liste" (oben "NL Kategorie")
A: Anreicherung problemlos, weitere Untersuchungen unnötig
B: Nähere Untersuchungen notwendig
C: Sanierungsuntersuchungen notwendig
*: Bei diesen Elementen liegt die Anreicherung unter Kategorie A

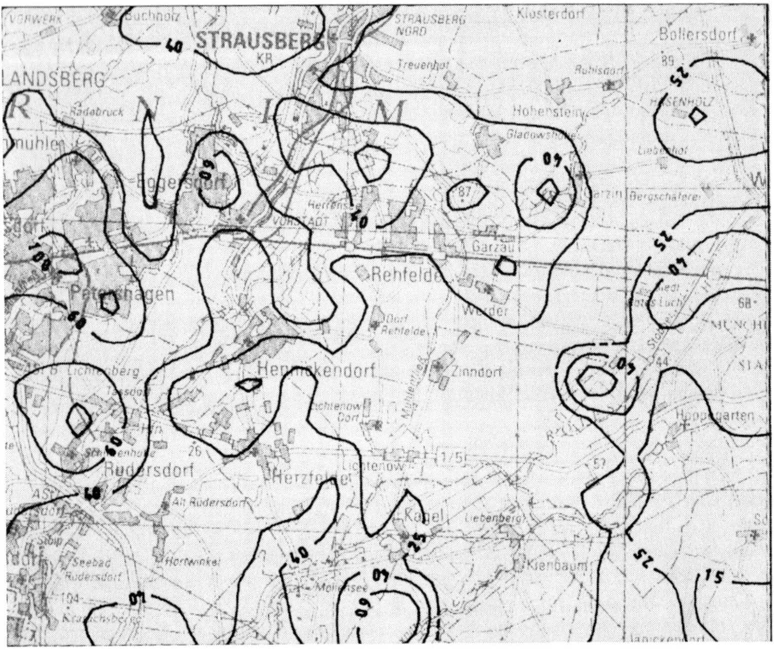

Abb. 6. 5. 1. Verteilungen von **Blei** - **(a. - oben)** - und **Fluor** - **(b. - unten)** - jeweils in mg / kg - in den Böden des Raumes Rüdersdorf ; Topographische Grundlage 1: 200.000 Ausgabe AV , Blätter 44, 45 (Beitrag Rentzsch)

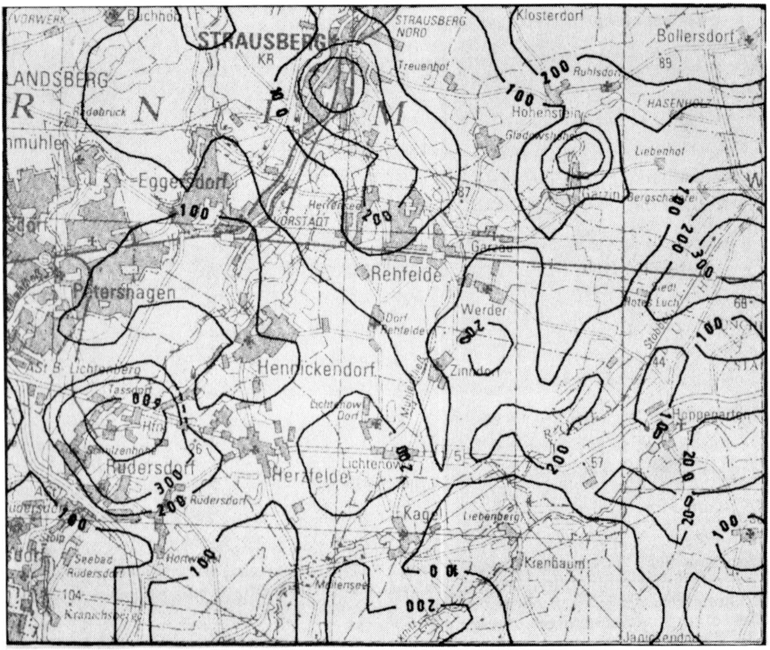

7. Zur Geschichte des Bergbaues und der geologischen Erforschung

von Folkwart Wendland
mit Beiträgen zur Gewinnung von H.-J. Streichan
sowie zur Geothermie von P. Kühn & R. Toleikis

7. 1. Einleitung

Die Kalksteinlagerstätte Rüdersdorf ist nicht allein in geologischer Hinsicht ein einzigartiger Aufschlußpunkt im sonst von den quartären Lockersedimenten verhüllten Norddeutschen Tiefland, sondern auch in historischer Hinsicht von besonderer Bedeutung: Rüdersdorf wurde im Laufe von mehr als 750 Jahren zu einem **Ort, an dem brandenburgisch-preußische Bergbau- und Wirtschaftsgeschichte, Wissenschafts- und Kunstgeschichte** gleichsam zu einer Einheit verschmolzen.

Die räumliche Nähe zu Berlin und die günstige Erreichbarkeit auf dem Wasserwege **verknüpften Rüdersdorf eng mit der Geschichte des brandenburgisch-preußischen Staates und seiner Residenzstädte Berlin und Potsdam**, da das Vorkommen von Rüdersdorf zu einem wesentlichen Teil den Bedarf an Bausteinen und Branntkalk, später auch an Zement, decken konnte. Es hat somit ökonomisch in dem rohstoffarmen Staat Brandenburg-Preußen, wenn man von dessen westlichen Provinzen und Schlesien absieht, seit dem Anfang des 13. Jahrhunderts eine bedeutende Rolle gespielt.

7. 2. Übersicht über die Geschichte

Die Geschichte der Kalklagerstätte wird in komprimierter Form in drei Tabellen zusammengefaßt. Tabelle 7. 1. zeichnet die Geschichte des Bergbaus nach und verknüpft sie mit Ereignissen von landesgeschichtlicher Bedeutung. Tabelle 7. 2. gibt die Entwicklung von Gewinnung, Transport und Nutzung der Kalksteine wieder. Tabelle 7. 3. schließlich skizziert die Stationen geowissenschaftlicher Erforschung und wirtschaftlicher Erkundung, weist auf wissenschaftliche Leistungen und in Rüdersdorf tätige Wissenschaftler hin.

7. 3. Gewinnung

von H.- J. Streichan

Seit der Entdeckung der Kalksteinlagerstätte im frühen 13. Jahrhundert erfolgte der Abbau jahrhundertelang durch **manuelles "Abbanken"**. Dazu wurden Eisenkeile zwischen die Gesteins-Schichten getrieben, so daß man große Brechstangen, sogenannte "Geißfüße", ansetzen konnte, die dann von mehreren Personen gleichzeitig heruntergedrückt wurden; parallel dazu schlugen andere mit großen Hämmern auf die Schichtflächen. Dieses körperlich anstrengende Verfahren gewährleistete ein hohes Ausbringen an großstückigem Material.

Seit Beginn des 19. Jahrhunderts wurden die Kalksteine mit Hilfe des **Bruchsturzverfahrens** gewonnen. Dazu wurden unter den zu gewinnenden Abbaublock schachbrettartig Schramstrecken getrieben, so daß der Gesteinsblock nur noch auf Pfeilern stand. Die Pfeiler wurden weggesprengt und das Gebirge brach in sich zusammen. Die Sprengungen wurden vorher öffentlich angekündigt, so daß viele Menschen dieses imposante Schauspiel verfolgen konnten. Das entstandene Haufwerk wurde dann manuell sortiert und abtransportiert.

In den 50er Jahren unseres Jahrhunderts wurde nach entsprechenden Versuchen die Gewinnung mittels **Großbohrloch-Sprengverfahren** eingeführt. Parallel zur Abbauwand werden im Abstand von 6 m mehrere Bohrungen mit einem Durchmesser von 95 - 105 mm und einer Neigung von 70^{0} zum Abbau jeweils 35 m tief abgeteuft, mit Sprengstoff gefüllt und gesprengt. Die Abbauwand wird in mehrere Abschläge eingeteilt, die dann einzeln gesprengt werden. Die Größe der Abschläge wird bestimmt durch die Obergrenze der Sprengstoffmenge, die gleichzeitig gezündet werden darf; diese wird begrenzt, um die Auswirkungen auf die Umgebung möglichst gering zu halten.

Tabelle 7. 1. Bergbaugeschichte in der brandenburgisch-preußischen Landesgeschichte

1157	*Albrecht der Bär* erobert Brandenburg
1220 - 1250	**Erste Abbauversuche von Kalkstein** in Klosterhof Rüdersdorf im Besitz des Klosters Zinna bei Jüterbog.
1376/77	**Erste urkundliche Erwähnung** von Rüdersdorf im Landbuch Kaiser Karl IV. (reg. 1373 - 1378)
1376 u.1378	Brände in Berlin u. Kölln: Verbot hölzerner Bauten steigert **Bedarf an Kalksteinen und Branntkalk**
1432	Einfall der böhmischen Hussiten: Verwüstungen von Dörfern und mehreren Städten: Erhöhter **Bedarf an Kalkstein und Branntkalk**
1553	Nach der Reformation werden die Kalksteinbrüche Rüdersdorf **kurfürstlicher Besitz**
1571	Verwendung von Rüdersdorfer Kalksteinen u. a. für den **Bau der Festungen von Spandau und Peitz**
1618 - 1648	30-jähriger Krieg verwüstet u. entvölkert besonders Brandenburg; **neuer Baumaterial-Bedarf**
1768 - 1806	**Blüte** des Rüdersdorfer Bergbaues; Verbesserung von Betriebsführung, Technologie und Infrastruktur durch *Waitz v. Eschen*, *F. A. v. Heinitz* und *F. W. v. Reden*
1862	Zunehmende Ziegelproduktion bedeutet **Konkurrenz** für den Rüdersdorfer Kalkstein.
1885	Aufnahme der Produktion von **Zement**.
1913 - 1914	Wegen andauernder **Absatzschwierigkeiten** bei Kalksteinprodukten infolge auswärtiger Konkurrenz wird der "Heinitzbruch" aufgegeben und geflutet ("Heinitz-See" wird Erholungsgebiet)
1924	Berginspektion Rüdersdorf kommt unter die Verwaltung der Preußischen Berg- und Hütten-A.G. (Preußag)
ab 1934	**Steigerung der Produktion** und Erweiterung der Produktpalette, Wiederaufnahme der Werksteingewinnung im Zusammenhang mit dem Bau der Reichsautobahnen. Umstellung der Produktion auf Rüstungs- und Kriegswirtschaft.
	Beschäftigung von Zwangsarbeitern und Kriegsgefangenen in Brüchen und Werken.
nach 1945	**Demontage** großer Teile der Produktionsstätten; später "Volkseigenen Betrieb" (**VEB**) Zementwerk Rüdersdorf
1950er Jahre	Einsatz von Strafgefangenen.
1964	**Erweiterung der Produktionsstätten und des Tagebaues,**
1973	Reaktivierung des Heinitzbruches; Steigerung der Produktion.
1990	Reprivatisierung der Produktionstätten als **Rüdersdorfer Zement GmbH**; dann Erwerb durch die **Readymix - Gruppe**
ab 1991	**Umfangreiche Modernisierung** der Produktionsanlagen

Tabelle 7. 2. Geschichte von Gewinnung, Transport und Nutzung des Rüdersdorfer Kalksteins

Etappe	Gewinnung	Transport nah	Transport fern	Produkte
1220 - 1804	von Hand mit Hammer, Meißel u. Brechstange	Karren, Hand oder Pferd	Pferdefuhrwerk ab 1554 Wasserweg	Werkstein Baustein Branntkalk
1804 - 1883	Pfeilerbruchsturzverfahren mit Sprengstoff 1864: Anlage des Tiefbaus	Reden- Bülow- u. Heinitzkanäle; später in Brüchen Gleisbetrieb	Wasserweg ab 1869/72 Eisenbahn 1882 voller Anschluß an Straßennetz	Werkstein Baustein Branntkalk
1884 - 1950	Pfeilerbruchsturzverfahren mit Sprengstoff, ab 1897/1900 auch Tiefbau	ab 1920 Seilbahn, Eisenbahn		Zement, Branntkalk Kalksplitt, Kalksandstein (abnehmend Werk- und Bausteine), serienmäßig: Betonfertigteilbauten ; Buntmörtel zeitweise Munition u. Bomben
1950 - heute	Großbohrloch-Sprengung	Gurtförderbänder		Zement, Branntkalk Steinmehl, Düngemehl Kalkschotter, Betonfertigteile

Zur Zeit wird deshalb versucht, die Sprengwirkungen auf die Umgebung weiter zu minimieren, etwa durch Verringerung der Abtragshöhe auf 10 m und Veränderungen der Zündfolge. Bei einer herkömmlichen Sprengung fallen etwa 30.000 t Haufwerk an. Das Gestein wird mittels Löffelbaggern auf fahrbare Brechanlagen aufgegeben, dort vorgebrochen und auf Gurtbandförderer abgegeben, die das Material zur Weiterverarbeitung transportieren. Im Gegensatz zum normalen Abbau wird die Endböschung an der Südseite des Bruches im Schichtfallen von 15 - 20° mit Reißraupen angelegt.

7. 4. Frühe geothermische Untersuchungen
von P. Kühn und R. Toleikis

1827 - 1833 wurde zur Erforschung des Liegenden der Struktur Rüdersdorf ein **tiefes Bohrloch am Westhang des Schulzenberges** bis 957 Fuß 2 Zoll (ca. 300 m) abgeteuft. Durchbohrt wurden Tonsteine, Kalksteine, Gips- und Sandsteinlagen, die heute der Pelitröt- und Salinar-Folge des Oberen Buntsandsteins (Röt) und dem Mittleren Buntsandstein zugeordnet werden. **Temperaturbeobachtungen in diesem Bohrloch** wurden 1831 - vermutlich angeregt durch Alexander von Humboldt - von den Berliner Physikern Paul und (Sohn) Adolf Erman und von Gustav Magnus durchgeführt. "Routinemessungen" führte Bergmeister Schmidt zwischen 1831 und 1833 aus. Die Ergebnisse wurden zusammenfassend veröffentlicht durch den Oberberghauptmann Johann Carl Ludwig Gerhard (Sohn des Gründers der Berliner Bergakademie von 1770 Karl Abraham Gerhard). Die von Gerhard veröffentlichte Temperaturtiefenkurve zeigt einen treppenförmigen Verlauf.

Tabelle 7. 3. Geschichte der geowissenschaftlichen Erforschung und Erkundung

1730 - 1752: Erste gelehrte Beschreibungen

J. C. Bekmann, C. Mylius, J. G. Lehmann, F. E. Brückmann

Aufbau des Kalklagers, **Versteinerungen** und **Mineralien** in Einheit mit Abbau, Transport, Verwendung u. Absatz von Kalksteinen.

ab 1768 - ca. 1824 Erste Erkundung mit Bohrzeug: neue gelehrte Beschreibungen und erste Karten

1779 *J. P. v. Carosi* "Beyträge zur Naturgeschichte der Nieder-Lausitz".

1785 *T. P. v. d. Hagen* "Beschreibung der Kalkbrüche bey Rüdersdorf, der Stadt Neustadt-Eberswalde und des Finow Kanals".

1825 - 1838: Erster Höhepunkt geowissenschaftlicher Erforschung und Erkundung

1826 - 1827: Abteufen von zwei **Bohrungen** (bis 300 m tief) zur Erkundung des Untergrundes des Kalksteinlagers. Stratigraphische Zuordnung der anstehenden Gesteinsserien zu Muschelkalk und Buntsandstein: *C. Keferstein, K. F. Klöden, A. Boué, H. B. Geinitz*

1831 - 1834: Durchführung von **Temperaturmessungen in** Bohrlöchern, eine Pionierleistung der geothermischen Forschung: *P. Erman, A. Erman, G. Magnus, Bergmeister Schmidt, Oberberghauptmann J. C. L. Gerhard*

1838 - 1867: Grundlegende Bearbeitung der Trias-Fossilien:

L. v. Buch, A. v . Strombeck, F. A. Quenstedt, E. Beyrich

1867 - 1914: Zweiter Höhepunkt geowissenschaftlicher Erforschung und Erkundung:

1865: **Stratigraphische** Bearbeitung der Trias durch *H. Eck*

1867 - 1870: **Tiefbohrungen** zum Nachweis von Braunkohlen

1875: *O. Torell* weist anhand von Gletscherschrammen, Strudellöchern und subglazialen Erosionsschluchten und Lokalmoräne mit Muschelkalkgeschieben die **Inlandvereisung** Norddeutschlands nach; nachfolgende Spezialarbeiten zu dieser Thematik von *G. Berendt, A. Orth, A. Penck, R. Virchow, F. Wahnschaffe*

1879 - 1898: Fortsetzung der Bearbeitung der **Triasfossilien** durch *W. Dames, H. Eck, O. Jaeckel, A. v. Koenen*

1880: Stratigraphische Bearbeitung d.Trias durch *F. Noetling*

1883: **Geologische Spezialkarte 1 : 25.000**, Blatt Rüdersdorf, (1. Aufl.; 2. Aufl.: 1899; 3. Aufl.: 1914; 4. Aufl.: 1923)

1894 - 1899: **7 Tiefbohrungen** zum Nachweis von Kalisalzen; 3 erreichen Zechstein-Steinsalz; Auswertung durch *E. Zimmermann und K. Keilhack (Preußische Geologische Landesanstalt)*

seit 1910: Erste popularisierende Darstellungen u. Exkursionsführer von *W. Gothan, K. Hucke u. H. Menzel*

1915 - 1945: Zurücktreten geowissenschaftlicher Erforschung

1915: *M. Gasser* demonstriert am Beispiel Rüdersdorf die Herstellung genauer topographischen Karten mit Hilfe von stereographischen Luftbildaufnahmen, eine Pionierleistung der **Photogrammetrie**

1945 -1989: Neu auflebende geowissenschaftliche Forschung

Einbeziehung der Salinarstruktur in die **Erdgas- und Erdölerkundung** der DDR: *Jubitz, Kölbel und viele andere*; Ergebnisse und Quellen u. a. in diesem Führer

Bis 1830 gab es kaum Temperaturmessungen in Bohrungen. Die **Untersuchungen in Rüdersdorf stellen eine Pionierleistung** dar. Das erstmals eingesetzte "Geothermometer nach Magnus" ist die erste "Bohrloch-Meßapparatur", die später oft bei Temperaturmessungen in Bohrungen eingesetzt wurde.

Die Temperaturmessungen von Rüdersdorf stehen am Anfang der Herausbildung einer neuen geowissenschaftlichen Teildisziplin, der Lehre vom Wärmeregime im Inneren der Erde, der Geothermie. Die in Abbildung 7. 1. gezeigte Temperatur-Tiefenfunktion T(z) von Gerhard (1833) ist auch die erste Darstellung einer "Bohrlochmeßkurve" - ein Markstein in der Geschichte der angewandten Geowissenschaften. Ein Vergleich der von Gerhard 1833 dargestellten Meßergebnisse mit dem Temperaturverlauf einer Erdölerkundungsbohrung aus den sechziger Jahren unseres Jahrhunderts (Abb. 7. 1.) zeigt einen guten Anschluß beider Kurven aneinander, d.h. die Altmessungen finden ihre aktuelle Bestätigung. Beide Kurven zeigen des weiteren recht anschaulich den Einfluß verschiedener Faktoren auf das Temperaturfeld. So ist der treppenförmige Temperaturverlauf durch Fließvorgänge der Schichtwässer bedingt; die starke Zechsteinakkumulation und die extreme Hochlage der Oberkante des Zechsteinsalzes verursachen den Knick im Kurvenverlauf und deutlich erhöhte Temperaturwerte gegenüber den Werten außerhalb des Strukturbereichs. Die Temperaturverteilung in 1000 m Tiefe z. B. erreicht im Bereich der Struktur Rüdersdorf mehr als 50°C; das sind um 8 bis 10 K höhere Temperaturwerte als in der Umgebung der Struktur.

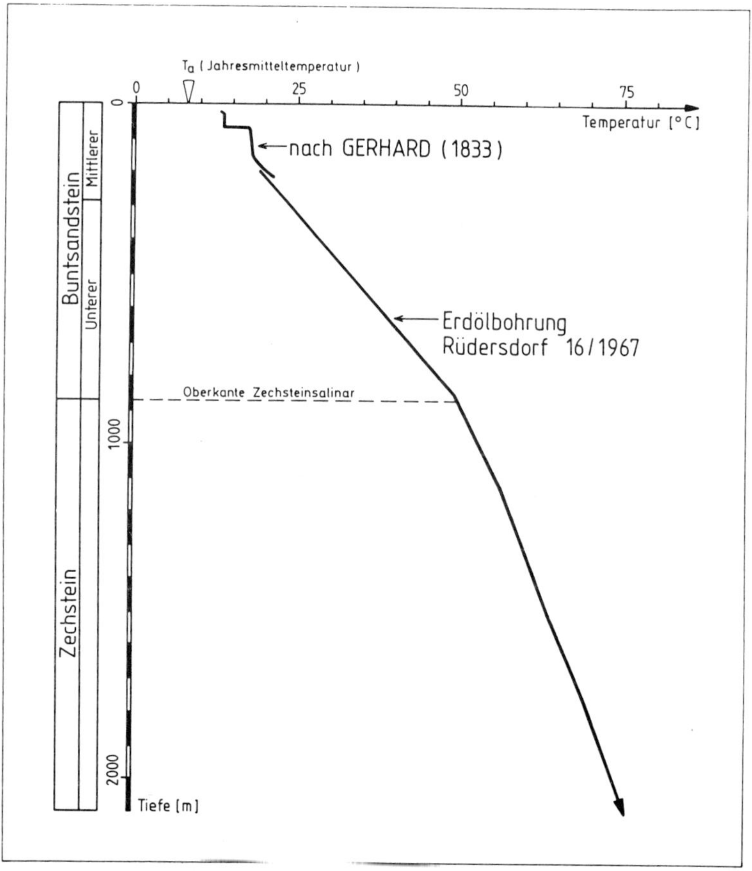

Abb. 7. 1 Geothermische Messungen aus den 1830-er und den 1960-er Jahren
(Beitrag Kühn & Toleikis)

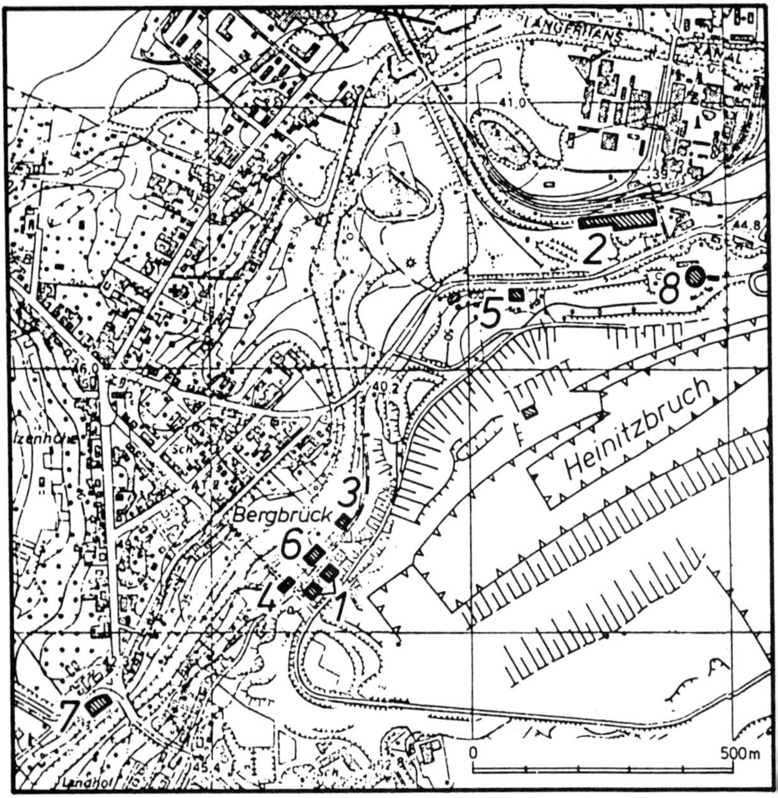

Abb. 7. 2. Lage der technischen Denkmale westlich bis nordwestlich vom Tagebau. **1.** Rumford-Öfen, **2.** Schachtofenbatterie, **3.** Portal des Heinitzkanals, **4.** Portal des Bülowkanals, **5.** Seilscheibenpfeiler, **6.** Magazin, **7.** Torellplatz

7. 5. Technische Denkmale

Die historische Bedeutung von Rüdersdorf läßt sich heute - von dem archivali schen Quellenmaterial abgesehen - an zahlreichen architektonischen Zeugnissen de Verarbeitung und des Transportes des gebrochenen Kalksteins, der Bergverwaltun und an Wohnbauten aus dem späten· 18. und frühen 19. Jahrhundert festmachen au dem späten 18. und frühen 19. Jahrhundert.

7. 5. 1. Kalköfen

Bis zum Ausgang des 18. Jahrhundert wurde der Branntkalk in Zweikammeröfe mit Holzkohlenbefeuerung hergestellt. Diese in Ziegelmauerwerk aufgeführten Öfe erlaubten nur einen periodischen Betrieb und hatten nur einen geringen Durchsat: Nach jedem Garbrand mußten sie entleert, neu gefüllt und wieder in Brand geset: werden. Ein Ofenbrand dauerte sieben bis neun Tage. Zwischen 1774 und 1777 ve besserte man diese horizontal langgestreckten Öfen, indem man gewölbte Abzüge ur ter der Ofensohle zur Abhaltung der Feuchtigkeit anlegte. Da die Kalksteine in di Kalköfen "eingesetzt", d.h. eingestapelt wurden, bezeichnete man sie auch als **Satzö fen**. Sie waren bis 1802 in Betrieb. Versuche, sie mit anderen Brennstoffen als Hol: kohle, wie Torf oder Braunkohle, zu befeuern, verliefen ergebnislos. Von den Kan meröfen sind bedeutende Reste zwischen den jüngeren Rumfordöfen. Diese wurde jedoch erst bei Restaurierungsarbeiten 1992 erkannt.

In den Jahren 1802 - 1805 wurden sie von den leistungsfähigeren **Rumfordschen Kalköfen** (Abb. 7. 3) abgelöst, die auf Veranlassung von F. W. von Reden in verbesserter Form nach den Erkenntnissen von Benjamin Thompson Graf v. Rumford (1753 - 1814) gebaut worden sind. Sie wurden mit Kohle und Torf beschickt: So konnten die Brennstoffkosten gesenkt werden. Die Preise für Holz bzw. Holzkohle waren ständig gestiegen, da sowohl in der Umgebung von Rüdersdorf als auch in der Provinz das Holz knapp geworden war. Der technologische Fortschritt der Rum-

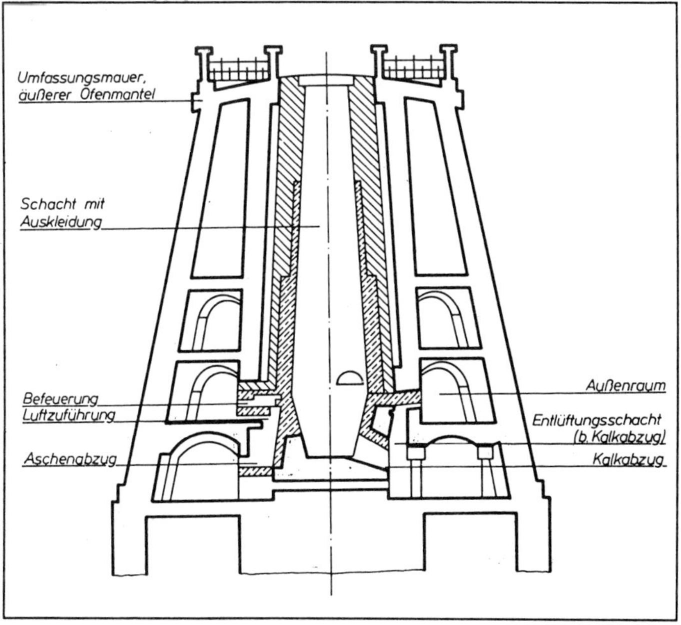

Abb. 7. 3. Rumford-Kalköfen (Abb. 7. 2.: **1**), erbaut 1802/04 bis 1874 in Betrieb. **a. oben** Schemazeichnung nach Jubitz et al., 1960 **b. unten** Ansicht eines der verbliebenen Öfen, errichtet 1805, umgebaut 1816, mit Beschickungsbrücke versehen 1826; bis 1874 in Betrieb (Foto Schroeder, 1992)

fordschen Öfen gegenüber den herkömmlichen Meilern bzw. Schachtöfen bestand darin, daß sie für einen kontinuierlichen Brand eingerichtet waren und einen höheren Durchsatz erlaubten.

Der Rumfordschen Kalköfen, errichtet aus Kalksteinen und Ziegeln, stellt einen

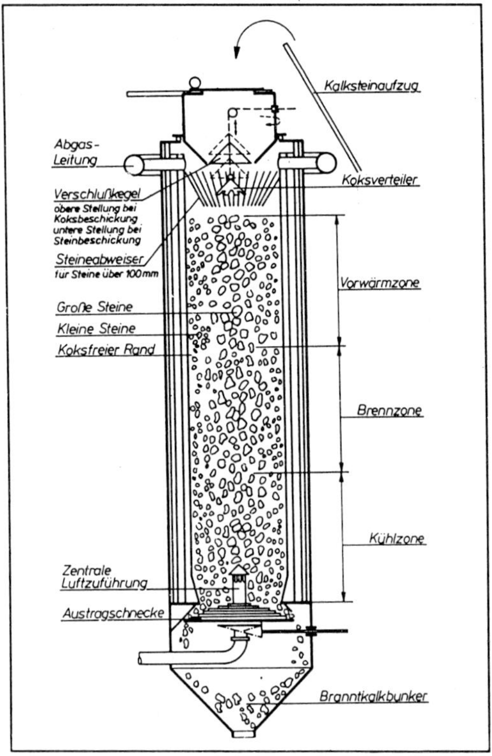

Abb. 7. 4.
Schachtofenbatterie, erbaut zwischen 1871 und 1877 (Abb. 7. 2.: **2.**) :

a. oben : Schemazeichnung nach Jubitz et al. 1960

b. unten: Blick auf die Schachtofenbatterie von NE, Blick von der Brücke über die Eisenbahngleise (Foto Kleeberg , 1991)

zweigeschossigen achteckigen Pyramidenstumpf dar, der über einem quadratischen Grundriß errichtet ist. Der Ofen im Innern des Pyramidenstumpfes ist zehneckig bzw. konisch geformt (Abb. 7. 3.). Zu den Öfen gehört eine Beschickungsbrücke. Die Reste zweier solcher Öfen können auf dem Betriebsgelände besichtigt werden (Abb. 7. 2., 1).Die beiden in der Heinitzstraße noch stehenden Rumford-Öfen sind die bedeutendsten architektonischen Zeugnisse dieses Typs. Der erste, 1802/3 erbaute Ofen wurde 1817 abgetragen, an seine Stelle trat ein neuer dreischüriger "Ofen I". Der 1805 errichtete fünfschürige Ofen wurde 1816 umgebaut. Viele interessante Einzelheiten und reichhaltige Illustrationen zu diesem Thema bietet Bothe (1992).

Die in den sogenannten Gründerjahren nach 1871 einsetzende rege Bautätigkeit in der deutschen Reichshauptstadt hatte die Nachfrage nach gebranntem Kalk erheblich erhöht. Die produktivere Erzeugung von Branntkalk führte in den Jahren 1871 - 1877 zum Bau der neuen **Schachtöfen,** die eine Weiterentwicklung der Rumfordschen Kalk-öfen darstellten. Es sind zylindrische, aus Backsteinmauerwerk aufgeführte Öfen, die sich kegelstumpfförmig nach oben verjüngen. Die Beschickungs-, Feuerungs- und Entnahmeöffungen sind in drei Ebenen angeordnet, auf denen je eine Gleisanlage die einzelnen Öfen und Aufzugsanlage miteinander verband. Achtzehn derartige Kalkschachtöfen sind engständig in zwei gegenüber liegenden Reihen angeordnet und bilden eine **Schachtofenbatterie** (Abb. 7. 4.), die noch bis 1968 in Betrieb war.

7. 5. 2. Kanäle und Kanalportale

Die wichtigste technologische Verbesserung des Rüdersdorfer Kalksteinbergbaues, die den Transport des Kalksteins betraf, war zu Beginn des 19. Jahrhunderts die Anlage von vier Kanälen (s. Abb. 7. 5.). Sie erschlossen den Reden- und den Hei-

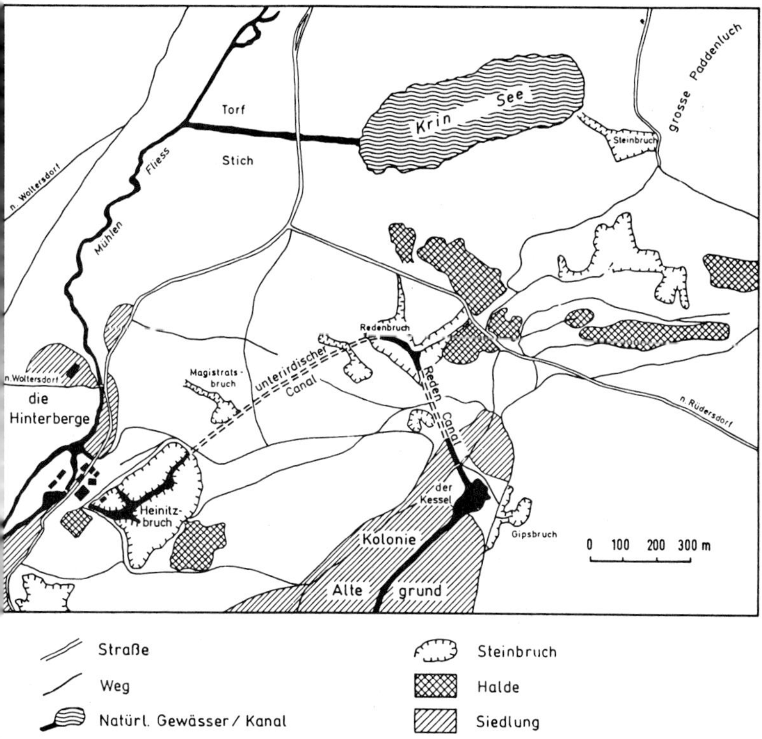

Abb. 7. 5. Abbaubereiche und Kanäle um 1837 (Umgezeichnet nach einer Karte von Bembe aus diesem Jahr, Beitrag Wendland / Dunker)

Abb. 7. 6. Portal des Redenkanales in einer zeitgennössischen Lithographie nach einer Zeichnung von Karl Friedrich Schinkel. - Aus: H. Cramer, 1858: Rüdersdorfer Album

nitzbruch vom Wasserspiegelniveau der umgebenden schiffbaren Gewässer aus und machten den direkten Transport der gebrochenen Kalksteine aus den Brüchen mit den sogenannten Prahmen auf dem Wasserwege zu den Bestimmungsorten möglich. Die bereits 1788 von F.A. Freiherr von Heinitz vorgeschlagenen Verbesserungen wurden erst zwischen dem Zusammenbruch und Wiederaufstieg Preußens, zwischen 1804 und 1816, unter seinem Amtsnachfolger Friedrich Wilhelm Graf von Reden in die Tat umgesetzt.

1804 war der **Heinitzkanal** zwischen Heinitzbruch und dem Mühlenfließ fertiggestellt. 1806 folgte die Redenstrecke als Verbindung des Redenbruches mit dem Kesselsee. Die Redenstrecke war bereits 1777 aufgefahren und bis 1806 als Förderstrecke für eiserne Förderwagen ausgebaut worden. Der im Redenbruch gebrochene Kalkstein wurde in Wagen durch den Redentunnel bis zum Kesselsee gefahren, dort auf Prahme umgeladen und durch den Kalkgraben weitertransportiert. Steigende Absatzmöglichkeiten und höhere Förderleistungen forderten den Ausbau des Tunnels zum **Redenkanal** in den Jahren 1820-1827, der diesem Zwecke bis 1897 diente und 1898 zugeschüttet wurde. Bald reichte der Heinitzkanal für die benötigten größeren Prahme nicht mehr. Nach seiner Schließung erfolgte 1815-1816 in 100 m Entfernung die Anlage des **Bülowkanals**, der nunmehr den Heinitzbruch mit dem Mühlenfließ verband.

An diese Kanäle erinnern noch heute die architektonisch bedeutenden, aus Kalksteinen gestalteten **Eingangsportale.** Sie belegen in der Frühzeit der industriellen Revolution den Gleichklang zwischen Architektur und bergbaulichen Anforderungen. An der Gestaltung waren zahlreiche Berliner Künstler wie Karl Friedrich Schinkel, Johann Gottlieb Schlätzer, Christian Daniel Rauch und Christian Friedrich Tieck beteiligt.

Das **Eingangsportal zum Heinitzkanal** stellt einen aus Kalksteinen gemauerten Rundbogen zwischen zwei Pylonen dar, an denen je ein schwerer gußeiserner Ring hängt. Über dem Bogenscheitel ist eine gußeiserne Tafel eingelassen, welche die Inschrift "HEINITZ-KANAL MDCCCIV" in Antiquakapitalen trägt. Dieses Tor mußte verschüttet verden, um es vor mutwilliger Zerstörung zu schützen; es ist neuerdings wieder freigelegt.

Das **Eingangsportal zum Bülowkanal** bildet einen flachen Bogen, der seitlich von turmartigen Pylonen eingefaßt wird, die mit ringtragenden gußeisernen Löwenköpfen geschmückt sind. Der Portalbogen wird von einem massigen Konsolgesims abgeschlossen, das einen flachen Dreieckgiebel trägt. Unterhalb des Konsolgesimses ist eine Eisentafel mit der Inschrift "BÜLOW-KANAL MDCCCXVI" angebracht. Das Portal des Bülow-Kanals, das Anklänge an die französischen Revolutionsarchitektur erkennen läßt, basiert auf dem Entwurf von J. G. Schlätzer (gest. 1824), das Modell stammte von dem Steinmetzmeister Trippel. Tafel und Löwenköpfe wurden in der Königlichen Eisengießerei zu Berlin hergestellt (Abb. 7. 7.).

Künstlerisch am aufwendigsten wurde das **Portal des Redenkanals** gestaltet (Abb. 7. 6.). Es besitzt die Form eines vierfach abgetreppten Rundbogens, der von im rechten Winkel vortretenden rechteckigen Seitenteilen eingefaßt wird. Auf den Flächen der Stirnwand sind drei überlebensgroße Porträtbüsten angebracht. Sie stellen von links nach rechts König Friedrich II., der Große, Friedrich Wilhelm II. und Friedrich Wilhelm III. dar; dazwischen befindet sich die Inschrift "REDEN-KANAL ALS STRECKE FAHRBAR IM JAHRE 1806 CANAL SCHIFFBAR VOLLENDET IM JAHRE 1827". An den Seitenwandflächen wurden 1860 die Porträtbüsten der Minister v. Heinitz und F.W. Graf v. Reden, die von dem Berliner Bildhauer Theodor Kalide stammten, angebracht. In den Seitenpfeilern sind Nischen eingelassen, in denen je ein steinerner Tisch steht. An dem Entwurf des Redenportals, dem Kessel-See zugekehrt, waren Chr. Fr. Tieck (1776 bis 1851), Chr.D. Rauch (1777-1857) sowie K.F. Schinkel (1781-1841) beteiligt. Zur Zeit ist das Redenportal unter Erdreich verborgen, um es gegen die Auswirkungen der bergbaulichen Sprengungen zu schützen; es soll nach Beendigung der Abbauarbeiten in diesem Bereich wieder freigelegt werden.

Von dem im Norden des Tagebaus 1873 angelegten **Krien-Kanal** ist heute nichts mehr vorhanden.

Abb. 7. 7.

Löwenkopf am Eingangsportal des Bülowkanals, hergestellt in der Königlichen Eisengießerei zu Berlin

(Foto Schroeder, 1992)

7. 5. 3. Seilscheibenpfeiler

Nach 1864 wurde der Abbau von Kalkstein im Heinitz- und Redenbruch im Tiefbau notwendig, so daß der Bülow- und Redenkanal ihre Funktion verloren und gesperrt wurden. Der Transport der gebrochenen Kalksteine erfolgte in den Brüchen auf dem Schienenwege. Die im Tiefbau beladenen Eisenbahnwaggons wurden an Förderseilen, die über am Pfeiler befestigte Scheiben liefen, auf einer schiefen Ebene aus dem Bruch gezogen, über einen aufgeschütteten Damm zum Mühlenfließ und ab 1872 an das Anschlußgleis der Ostbahn nach Fredersdorf bzw. zu den Schachtöfen geführt.

Der 1871 aus Kalkstein errichtete **Seilscheibenpfeiler** besitzt die Form einer zweigeschossigen Flachbogenbrücke. Im Erdgeschoß befinden sich zu beiden Seiten des großen Durchlasses zwei um die Hälfte schmalere Durchgänge, während sich darüber vier gleichgroße, flachbogige und niedriger gehaltene Durchlässe aufbauen.

7. 5. 4. Verwaltungsgebäude

Als Sitz des von 1768 bis 1861 bestehenden Bergamtes Rüdersdorf diente das ursprünglich zweigeschossige **Bergamtsgebäude** in der Heinitzstraße 10, das um 1820 von K.F. Schinkel errichtet und im Laufe des 19. Jahrhunderts völlig umgestaltet worden ist. Leider ist der Bau 1989 abgerissen worden. Ihm gegenüber befand sich ein vom Anfang des 19. Jahrhunderts stammender eingeschossiger Putzbau mit Krüppelwalmdach.

Neben dem einstigen Bergamtsgebäude steht (noch) der **Uhrturm,** ein rechteckiger Kalksteinbau mit Zinnenbekrönung über einem Konsolfries, der um 1830 von Bau- und Hütteninspektor Nath errichtet wurde. Das angefügte eingeschossige, zur Straßenseite hin verputzte Gebäude des **Bergmagazins** ist bereits auf einem Plan von 1786 eingetragen. Die Nordwand des Gebäudes zeigt noch die ursprüngliche Ausführung des Gebäudes in Fachwerk.

7. 5. 5. Parkanlage

Auf Anregung des Bergrats H. Cramer wurde 1855 das Gelände um den Bülow- und Heinitzkanal, die Halden des nicht mehr vorhandenen Glockenberges mit dem Glockenturm landschaftsgärtnerisch gestaltet. Die Umgebung des Redenportals war bereits vor 1837 eine Parkanlage; an ihrer Gestaltung war möglicherweise Peter Joseph Lenné oder einer seiner Mitarbeiter beteiligt.

Abb. 7. 8. Der Seilscheibenpfeiler (erbaut 1870 aus Schaumkalk - siehe Tabelle 4. 6. 1.) wurde benötigt, um Waggons auf einer schiefen Ebene aus dem Tiefbau herauszusiehen (Foto Schroeder, 1992)

8. Auswahl-Bibliographie Rüdersdorf

von Folkwart Wendland

Vorbemerkung

Um den Umfang des Verzeichnisses in vertretbarem Rahmen zu halten, wurde es weitgehend auf solche Zitate beschränkt, die unmittelbaren Bezug auf Rüdersdorf haben: Auf Angabe allgemeiner sedimentologischer oder quartärgeologischer Literatur wie auch auf vergleichbare oder vergleichende Darstellungen mußte verzichtet werden. Detailliertere Informationen wird der in Vorbereitung befindliche Band der Berliner Geowissenschaftlichen Abhandlungen, Reihe A, enthalten.

8. 1. Arbeiten zu Geologie, Geophysik und Mineralogie

8. 1. 1. Regionale Übersichten

Althen, G.W.; Rusbült, J.; Seeger, J.; 1980: Ergebnisse der regionalen Neubearbeitung des Muschelkalks der DDR. - Z. geol. Wiss., **8**, 985 - 999

Hagdorn, H., Hrsg.,1991: Muschelkalk. - A field guide. - Korb: Goldschneck-Verlag Werner K. Weidert, 80

Hucke, K.; 1922: Geologie von Brandenburg. - Stuttgart: Enke

Ihde, J., Steinberg, J., Ellenberg, J., Bankwitz, E.; 1987: On recent vertical crustal movements gained from repeat levelling within the territory of the GDR. - Gerlands Beiträge Geophysik, Leipzig, **96**, 206 - 217

Kozur, H.; 1974: Biostratigraphie der germanischen Mitteltrias. - Freiberger Forschungshefte, **C 280**, I: 1- 56; II: 1 - 70; Anl.: Tab. 1 -12

Rusitzka, D.; 1967: Paläogeographie der Trias im Nordteil der DDR. - In: Ber. dt. Ges. geol. Wiss., R.A.Geol.Paläont., Berlin **12**, 243-257

Rusitzka, D.; Jubitz, K.-B.; 1968: Trias. - In: Grundriß d. Geologie d. DDR, **1**, Geol. Entwicklung d. Gesamtgebietes. - Berlin: Akademie-Verl., 268 - 289

8. 1. 2. Struktur Rüdersdorf

Eck, H.; 1872: Rüdersdorf und Umgebung. - Eine geognostische Monographie. - Abh. geol. Specialkt. v. Preussen u. d. Thüring. Staaten, Berlin **I**, 1 - 183

Eck, H.; 1893: Zur Literatur von Rüdersdorf und Umgebung. - Jb. kgl. preuß. geol. Landesanst., Berlin **XII** (1891), 156 - 161

Jubitz, K.-B.; Heimlich, K.; Kupke, H.; 1960: Geologie der Struktur Rüdersdorf b. Berlin - In: Kautzsch, E.; Jubitz, K.-B. (Hrsg.): Exkursionsführer Brandenburg 7. Jahrestagung d. Geol. Ges. in d. DDR vom 31.Mai bis 4.Juni 1960 im demokrat. Berlin. - Berlin: Akademie-Verlag, 57 - 86

Keilhack, K.; 1908: Ergebnisse von Bohrungen III. Mitteilungen aus dem Bohrachiv der Königlichen geologischen Landesanstalt und Bergakademie. - Jb. kgl. preuß. geol. Landesanst., Berlin **XXVI** (1905), 495 - 662 (***R:** 586 - 592*)

Kölbel, H.; 1954: Das wissenschaftliche Ergebnis einer neuen Tiefbohrung bei Rüdersdorf östlich von Berlin (Vorläufige Mitteilung). - Geologie, Berlin **3**, 453

Schwahn, H.-J.; Böttcher, H.; 1974: Entwicklung der komplexen Nutzung des Muschelkalks von Rüdersdorf als Rohstoff für die Baustoffindustrie.- Z. angew. Geol., Berlin **20**, 297 - 300

Wendland, F., Hrsg.; 1984: Kurzreferate und Auswahlbibliographie "Die Trias von Rüdersdorf". - Berlin: Akad. d. Wissenschaften d. DDR, Zentralinst. f. Physik d. Erde, 29

8. 1. 3. Schichtenfolge: Trias

Eck, H.; 1866: Notiz über die Auffindung von Conchylien im mittleren Muschelkalk (der Anhydritgruppe v. Alb.) bei Rüdersdorf. - Z. dt. geol. Ges., Berlin **XVIII**, 659 - 662

Picard, E.; 1916: Mitteilungen über den Muschelkalk bei Rüdersdorf. - Jb. kgl. preuß. geol. Landesanst., Berlin **XXXV**, 366 - 372

Raab, O.; 1907: Neue Beobachtungen aus dem Rüdersdorfer Muschelkalk und Diluvi-

---

* (**R:** xyz) weist jeweils auf die Rüdersdorf betreffenden Seitenzahlen hin.

um. - Jb. kgl. preuß. geol. Landesanst., Berlin XXV (1904), 205 - 217

Schröder, H.; 1914: Wirbeltiere der Rüdersdorfer Trias: I. Die Gattung Nothosaurus im Unteren Muschelkalk. - Abh. kgl. preuß. geol. Landesanst., N.F., Berlin **65**, 98

Stoll, A.; 1980: Einige kurze Bemerkungen zum Fauneninhalt der Myophorienschichten und des untersten Wellenkalks der Struktur Rüdersdorf unter besonderer Berücksichtigung der Mikrofauna. - Z. geol. Wiss., Berlin **8**, 1051 - 1055

Streichan, H.-J.; 1980: Geochemische und paläontologische Charakterisierung des Übergangsbereichs Myophorien-Folge/Wellenkalk-Folge in der Struktur Rüdersdorf. - Z. geol. Wiss., Berlin **8**, 1029 - 1049

Streichan, H.-J.; 1990: Der Rüdersdorfer Muschelkalk. - in: Weidert, W. K.: Klassische Fundstellen der Paläontologie. - Korb (Goldschneck) Bd. II, 66 - 77

Wendland, F.; Zwenger, W.; 1984: Exkursionsführer "Trias von Rüdersdorf". - Berlin: Ges. geol. Wiss. DDR, 24

Zwenger, W.; 1987: Hartgründe im Unteren Muschelkalk von Rüdersdorf. - Z. geol. Wiss., **15**, 501 - 510

Zwenger, W.; 1988: Mikrofazies- und Milieuanalyse des Unteren Muschelkalkes von Rüdersdorf. - Freiberger Forschungshefte **C 427**, 113 - 129

Zwenger, W.; 1989: Schilltempestite im Unteren Muschelkalk von Rüdersdorf. - Veröff. Naturkundemuseum Erfurt **8**, 32 - 44

8. 1. 4. Schichtenfolge: Quartär

Berendt, G.; 1880: Über Riesentöpfe und ihre allgemeine Verbreitung in Norddeutschland. - Z. dt. geol. Ges., Berlin **XXXII**, 56 - 74

Berendt, G.; 1882: Über die Glacialschrammen von Rüdersdorf .- Z. dt. geol. Ges., Berlin **XXXIV**, 658 - 660

Cepek, A.G.; Erd, K.; Heinrich, W.-D.; Pietrzeniuk, E.; Striegler, R.; Striegler, U.; 1986: Exkursion I. Schichtenfolge und Lagerungsverhältnisse des Quartärs von Rüdersdorf und Niederlehme bei Berlin sowie von Schönfeld/Krs. Lübbenau. - In: Cepek, A.G.; Hrsg. Kurzreferate u. Exkursionsführer 25 Jahre AK "Quartärgeologie" der GGW. - Berlin, Ges. geol.Wiss.DDR, Zentrales Geol.. Inst.; 15 - 32 (**R:** 15 - 19)

Kahlke, H.D.; Cepek, A.G.; Erd, K.; Gellert, J.F. (Hrsg.); 1975: Exkursionsführer zur Jubiläumstagung "100 Jahre Glazialtheorie im Gebiet der skandinavischen Vereisungen" 3. bis 7. November 1975 in Berlin. - Berlin, Ges. geol. Wiss. DDR, 75

Putscher, S.; Bachmann, G.; Else, K.; 1976: Neue Erkenntnisse über die "Kreuzbrücken-Spalte" in der Struktur Rüdersdorf. - Z. angew. Geologie **22**, 379 - 382

Torell, O.; 1875: Schliff-Flächen und Schrammen auf der Oberfläche des Muschelkalkes von Rüdersdorf. - Z. dt. geol. Ges., Berlin **XXVII**, 961 - 962

Torell, O.; 1880: Die Gletschererscheinungen in Rüdersdorf.- Verh. Berl. Ges. Anthropol., Ethnol. u. Urgesch., Berlin **XII**, 152 - 155

8. 1. 5. Mineralogie

Arzruni, A.; 1872: Über den Cölestin von Rüdersdorf und Mokkatan. - Z. dt. geol. Ges., Berlin **XXIV**, 477 - 483

Schulz, W.; 1928: Beiträge zur Kenntnis der Mineralien von Rüdersdorf bei Berlin. Neues Jb. Geol. Paläont., Abt. A, Stuttgart **57**, 743 - 762

Streichan, H.-J.; 1987: Der Muschelkalk von Rüdersdorf - Geologisches Kleinod und Rohstoffquelle vor den Toren Berlins. - Fundgrube **XXIII**, 117 - 122

8. 1. 6. Geologische Karten

Wahnschaffe, F.; 1883: Erläuterungen zur geologischen Specialkarte von Preussen und den Thüringischen Staaten. Gradabtheilung 45 N. 33. Lfg. 26. Blatt Rüdersdorf, 1. Auflage; 2. Aufl. 1899. Berlin, Kgl. preuß. geol. Landesanstalt

Wahnschaffe, F.; Zimmermann, E.; 1914: Erläuterungen zur geologischen Karte von Preußen und benachbarten Bundesstaaten. Lfg. 26. Blatt Rüdersdorf. 3. Aufl., Berlin: Kgl. preuß. geol. Landesanst., 123, 9 Abb., 4 Taf., 1 Textkt.

Wolff, W.; 1923: Erläuterungen zur geologischen Karte Blatt Rüdersdorf. Lfg. 26., 4. Aufl. - Berlin: Preuß. geol. Landesanst., 20

8. 2. Populäre Darstellungen

Fiebelkorn, M.; 1896: Geologische Ausflüge in die Umgebung von Berlin. - Berlin (Dümmler) 130 (**R**: 13 - 27)

Gothan, W.; 1910: Botanisch-geologische Spaziergänge in die Umgebung von Berlin. - Leipzig , 110 (**R:** 87 - 96)

Hardt, H.; 1952: Die Rüdersdorfer Kalkberge: Einführung in ihre Geologie. - Berlin: Aufbau-Verlag, 131 (Wissenschaft u. Technik verständlich dargestellt; Nr. 9)

Hucke, K.; 1911: Geologische Ausflüge in der Mark Barandenburg. - Leipzig (Quelle u. Meyer), 155. (**R:** 23 - 39)

Menzel, H., 1912: Geologisches Wanderbuch für die Umgegend von Berlin. - Stuttgart (Enke), 170 (**R:** 110 - 143)

Wiegers, F., 1922: Geologisches Wanderbuch für die Umgegend von Berlin. - Stuttgart (Enke) 160 (**R:** 132 - 146)

8. 3. Arbeiten zu Botanik und Zoologie

Böhme, E.; 1927: Die Lilien-Konvalleen-Wälle bei Rüdersdorf. - Kreiskal. Niederbarnim, **14**, 80 f

Haldemann, R.; 1987: Die Schneckenfauna der Rüdersdorfer Kalkberge. - Malakologische Abh., Dresden **12**, 14

Hucke, K.; 1929: Botanische Ausflüge durch die Mark Brandenburg. s. L.

8. 4. Arbeiten zur Geschichte

8. 4. 1. Bibliographien und Quellenwerke

Schreckenbach, H.-J., Bearb.; 1974: Bibliographie zur Geschichte der Mark Brandenburg. Teil IV. - Weimar: Böhlaus Nachf., 1974, 398. (Veröff. Staatsarchiv Potsdam **11**) (**R:** 219 - 221)

Spezialinventar Ältere geowissenschaftliche Quellen in den Staatsarchiven der DDR. - Potsdam: Staatl. Archivverwaltung, 1978, 395 (**R:** 11, 14, 25, 189, 191, 200, 204, 214, 255, 256)

8. 4. 2. Übersichts- und Spezialdarstellungen

Bekman, J. Chr.; Bekman, B. L.; 1751: Historische Beschreibung der Chur und Mark Brandenburg. Theil I. - Berlin (**R:** 896 - 897)

Berghaus, H.; 1854: Landbuch der Mark Brandenburg und des Markgrafenthums Niederlausitz in der Mitte des 19. Jahrhundert - Brandenburg: Müller, **1**, 1 - 681 (**R:** 65 - 71)

Cramer, H.; 1858: Rüdersdorfer Album. Nebst Erläuterungen zum Rüdersdorfer Album, in Beziehung auf Topographie, Geognosie, Botanik, Geschichte, Verwaltung, Betrieb der Steinbrüche, Absatz der Producte, Bergleute, Vergnügungspunkte, Gegenwärtige Verhältnisse der Einwohner. - Berlin: Stentz, 15, 12 Ansichten.

Hagen, Ph. Th. v. d.; 1785: Beschreibung der Kalkbrüche bey Rüdersdorf, der Stadt Neustadt-Eberswalde und des Finow-Kanals, wie auch der dasigen Stahl- und Eisen-Fabrik, des Meßingwerkes und des Kupferhammers. Beytrag zur Märkischen Geschichte aus Urkunden und sichern Nachrichten zusammengetragen. Mit Kupfern - Berlin: Pauli, 336 (**R:** 1 - 48)

Heinrich, G.; 1973: Berlin und Brandenburg. - Stuttgart: Kröner, 563 (Hdb. histor. Stätten Deutschland **10**) (**R:** 342 - 343)

8. 5. Kunstgeschichte

Bothe, R.; 1992: Rüdersdorf. Die Bauten in den Kalksteinbrüchen. Technologietransfer und Architektur nach 1800. - Brandenburgische Denkmalpflege, Jg. 1, 55 - 74

Hallfahrt, H G.; 1987: Historische Produktionsstätten und Industriearchitektur in den Rüdersdorfer Kalksteinbrüchen. - In: Denkmale in Berlin u. in der Mark Brandenburg. Ihre Erhaltung u. Pflege in der Hauptstadt der DDR u. in den Bezirken Frankfurt/Oder und Potsdam. - Weimar: Böhlaus Nachf., 318 - 327

Die Kunstdenkmäler der Provinz Brandenburg. Hrsg. vom Brandenburg. Provinzialverband, Be. III: Die Kunstdenkmäler des Kreises Niederbarnim. Bearb. v. H. Jerchel und J. Seeger. Berlin: Dt. Kunstverlag, 1939, 414 (**R:** 188 - 195, 363 - 370)

8. 6. Wissenschafts- und Technikgeschichte

Cramer, H.; 1889: Beiträge zur Geschichte des Bergbaues in der Provinz Brandenburg. - Heft **X**. Kreis Niederbarnim. - Halle/Saale: Verlag d. Buchhdlg. d. Waisenhausen, 263

Schmidt, W.; Theile, W.; 1989: Denkmale der Produktions- und Verkehrsgeschichte. Teil 1. - Berlin: Verlag f. Bauwesen, 272 (**R**: 161 - 164)

Wagenbreth, O.; 1960: Aus der Vorgeschichte von Torell's Glazialtheorie. - Ber. geol. Ges. DDR, Berlin **5**, 175 - 190 (**R:** 175 - 176, 183 - 184)

Abb. 8. 1. ***Aspidura streichani*** **Kutscher,** Schlangenstern aus dem Wellenkalk (Sammlung Streichan, Foto Kleeberg)

9. Fachausdrücke kurz erklärt

von Marion Müller

unter Mitwirkung von A. G. Cepek, K.-B. Jubitz, H. Knape, H. Schlegel und J. H. Schroeder

In diesem Abschnitt sollen dem Laien die im Zusammenhang mit diesem Führer wichtigsten **Fachbegriffe kurz und allgemeinverständlich** erklärt werden. Dabei wird bewußt auf die Vielzahl von möglichen Bedeutungen zugunsten einer allgemeinakzeptablen verzichtet.
Bei **zusammengesetzten Fachausdrücken** sollte der Leser die Erläuterungen der jeweiligen Einzelteile heranziehen.

Abschiebung — relative Abwärtsbewegung einer Gesteinsscholle auf geneigter Bruchfläche, als Folge von Raumerweiterung ; bzw. die dabei wirksame Bruchfläche.

Aufarbeitungshorizont — vorher abgelagertes Material wird von der Strömung aufgearbeitet und dann in Form von Gesteinsbruchstücken oder Geröllen an der Basis der nächsten Schicht wieder abgelagert.

Auflastmarke — Belastungsmarke; taschenförmige Ausbuchtung an der Bankunterseite, die durch das Einsinken eines Sediments mit größerem spezifischem Gewicht in ein anderes mit kleinerem spezifischem Gewicht, entsteht.

autochthon — am Ort der Bildung befindlich.

Bänderschluff/-ton — Warvenschluff/-ton; in regelmäßiger Folge abgelagertes Sediment aus hellen Feinsand-/Schluff- und dunklen Ton-/Schlufflagen in Schmelzwasserbecken des Gletschervorlandes; eine hellere (Sommer-) und eine dunklere (Winter-) Schicht bilden jeweils eine mm bis cm dicke Jahresablagerung (=**Warve**).

Bank — eine feste, durch Fugen begrenzte Gesteinsschicht die oben und unten von anderen Gesteinen eingerahmt wird.

Becken — schüsselförmiger Ablagerungsraum.

Berme — Absatz in einer Böschung.

Bioerosion — die bohrende, abtragende Wirkung durch Organismen im festen Gestein.

Bioturbation — Durchwühlung, Durchmischung des lockeren Sediments durch Organismen oder Spuren von Organismen auf der Sedimentoberfläche.

Blockhalde — aus einem festen Gesteinsverband herausgewitterte und unter dem Einfluß der Schwerkraft über einen Raum flächenhaft verteilte Anhäufung großer Gesteinsblöcke.

Branntkalk — Calciumoxid; Sauerstoffverbindung des Calciums, die durch das Brennen von Kalk gewonnen wird. Nutzbar für die Herstellung von Mörtel und Düngemittel.

Bruch — sowohl der Vorgang des Brechens, d.h. Nichtstandhalten eines Gesteinskörpers gegen Beanspruchung, sowie die bei diesem Vorgang entstehende Fläche.

Diagenese — Umbildung lockerer Sedimente in feste Gesteine und deren weitere Veränderung durch mechanische oder chemische Vorgänge unter Einwirkung von Druck, Temperatur und Porenwasser; Vorgänge z.B.: Zementation, Lösung usw. .

Diskontinuität — =Diskontinuitätsfläche; Grenz- oder Unstetigkeitsfläche an der sich physikalische oder chemische Eigenschaften sprunghaft ändern.

diskordant — =Diskordanz; ungleichsinnige, in der Regel winkelförmige Auflagerung einer Gesteinsschicht auf ihre Unterlage.

Drucklösung — chemische Lösung von Gesteinen unter Einwirkung von Auflast oder tektonischem Druck.

durchteufen — durchbohren,- schlagen; *s. **Teufe***

epikontinental	Bezeichnung für Flachmeere, die Festlandsbereiche überflutet haben.
Erosionstunnel	durch die abtragende Wirkung von Schmelzwässern einer Inlandvereisung subglazial ausgeräumte Tunnel.
Evaporit	Salzgestein (z.B.: Anhydrit, Gips, Steinsalz); chemisches Sediment, das hauptsächlich aus leicht löslichen Salzmineralen aufgebaut wird, entsteht durch Auskristallisation aus eindampfenden, wäßrigen Lösungen.
Fazies	Erscheinungsbild einer Ablagerung in bezug auf ihr lithologisches und paläontologisches Inventar; z.T. auch benutzt als Bezeichnung für Gesteine eines bestimmten Ablagerungsraumes.
Festgrund	Sedimentoberfläche, die während längerer z.T. unterbrochener Sedimentationsphasen auf dem ehemaligen Meeresboden exponiert war und durch Entwässerung einen relativ festen, aber nicht lithifizierten Grund ausgebildet hat.
Flaser	Sedimentstruktur; wellen- bis linsenförmige, wechselnd feine und gröbere Ablagerung als Folge wechselnder Strömungsgeschwindigkeiten, sowie bei Diagenese entstandene Entmischung von feinem und grobem Material.
Flexur	S - förmige Verbiegung von Gesteinsschichten, bedingt durch eine gegenläufige relative Verschiebung zweier Schollen ohne Bildung von Brüchen.
Flöz	bergmännisch: Gesteinsschicht mit Anteilen wirtschaftlich nutzbarer Stoffe.
Germanischer Muschelkalk	Gesteine, die zur Muschelkalkzeit in typischer Weise in dem große Teile Mitteleuropas umfassenden Germanischen Becken abgelagert wurden.
Geschiebe	vom Eis transportierte klastische Komponente im Sediment.
Geschiebemergel	Sediment aus einer tonig - kalkigen Grundmasse von Gesteinsmehlen und Geschieben unterschiedlicher Korngröße (bis zu mehreren m^3), nicht oder nur schlecht sortiert. Entkalkter Geschiebemergel wird als **Geschiebelehm** bezeichnet.
Glaukonit	dunkelgrünes, wasserhaltiges Kalium-Eisen-Aluminium-Silikat-Mineral, das im marinen Bereich gebildet wird.
glazial	Bezeichnung für alle Ablagerungen und Bildungen während der Eiszeiten, sowie für das ensprechende Klima.
glazifluvial	durch Inlandeis-/Gletscherschmelzwässer bedingte Prozesse und Ablagerungen.
glazilimnisch	bezeichnet die Prozesse, Bildungen und Ablagerungen in festländischen Seen, die durch Schmelzwässer gespeist werden.
Gletscherschramme	Kritzung auf dem anstehenden Gestein oder auf Geschieben des eigenen Moränenschutts durch die im Inlandeis-/Gletschereis mitgeführten Gesteinsbruchstücke.
Gletschertopf	Kolk, der im Anstehenden durch strudelnde Bewegungen herabstürzender Schmelzwässer am Gletscherboden entsteht.
Grundwasserleiter	grundwasserführendes Sediment oder Gesteinsschicht; Aquifer
Halokinese	Fließbewegungen des Salzes, die vorrangig durch die Auflast des Deckgebirges hervorgerufen wird.
halotektonisch	orogenetisch - tektonisch verursachte Salzbewegungen oder durch Salzbewegung hervorgerufene tektonische Deformation.
Hangendes	die über einer Bezugsschicht lagernden Gesteinsschichten.
Harnisch	durch Gesteinsbewegungen an Verwerfungsflächen erzeugte, z.T. mit Rutschstrukturen ausgestatte, häufig blank polierte Fläche.

Hartgrund — Sedimentoberfläche, die während längerer Phasen unterbrochener Sedimentation auf dem Meeresboden exponiert war und durch Zementierung verfestigt und dann von Organismen bewachsen oder angebohrt wurde.

Ichnofossil — fossile Lebensspur; z.B.: Fraß- und Kriechspur, Wohnbau.

Ingression — Eindringen des Meeres in festländische Senken als Folge ihrer Absenkung.

Inlandvereisung — durch starke klimatische Abkühlung bedingte Ausbildung großer kontinentaler Eismassen, die sich weit über ihr Entstehungsgebiet ausdehnen.

Interglazial — Warmzeit zwischen zwei Kaltzeiten; dadurch bedingtes Abschmelzen des Eises und Wiedereinwanderung bzw. Ausbreitung zunächst borealer und dann warmgemäßigter Faunen und Floren.

intraformationell — innerhalb eines stratigraphischen Zeitabschnittes.

Jungmoränenlandschaft — Moränenlandschaft die während der letzten Eiszeit aufgebaut wurde und daher nur kurze Zeit unter periglazialen Verhältnissen geringfügig verändert wurde.

Kluft — Bruchfläche oder Spalte im Gestein, an der keine Bewegung stattgefunden hat.

Knauer — bergmännisch: knollenartige Konkretion bzw. Fossilrest in feinkörnigem Gestein.

Kompensationssenke — Senkungsbereich am Rande von Salzstrukturen, die infolge der Auswanderung des Salzes im Untergrund entstehen.

kryogen — durch Frost bedingt; hier: im Permafrost entstanden.

Kryoturbation — unregelmäßige Verfaltung oder Verwürgung der oberen, sommerlichen, wassergesättigten Auftauschicht im Permafrostgebiet, aufgrund von Frostwechselerscheinungen und schwerkraftbedingten Vorgängen.

lagunär — Bezeichnung für Prozesse, Ablagerungen und Bildungen in einem durch Riffe, Sandbänke oder Nehrungen vom offenen Meer abgetrennten Wasserbereich.

Liegendes — die unterhalb der Bezugsschicht lagernden Gesteinsschichten.

limnisch — bezeichnet die Prozesse, Bildungen und Ablagerungen in Süßwasserseen.

Lithologie — Zusammensetzung und Klassifikation von Sedimentgesteinen; auch verstanden als Lehre von der Zusammensetzung der Sedimentgesteine, ihren natürlichen Vorkommen, ihrem Verhältnis zueinander und insbesondere deren Bildung und Umbildung.

Lithostratigraphie — Stratigraphie aufgrund lithologischer Kriterien.

Lokalmoräne — Moräne mit Beimengung von spezifischem lokalem Material.

Mächtigkeit — die Dicke, speziell der Abstand zwischen unterer und oberer Grenze einer Gesteinsschicht (Bank, Flöz, Paket).

marin — bezeichnet die Prozesse, Ablagerungen und Bildungen unter Einwirkung des Meeres.

Melioration — Maßnahme, bei der die Eigenschaften eines Bodens durch nachhaltig wirkende Eingriffe oder Umgestaltung des Bodenprofils verändert werden, z. B.: Bewässerung, Erosionsschutz, Entwässerung.

Mikrit — mikrokristalliner Kalzit, Kalkschlammsediment mit Korngrößen von 0,005mm oder kleiner.

Mikrobenlaminit — parallel feingeschichtete, häufig wellige oder gekräuselte Sedimentstrukturen, unter Mitwirkung von Mikroorganismen (z.B.:fadenförmige Algen) gebildet.

Nachschüttsande	Schmelzwasserablagerungen von Sand, Kies und/oder Schotter vor dem Inlandeis, bei generell abschmelzenden Eismassen.
Netzleiste	an der Unterseite von Sandsteinbänken hängender Negativabguß von Trockenrissen. Trockenrisse enstehen durch Eintrocknung an der Oberfläche in bindigem, feinkörnigen Sediment und weisen auf Supra - oder Intertidal Sedimente hin.
Normalprofil	maßstabsgetreue Darstellung der stratigraphischen Schichtenabfolge eines Gebietes in der Schichtmächtigkeiten, Gesteinszusammensetzung, der Fossilinhalt sowie Schichtlücken und Erosionsdiskordanzen abgebildet sind.
Ooid	kugelförmiger Körper aus Kalk, Eisenhydroxid oder anderen Stoffen, bei denen um Fremdteilchen wie Schalenbruchstücke oder Sandkörnchen konzentrische Schalen aufgebaut werden.
Os	unter oder im Eis entstandener langgestreckter, bahndammähnlicher Wall der aus glazifluvialem Material, häufig gut abgerolltem und geschichtetem Kies und Sand, aufgebaut wird und meist in Eisströmungsrichtung orientiert ist.
Paläo-	Vorsilbe, Bedeutung in der Zusammensetzung: Alt..., Ur...
Pelit	Sedimentgestein dessen Korngröße unter 0,02 mm beträgt.
Peloid	rundliches, unterschiedlich geformtes mikritisches Korn uneinheitlicher Entstehung und Größe, das nicht eindeutig als Kotpille erkannt werden kann.
periglazial	geologische oder morphologische Bildungen und Prozesse, vor dem Rand von Inlandeismassen, Gletschern oder in Klimabereichen mit einer geringen Jahresmitteltemperatur (-12°C bis + 3°C), die durch den Einfluß des Bodenfrostes (Permafrost) bzw. der Frostwechselvorgänge bedingt sind.
Porenraum	=Porenvolumen, Gesamtheit der Hohlräume im Boden oder in Gesteinen, die mit Gasen oder Flüssigkeiten ausgefüllt sind. Die Hohlräume (**Poren**) zwischen den einzelnen Mineralkörnern von Sedimenten, werden in ihrer Gesamtheit als **Porosität** bezeichnet.
Pseudogley	Bodentyp, der durch den Wechsel von Staunässe und Austrocknung entsteht und dadurch eine charakteristische fahlgraue und rostfarbene Marmorierung besitzt.
Reflexionshorizont	reflexionsseismisch sicher verfolgbarer Horizont. Reflexionsseismik ist ein Verfahren der Angewandten Seismik, bei dem die von bestimmten Flächen zurückgeworfenen Wellen registriert werden und mit dem Strukturen und Dimensionen geologischer Körper ermittelt werden.
Salinar	bezeichnet Gesteinskomplexe die überwiegend aus Salzgesteinen bestehen
Salzstruktur	Aufwölbung von Gesteinspaketen durch mobile Salze, die in der Regel an Schwächezonen im Gestein aufsteigen und dabei die darüberliegenden Gesteinsschichten hochdrücken. **Salzkissen** sind linsenförmige, **Salzdiapire** pfropfenförmige Strukturen.
Sander	vor den Endmoränen der Gletscher oder Inlandeismassen glazifluvial abgelagerte, in der Entwässerungsrichtung geneigte Aufschüttungsfläche, die entsprechend ihrer Entfernung vom Eisrand durch Schmelzwasserabflüsse gut sortiert als Schotter- bzw. Sandfläche vorliegt.
Schiebelage	cm - dicke Tonschicht zwischen mächtigeren Kalkschichten des G-Horizontes auf der infolge der Schichtneigung bei Durchfeuchtung die überlagernden Schichten abrutschen.
Schichtlücke	=Hiatus, Aussetzen einer Sedimentschicht in Vertikalrichtung durch Sedimentationsunterbrechung.

Schrägschichtung geneigte Schichtung bei Ablagerungen aus bewegter Luft (z.B.: Düne) oder Wasser (z.B.: Sandbank, Delta) in mm bis m Maßstab.

Schramlage Schicht im Schaumkalk (H-Horizont), die wegen ihres erhöhten Tongehaltes weich und leicht abbaubar ist, daher zur Anlage von Stollen genutzt wird.

Schramstrecke bergmännisch: Strecke bzw. Stollen zum Abbau des Hangenden in das anstehende Gestein getrieben.

Seismik Methode der Angewandten Geophysik, bei der aus dem Ausbreitungsverhalten von künstlich, durch Sprengung erzeugten Erdbebenwellen Rückschlüsse auf Art, Mächtigkeit und Verlauf von Gesteinsschichten gezogen werden.

sessil festsitzend, meist im Zusammenhang mit am Boden von Gewässern lebenden Organismen gebraucht.

Siderit $FeCO_3$, Eisenkarbonat; Minerale auch Eisenspat, Spateisen; entsteht durch Eisenanreicherung an Kalken oder Dolomiten.

Sigmoidalkluft =Querplattung; schräge, zickzackartige oder S-förmige feine Kluft, ,die das Gestein in dünne, oft wellenförmige Lamellen zerlegt.

söhlig bergmännisch: waagerecht.

Sphärolith kugelförmige Kristallbildung mit radialstrahlig angeordneten Einzelkristallen.

Stauchendmoräne entsteht durch einen Inlandeis-/Gletschervorstoß, der das vor der Eisstirn liegende Material zusammenschiebt, sowohl eigene Vorschüttbildungen wie auch ältere Ablagerungen verschiedener Enstehung.

Störung =Verwerfung; Bruchfläche im Gesteinsverband, an der die angrenzenden Gesteine gegeneinander bewegt worden sind.

Stratigraphie Teilgebiet der Geologie, das sich mit der Abfolge der geologischen Systeme, Serien und deren Fossil- und Gesteinsgehalt befaßt, sie nach ihrer zeitlichen Bildungsfolge ordnet und eine Zeitskala zur Datierung der geologischen Prozesse aufstellt.

subglazial Bezeichnung für Prozesse, Ablagerungen und Bildungen unter dem Eis.

Subrosion unterirdische Auslaugung von leicht löslichen Gesteinen, insbesondere Salze, durch Grund- und Sickerwässer.

Synärese subaquatische Ausflockung und Entwässerung bzw. osmotische Entwässerung in Lagen quellfähiger Tone, die zu Schrumpfungsrissen führt.

synsedimentär Bezeichnung für die Vorgänge, die während der Sedimentation ablaufen.

Tektonik Teilgebiet der Geologie, das sich mit der Lehre vom Bau der Erdkruste als auch den dabei wirksamen Bewegungen und Kräften, wie auch den entsprechenden Deformationen, befaßt.

Teufe bergmännisch: Tiefe.

Textur räumliche Anordnung und Verteilung der Gemengeteile (Minerale) und Komponenten in Gesteinen.

Toteis bewegungslose Eismasse eines vom Rückschmelzen betroffenen Inlandeises oder Gletschers, das oberflächlich zumeist von Moränen, Sanden oder Dünen usw. bedeckt ist. Bei seinem entgültigen Austauen sackt die Oberfläche nach und es entstehen zumeist abflußlose Hohlformen; bei Wasserfüllung =**Toteisrestsee.**

Transgression Vorrücken des Meeres in Landgebiete, verursacht durch Landsenkung oder Meeresspiegelschwankungen

Trockenfallbrekzien	Trümmergestein, dessen Bruchstücke eckig-kantig ausgebildet sind und durch Bindemittel verkittet sind; s.Aufarbeitungshorizont.
Überschiebungen	relative Aufwärtsbewegung einer Gesteinsscholle auf einer geneigten Bruchfläche, deren Einfallen weniger als 45° beträgt.
Verwerfung	=Störung; Bruchfläche im Gestein, an der Bewegung stattgefunden hat.
Vorschüttsande	Schmelzwasserablagerungen von Sand, Kies, z.T. Schotter vor dem Gletscher, bei generell vorstoßenden Eismassen.
Y-Brüche	Grabenbrüche mit aufeinander gerichteten und spitzwinklig zusammenstoßenden Bruchflächen.
Zement	a) Ausfällung von Kristallen in Hohlräumen zwischen oder in Gesteinskomponenten (Poren), führt zu Verkittung = Lithifizierung.
	b) Baumaterial; wird durch Brennen und anschließendes Vermahlen von Kalk und Ton bzw. Mörtel mit geeigneter Zusammensetzung erhalten.
	c) Cämentstein; Lokalbezeichnung für das obere Karbonat des Muschelkalkes das früher als hydraulisches Bindemittel genutzt wurde.

Literaturhinweise

Die hier vorgestellte Literatur soll dem Leser als eine leicht zugängliche Orientierungshilfe dienen und erfaßt daher nur eine sehr geringe Anzahl der benutzten Quellen.

Hohl, R.,Hrsg.; 1981: Die Entwicklungsgeschichte der Erde. 7. Aufl. - Brockhaus Nachschlagewerk Geologie. - VEB F. A. Brockhaus Verlag, Leipzig, 703.

Klein, J., Bearb.; 1990: Herder Lexikon Geologie und Mineralogie. 6. Aufl. - Verlag Herder, Freiburg-Basel-Wien, 234.

Murawski, H.; 1983: Geologisches Wörterbuch. 8. Aufl. - Ferdinand Enke Verlag, Stuttgart, 281.

Neef, E., Hrsg.; 1978: Das Gesicht der Erde. 5. Aufl. - Brockhaus Nachschlagewerk Physische Geographie. - VEB F. A. Brockhaus Verlag, Leipzig, 627.

RÜDERSDORF 1 : 75 000
und Umgebung

13°56'

52°32'

52°25'

KARTOGRAPHIE

13°56'